毛线球 39
keitodama
秋日的简约风编织

日本宝库社　编著　　蒋幼幼　如鱼得水　译

河南科学技术出版社
·郑州·

keitodama

目 录

Pullover p.11

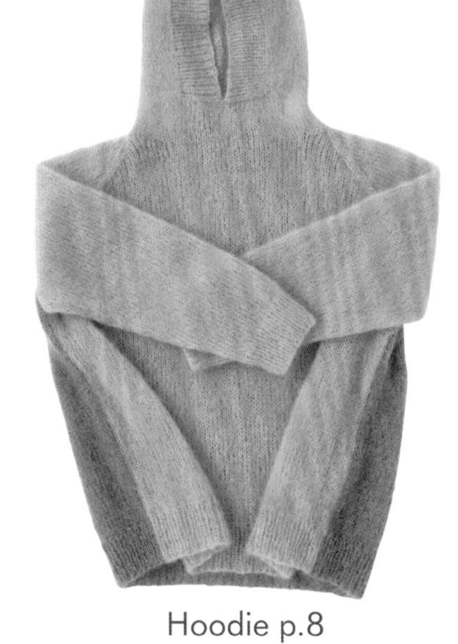
Hoodie p.8

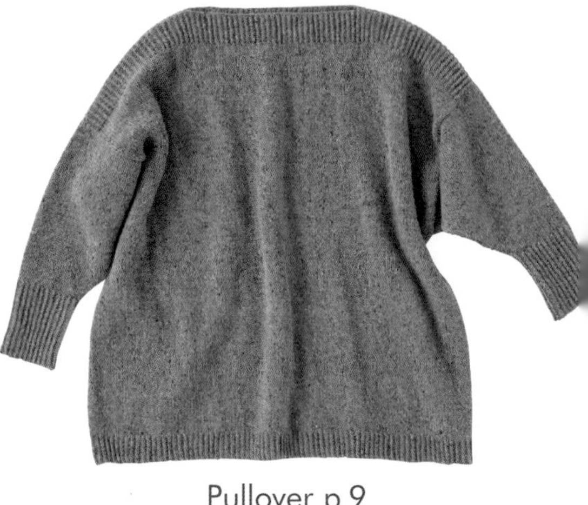
Pullover p.9

Love! Sim

款式简单的毛衫方便穿搭，而且，很快就可以编织好穿在身上。
在基础款式上设计出亮点，来体验编织带来的乐趣吧。

photograph Shigeki Nakashima styling Kuniko Okabe,Yumi Sano hair&make-up Hitoshi Sakaguchi model VIKTORIIA, Mircea

Tunic Sweater p.14

Pullover p.15

V-neck Vest p.12

Pullover p.18

Pullover p.18

Pullover p.16

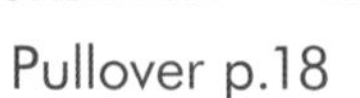

Pullover p.6
Cardigan p.7
ple Knit!
大爱！简约风编织
V-neck Sweater p.12
Pullover p.10
Pullover p.17

树枝花样中性套头衫

在细细密密的上针编织的织片上，浮现着像树枝一样的编织花样，给人留下深刻的印象。这款独特的线材带着一种微妙的感觉，上针编织的效果非常漂亮。插肩袖的设计方便活动，款式偏中性，整体略微修身，看起来很清爽。

设计/风工房
编织方法/84页
使用线/ROWAN

经典款开衫

使用来自英国的顶级毛线品牌ROWAN最新发售的柔软粗花呢线编织开衫，编织方法以极简单的下针编织为主，在衣袖上设计麻花花样作为亮点。在灰色中隐约夹杂着橙色、粉色的毛衫上，缝上糖果似的粉色纽扣。不同的纽扣会给毛衫带来截然不同的印象，在选择纽扣时也要格外用心。

设计/风工房
编织方法/82页
使用线/ROWAN

带风帽的套头毛衣

使用含有柔软的幼马海毛的毛线编织充满活力的带风帽的套头毛衣。用优质的线材，编织休闲款毛衣，简约却不一般。前后身片使用对比鲜明的颜色，后背的设计也充满匠心。手感颇佳，极其轻柔，穿着体验满分。

设计/梅本美纪子
制作/安冈 祥
编织方法/86页
使用线/ROWAN

Love！Simple Knit！

八分袖船领毛衫

这款船领的落肩八分袖廓形毛衫，简约却不乏时尚。这种款式，更需要高级线材来彰显其魅力。ROWAN毛线的灰粉色也很适合成年人，这注定是一件女士们常年爱穿的毛衫。

设计/梅本美纪子
制作/中山佳代
编织方法/100页
使用线/ROWAN

基础花样短款毛衣

这款水蓝色的套头毛衣在育克下方和衣袖设计了基础花样，给人留下深刻的印象。既不过于浓烈，看着又很紧实的基础花样，只使用了上针和下针，非常简单。略为宽松的长袖和略短的身片，搭配得很巧妙。

设计/宇野千寻
编织方法/90页
使用线/芭贝

半高领套头毛衣

这是一款前领自然下叠的半高领毛衣，身片设计成了短款，有着绝妙的平衡感。袖口和下摆细密的麻花花样中有几组分别和袖下、肋部相连，在不经意间起到点缀效果。对带有微妙感觉的Donegal 粗花呢毛线进行了软化处理，在保留原有感觉的基础上，增加了轻柔的质感。

设计/原田卡桑德拉
编织方法/88页
使用线/芭贝

Love! Simple Knit!

情侣款V领毛衣

男士毛衣在简单的V领两边设计粗粗的罗纹线条，有运动服的感觉。带结粒的渐变色线材很容易打造出时尚感。轻柔，手感、质感都很好。

插肩袖设计的女款短袖毛衫，可以当马甲穿，也可以当套头衫穿。双色拼接的设计有些独特。简洁利落的V领下方，延伸着2条麻花花样，也是一个亮点。

设计/武藤比富　制作/金子初夏(男款)、中村睦子(女款)
编织方法/92页(男款)、94页(女款)
使用线/内藤商事

七彩段染毛衫

使用色彩自由变化的段染线，编织一件浮针花样的毛衣。虽然织法很简单，但看起来充满高级感，别有一番意趣。缝合位置设计了麻花花样，也颇具律动感。边缘使用原白色线编织，给活泼的织片平添几分清爽的感觉。罗纹针中间设计了拼接效果，也是一处亮点。中长款，保暖效果优秀。

设计 /yohnKa
编织方法 /98 页
使用线 /Keito

Love ! Simple Knit !

明艳的羊绒衫

令人印象深刻的红色毛衫使用了羊绒线，极其珍贵，值得珍藏一生。它的款式并无新奇之处，是非常简单的基础款。鉴于线材手感绝佳，衣袖使用了合身的插肩袖设计，穿着很舒服。毛衣整体线条流畅，在下摆两侧设计了并不张扬的开衩。处处都有看似随意实则精心的设计。

设计/风工房
编织方法/96页
使用线/Keito

高领插肩袖毛衣

这是一件修身的高领毛衣，织片密实，而且很时尚。袖山到袖口的罗纹针和衣领、下摆处的罗纹针相呼应，让毛衣的款式不会过于单调，增加了它的魅力。插肩袖的设计方便穿脱，还可以充分享受用段染线编织条纹花样的乐趣。

设计／兵头良之子
制作／矢部久美子
编织方法／102页
使用线／钻石线

Love！Simple Kn

大麻花花样毛衣

用长间距段染毛线编织柔软的条纹花样毛衣。蓬松的圈圈线，穿在身上给人轻柔的感觉。中间设计了大麻花花样，让条纹花样不再单调。衣袖使用了流行的宽松设计，很适合搭配长裙或者喇叭裤。

设计 / 河合真弓
制作 / 松本良子
编织方法 /101页
使用线 / 钻石线

Love！Simple Knit！

明媚的土耳其风情毛衫

精心设计了方块花样的配色，将羊毛线和马海毛线并在一起编织，非常轻柔，仿佛就要融入肌肤，同时带着一种微妙的感觉。明艳的颜色和素色马海毛线一起编织，效果非常漂亮。它给简单的基础花样编织而成的毛衫，带来一丝丝若有若无的变化。方形袖山的蝙蝠袖，有一种土耳其风情，很方便穿脱。

设计／大田真子　制作／须藤晃代
编织方法／103页
使用线／手织屋

条纹花样休闲毛衣

时尚的条纹花样毛衣，给人的感觉像是一件量身制作的休闲卫衣，很适合日常穿着。所用的这种毛线颜色丰富，可以从中选择喜欢的颜色进行配色编织。中性款式，男女都可以穿着。用不同的配色编织2件，当情侣装穿，超级棒。

设计／河合真弓　制作／羽生明子
编织方法／104页
使用线／手织屋

［第20回］野口光的织补缝大改造

织补缝是一种修复衣物的技法，在不断发展、完善中。

野口 光

创立“hikaru noguchi”品牌的编织设计师。非常喜欢织补缝，还为此专门设计了独特的蘑菇形工具。处女作《妙手生花：野口光的神奇衣物织补术》中文简体版已由河南科学技术出版社出版，正在热销中。第2本书《修补之书》已由日本宝库社出版。

【本期话题】

在格子图案的袜子上做蜂窝织补。

before

袜子，总是很容易磨损……

*织补方法在书中公开

photograph Toshikatsu Watanabe styling Terumi Inoue

本期使用的工具是“织补马卡龙”。

本期使用织补术三大技法之一蜂窝织补来修复3种格子图案的袜子上不同的“伤痕”。所谓蜂窝织补，就是把常见的锁边绣、贴布缝技法运用到衣物修复中。像蜂窝？像蜘蛛网？正面经常会形成与生命体相关的各种图案。反面的针迹很像灿烂的烟花，在修补过程中，经常不得不认真考虑该把哪个用在正面。这也是乐趣之一。这种技法，既可以修补网状磨损痕迹，也可以用来修补破洞，兼具装饰性和实用性。选择恰当的织补用线，还可以实现淡化织补痕迹的“不经意间织补”的效果。蜂窝织补可以多方向延伸，很适合修补袜子等形状和拉伸方向复杂的衣物。而且，如果蜂窝织补的地方有磨损，还可以在上面继续进行蜂窝织补，这也是它的优点之一。格子图案总给人一种“乖孩子”的感觉，在上面留下灵动的、充满生机的织补痕迹，和原有的图案形成对比，这也是一种乐趣。

秋冬新品

9360
和日

棒针编织·婴驼绒

全国经销商火热招募

招商热线：18862304179　　联系人：杨经理

【加盟微信】

【天猫商城】

【微信关注】

出品：苏州九色鹿纺织科技有限公司
地址：江苏省苏州市相城区渭塘镇渭南工业区

电话：0512-65717999
网址：https://jiuselu.tmall.com/

前岛一雄（毛线店店主）

有编织，有咖啡

photograph Bunsaku Nakagawa text Hiroko Tagaya

前岛一雄

出生于静冈县。祖父母是开毛线店的，母亲是编织老师。20岁起开始编织，同时爱上了咖啡。先在眼镜店工作，后来将祖父母经营的毛线店进行改造，于2019年在静冈创办可以喝咖啡的编织小店“秋山毛线店”。喜欢跑步、骑行、登山等，育有二子。

秋山毛线店的地面是混凝土的，局部设有玻璃地板，还有手工打造的柜台和色彩鲜艳的伊姆斯椅，是一个现代和怀旧兼备的地方。这家店的店主便是本期的编织男人前岛一雄先生。两年前，他将毛线店和咖啡店融为一体，创办了这家店。

“这里曾是祖父母经营的手工艺店。10年前，祖母去世后，这家店一度停业。我很喜欢喝咖啡，也想在祖母留下的店里做一些有意义的事。我还喜欢一边喝咖啡，一边做点什么，编织也是其一。希望客人们也能在这里体会到这种乐趣。”

开始动手编织的契机是，母亲是位编织老师。当时，前岛先生非常喜欢篮球漫画《零秒出手》，很想要漫画里出现的颜色鲜艳的编织帽，缠着母亲编织，后来又开始自己动手编织。

“开店，也是因为母亲曾说希望有一个教编织的场地。她说，不用刻意设计成编织教室的样子，想来的时候可以随时来学习编织就行。可以时不时过来，在这里成为朋友，我也觉得这个小空间很适合招待客人。”

店里可爱的咖啡菜单和日历，都是前岛先生的太太手绘的。除此之外，手工制作的奶油饼干也很受欢迎。

“这一带盛产瓜果，推荐使用新鲜采摘的当季水果自制果酱。现在这个季节，是蜜桃酱。接着，会有蓝莓酱（6月收获）。”

咖啡店的主角，自然是咖啡。店里对咖啡的原材料很讲究。

“精选静冈当地的三大烘焙咖啡豆品牌。在一家店里，可以喝到几个品牌的咖啡，应该并不常见。不同的人烘焙，咖啡会

手编的外褂，历时数年完成的花片盖毯。
其他是一些很快就能编好的小物件。

1/怀旧风情的外观。2/与咖啡和眼镜相关的原创物件。3/这种意想不到的地方也有编织元素，让人心中倍觉温暖。4/他总是在柜台里面的固定位置编织。5/巧用以前的陈列橱窗。6/自然、放松的前岛先生，他身上穿的手编马甲很时尚。

有不同的香气，这点也很有趣。”

读到这里，或许读者朋友们发现了，将毛线和咖啡联结，请母亲编织《零秒出手》中的帽子，由太太……毛线店处处都和前岛先生的家人、喜欢的事物有关。椅子上随意放着的花朵花片盖毯，也很有代表性。

“6年前开始编织，去年才完成（笑）。开始是自己用，后来有了女朋友，也就是我老婆，就送给她当盖毯了。后来宝宝出生了，又当婴儿被用了。”

店里还有一件小号的外褂，那是前岛先生的二宝穿的。它和前岛先生的外褂是亲子装，上面的编织花样来自爷爷的外褂。一件外褂，将一家三代人联结在一起。

“爷爷曾经使用过的编织机一直完好地保存着，希望将来我也能让它物尽其用。店里的柜台，是我利用他留下的什器制作的。母亲每年都会在茶农的农闲时期，驱车一两小时去山里教习编织，非常受欢迎，有些是她以前的学员。这项活动还将持续下去，希望将来我能有幸继承母亲的事业。店里可做的事情很多，24小时很快就过去了。”

去年，前岛先生的二宝出生了，他的生命中又多了一个重要的人。由“喜欢”而生的世界，随着时间的推移，必定会愈加深远、宽广。

位于波兰首都华沙以西 75 公里的沃维奇（Łowicz）是一个人口只有 3 万左右的小城市，如今也是波兰的民俗文化中心。去过波兰的朋友想必看到过印有沃维奇传统剪纸花样和玫瑰缎面绣图案的纪念品，以及波兰的民族服装。罩衫的袖子上是精美的雕绣（cutwork），羊毛材质的裙子部分是条纹花样，身片与下摆缀满了花朵图案的刺绣。

沃维奇距离首都华沙很近，历朝历代都是比较富庶的乡村地带。所以，从沃维奇民族服装的演变中，我们可以窥见波兰的历史和社会背景。

独特的沃维奇刺绣的起源

19 世纪以前的民族服装极为简单，以直线绣和锁链绣等简单针法绣制的几何花样为主，被称为“波兰刺绣”。

1880 年左右，受到当时对波兰实行分割统治的俄罗斯帝国的影响，出现了十字绣装饰的罩衫和男性领带。这种十字绣被叫作“俄罗斯刺绣”，是沿着手织麻布的细纹刺绣，从中可以看出当时绣女的精湛技术。

进入 20 世纪后，沃维奇独特的民俗文化开始大放异彩。在两次世界大战期间，染色剂、颜料、彩色线、串珠、彩纸等物资在农村也能轻易买到。从此以后，沃维奇人民仿佛插上了想象的翅膀，诞生了许多沃维奇特色的原创设计。使用五颜六色的线创作的缎面绣绚烂华丽，开始取代被称为“俄罗斯刺绣”的十字绣逐渐流行开来。三色堇、铃兰、丁香花、葡萄藤等身边的植物都是他们喜爱的刺绣主题。加上

沃维奇最热闹的节日——“圣体节”。市民们都会穿上民族服装参加

世界手工艺纪行㊳（波兰共和国）

让民族服装绽放异彩的

沃维奇传统刺绣

采访、撰文、摄影／藤田 泉 协助编辑／春日一枝

新式面料天鹅绒比以前的手织羊毛面料更方便刺绣，这些刺绣图案也开始被绣在背心和羊毛裙的下摆上。民族服装也发生了许多变化，人们开始在男性的腰带、帽子、领带、背心的前身片，以及女性的裙子、围裙、罩衫等各种衣物上刺绣。绣线也分为羊毛线、棉线、丝线等不同种类，根据用途区分使用。珠绣也是在这个时期开始出现的。看上去闪亮华丽的珠绣深受当时人们的喜爱。

20 世纪 30 年代，引进胜家缝纫机后，机器刺绣也逐渐成为沃维奇刺绣的主流。据说当时胜家缝纫机等价于一辆高级轿车，但是沃维奇还是有很多家庭第一时间购买了缝纫机。只有对流行趋势十分敏感、经济又富裕的农村，才可以做到这一步吧。

在沃维奇的民俗文化发展中，非常耐人寻味的是教会发挥的作用。沃维奇共有 183 家教会，分为 162 个教区（教会的行政单位）。教会是人们定期聚集、学习基督教义的社会性场所，同时又是女性们相互品鉴刺绣和设计等流行时尚的地方。

20 世纪 30 年代以后的刺绣中，已经显现出不同教区之间的差异。流行的花草图案、色调、裙子的条纹配色、腰带的宽度、珠绣技法等，都可以看出细微的差异。当时的民族服装宛如一张名片，比如来自哪个地区（教区），单身还是已婚，以及家庭是否富裕等都可以从服装上略知一二。

到了 21 世纪的现代，因为国际化的关系，不同国家在文化与设计上的差异和差距越来越小。而在短短 100 年前，一国之中，各种文化交织在一起，就连小小的教区之间也存在着明显的文化差异，真是耐人寻味。当时的人们一定都很勤劳，在生活中信奉神灵的教诲，从自然中学习，重视个人的感性，并且充分发挥着人类与生俱来的创造力。本期我们就采访了从祖母与母亲那里将沃维奇传统文化传承到现代的特丽莎・科兹斯（Teresa Kocus）和安娜・斯坦尼斯泽夫斯卡（Anna Staniszewska）两姐妹。

拜访传统刺绣的姐妹传承人

特丽莎・科兹斯和安娜・斯坦尼斯泽夫斯卡两姐妹是波兰传统工艺家协会的会员，作为沃维奇传统刺绣艺术家开展各种活动。同时，她们都是民族舞和民谣歌唱团的成员。除了刺绣之外，她们还从事剪贴画和传统花饰的制作。近年来，她们还代表沃维奇市和波兰在欧洲各地的友好城市以及土耳其、中国、日本等国介绍和推广波兰的传统工艺。另外，特丽莎和安娜都在创作波兰民族舞蹈团的民族服装等作品。最近，除了传统服饰，她们也在设计缝制一些日常可以穿着的日本刺绣服饰。

沃维奇的农村老房子。有织布机和纺车，房梁上张贴着剪贴画，天花板上悬挂着吊饰（Pająk）

A / 背心上的“缎面绣”始于1900年代初期。当时手工刺绣的主题花样都是身边的花草 B / 被叫作“波兰刺绣”的早期刺绣，由直线绣和锁链绣等针法组成 C / 被叫作“俄罗斯刺绣”的十字绣 D / 1900年代中期的儿童民族服装。人们会给7~8岁的孩子穿上这样的民族服装 E / 可以买到玻璃珠后，与缎面绣同一时期也开始出现了“珠绣” F / 刺绣不仅应用在民族服装上，作为新娘嫁妆的一部分的寝具和桌布等物品上也会用刺绣进行装饰

A~F均为沃维奇博物馆藏品

世界手工艺纪行㊳
（波兰共和国）

沃维奇传统刺绣

“沃维奇的传统文化是我们的热爱和兴趣所在，也是工作和人生。”两姐妹向我们讲述了她们的经历。

特丽莎和安娜的母亲和祖母都是制作民族服装的职业手工艺人。

“在母亲那个年代，必须先从自己田里采麻织成麻布。父母都是地地道道的农民，白天在田里工作，母亲就会在夜里缝制家人的民族服装以及别人定制的衣服。父亲是一个非常体贴的人，为了让母亲更方便工作，父亲也会经常帮忙。母亲和祖母平时生活也都穿着民族服装。母亲在自己的教区还担负着设计师的角色，引领着当时刺绣和缝纫的流行时尚。虽然现在的沃维奇刺绣以渐变色的大朵玫瑰图案为主，但是在祖母和母亲的年代，大家更喜欢绣上身边的野花，比如小巧圆润的三色堇、楚楚动人的铃兰……今天我们有时也会使用祖母和母亲用过的底稿进行刺绣。可以说当时的女性们既勤劳又具有艺术天赋。虽说是民族服装，其实每个人在刺绣中都有自己的创意。日常生活中的自然环境，包括花花草草经常成为灵感的来源。我们也是在母亲的身边耳濡目染长大的，所以自然形成了对家乡民俗文化的兴趣和敬重之心。”

特丽莎和安娜就是在传统的沃维奇农村，在刺绣艺术家母亲的身边成长的。她们也讲述了在现代社会传扬传统工艺的困难和乐趣。

“现在的问题是传统工艺大师的高龄化现象日益严重。波兰的传统工艺有很多来源于农村生活，从商业的角度看，缺乏培养下一代年轻传承人的土壤。另一方面，印着沃维奇剪纸、刺绣、民族服装图案的波兰纪念品等非常畅销，而实际的原创作者却没有得到著作权等相关的权利保护。自己创作的作品能够成为国家的代表性设计，我们感到非常开心和自豪。不过，不光是表面的设计和价值，我们更希望将代代相传的传统价值更广泛地传达给年轻的一代。”

现在，沃维奇的高中开设了县政府资助的传统工艺课程。其中，刺绣课程包括5种传统的刺绣技法，据说极受欢迎。近年来，特别是在从波兰前往欧盟其他国家学习或工作的年轻人中间，也出现了传统回归的趋势。

手脚需要同步操作，虽说是机器刺绣，也需要精湛的技艺

特丽莎•科兹斯（右）和安娜•斯坦尼斯泽夫斯卡（左）两姐妹。她们不仅制作沃维奇的民族服装，也制作波兰其他各地的民族服装

安娜告诉我们，“体验过国外生活的年轻人们因为有了一次从外面看波兰的经历，对养育了自己的土地的文化就会产生更加珍惜的心情。实际上，在沃维奇出生的年轻人中，越来越多的人选择穿上民族服装举行婚礼。”

“沃维奇的传统文化和民族服装是我们的身份象征，是我们的骄傲。手工艺有一种让人静下心来的力量。精美的手工艺更是如此。”两姐妹的话语令我们印象深刻。

沃维奇的圣体节

沃维奇至今保留着浓厚的波兰传统，在传统节日活动中，刺绣也发挥着极为重要的作用。沃维奇的圣体节游行就特别有名。

圣体节又叫“耶稣圣体瞻礼”，是在基督教复活节60天后的星期四举行。在波兰，圣体节是法定节日，人们都会去教会参加弥撒。弥撒结束后，波兰各地就会举行圣体游行。走在最前面的几个人举着圣像旗帜，后面跟着拿十字架的司祭、敲鼓吹笛的乐队以及市民，组成了浩浩荡荡的游行队伍，从教会出发走遍沿途设置的祭坛，一路祈祷。圣体节不仅仅是基督教的庆典，与当地居民的信仰相结合，也是祈祷“风调雨顺、五谷丰收、无病无灾、家人平安”等的节庆活动。

沃维奇的圣体游行队伍中，无论老人还是年轻人，甚至刚学会走路的婴儿都会穿上布满刺绣的民族服装，那些旗帜上的精美刺绣是沃维奇的刺绣艺术家们花上数月时间绣制的圣母像、基督像和圣人画像。现在，民族服装虽然也可以从服装租赁店里租借，但是大部分都是母亲亲手为儿女绣制的、代代相传的服装。

2021年的圣体节是在新冠疫情日益缓和的6月3日举行的。从早上开始就是天气晴朗，万里无云。在防疫措施下，身穿民族服装的沃维奇市民们和来自波兰各地的游客在举行弥撒的沃维奇中央广场欢聚一堂。许多媒体也纷纷赶来，波兰国内外的报纸及电视新闻争相报道了这座小城的盛况。

精美的民族服装和刺绣的背后是沃维奇的历史和民间风俗，是许许多多名不见经传的女性们用双手创造出来的，是点亮人们的生活、信仰和传统的、值得自豪的身份象征。对于沃维奇的人们来说，更是不可或缺的存在。这是我们在沃维奇圣体节上的切身感受。

华丽的渐变色玫瑰图案也可以说是现在的沃维奇刺绣的代名词

G／身穿民族服装的孩子们是圣体节的主角。按规定，未婚女性头戴花环，已婚者则会围上头巾 H／跟在旗手后面的是手持大教堂祭坛上的祭祀用具的司祭们。他们将在沿途设置的几处祭坛上供奉祭器，并在各处祈祷 I／因为现在主要都是机缝缎面绣，珠绣的服装一看就知道是年代比较久远的 J／特丽莎创作的抱枕套。除了民族服装，她还会制作很多日用杂货 K／特丽莎创作的面向日本市场的商品——再现了古老刺绣图案的背心

藤田 泉(Izumi Fujita)

现居波兰，SLOWART的主管，经营波兰各地的传统手工艺品。特别是在雅诺夫村(Janow)的传统织物方面，她十多年间与当地的织匠们一起制作，不断将这种织物的魅力介绍到日本。著作有《漫游中世纪小镇和村落——波兰》(IKAROS出版)、《雅诺夫村的提花织物》(诚文堂新光社)。2021年11月计划在东京清澄白河的Bahar举办“沃维奇刺绣展”。

享受浮雕效果的乐趣

麻花花样的诱惑

这里的设计可以让人尽情享受超越时代被人们喜爱的阿兰花样和凯尔特花样，以及大大小小的麻花花样蕴含的魅力。和麻花花样一起迎接秋季吧！

photograph Hironori Handa styling Masayo Akutsu hair&make-up Naoyuki Ohgimoto model Marta L.

棒球衫风情
套头毛衣

蜂巢花样和布拉尼之吻花样组成的V领套头毛衣，棒球衫风情的拼接样式令人耳目一新。衣袖也设计有主导花样，可以感受到不同明暗的浮雕之美。中性的款式，无论男女，都可以穿。

设计/大田真子　制作/须藤晃代
编织方法/106页
使用线/手织屋

麻花花样V领马甲

交织在一起的麻花花样令人印象深刻，作为主导花样，它和小巧的波浪形麻花花样、柔和的菱形花样一起组成这件马甲。花样搭配得疏密有致，有着绝妙的平衡感。等针直编的袖窿很容易编织，含有安哥拉山羊毛的毛线带着一种微妙的感觉，编织效果很棒。

设计/冈本真希子
编织方法/105页
使用线/手织屋

扭转大麻花毛衣

扭转的大麻花花样，给人强烈的视觉冲击力。大麻花花样之间还设计了在反面行交叉的编织花样，非常不可思议。这种独特的花样效果，让人跃跃欲试。插肩线和未做边缘编织的领口也设计得很吸引人。

设计/柴田 淳
编织方法/111页
使用线/芭贝

麻花花样双领毛衫和帽子

大大小小的链条式麻花花样的两侧设计了波浪形花样，不同花样的织片重叠在一起的双领设计也是亮点。如果再编织一个带有毛衫主导花样的帽子，一定很吸引人！而且，保暖效果也很棒。

设计／奥住玲子
编织方法／108页
使用线／芭贝

凯尔特麻花花样
套头衫

这款套头衫由布满身片的凯尔特麻花花样与简洁明朗的条纹花样组成，宛如一首优美的协奏曲。在穿大衣的季节到来之前，真想穿上它多多外出，自豪地展示一番。

设计 / 冈本启子　制作 / 小出映子
编织方法 /117页
使用线 /Ski 毛线

前短后长高领毛衣

身片中间浮雕般的凯尔特麻花花样突显了毛衣的厚重感。这款具有一定挑战性的高领毛衣采用了当下十分流行的前短后长的设计。精致的花样部分没有加减针，所以很容易编织。加入开衩后，更方便穿搭，这一点也为作品加分不少。

设计 / 岸 睦子
编织方法 /114页
使用线 /Ski毛线

V领落肩袖毛衫

这款冷色调的V领套头衫以上针编织为基础，细长的麻花花样分外清晰。几种不同的麻花又组合成了全新的花样。令人着迷的麻花花样宛如无限延伸的迷宫。

设计/武藤比富　制作/长谷川千代子
编织方法/122页
使用线/内藤商事

蒂尔登套头衫

麻花花样往往给人厚重的感觉，加入镂空花样后就会显得轻快许多。看似爱心的双麻花花样和镂空花样组合在一起更显清爽，非常适合蒂尔登毛衫风格的设计。充满秋意的素雅配色也非常好看。

设计/武藤比富　制作/中村睦子
编织方法/120页
使用线/内藤商事

轻松、愉快的

秋日散步

阳光变得温和，生活也日益舒适……属于毛线的季节即将来临！
与喜欢的人一起，穿上温暖的毛衫，出门寻找秋天的足迹吧。

photograph Shigeki Nakashima styling Kuniko Okabe,Yumi Sano hair&make-up AKI model IRYNA,Henri

Ladies'
女士休闲风连帽毛衫

换季时期的连帽毛衫非常实用，是休闲风靓丽穿搭的重要单品。这款作品可以用漂亮的段染线快速编织完成，钩针编织的镂空感新颖别致，引人注目。边缘使用鲜明的对比色编织，在整体上起到了收拢视觉的效果。

设计/冈 真理子　制作/Futaba Onishi
编织方法/124页
使用线/钻石线

Men's
男士根西毛衣

简单大气的根西毛衣花样洋溢着静谧的秋日气息。星星点点的棉结别有一番趣味，宛如为成熟男性的休闲假日穿搭增添了一味绝佳调料，朴实中透着那么一点可爱。

设计/河合真弓　制作/石川君枝
编织方法/130页
使用线/钻石线

Men's

男士夹克毛衫

这款男士夹克毛衫巧妙运用了下针与上针的组合以及2种段染线的配色。简单利落的设计任谁都会喜欢，作为礼物送人，对方一定也会很开心吧。送给喜欢的朋友，或许偶尔还可以借来穿一穿。

设计/津曲健仁
编织方法/128页
使用线/奥林巴斯

Ladies'

女士八角星花样包臀衫

这款略显朦胧的八角星传统花样包臀衫实际上是男士尺码。前短后长的开衩设计，流行的廓形款式，可以穿出粗犷大气的感觉。偶尔也可以借给男朋友？

设计/伊藤直孝
编织方法/136页
使用线/奥林巴斯

Ladies'

女士菱形花样套头衫

有着可爱小圈圈的碎纹段染线与平直毛线交替编织，滑针形成的菱形花样呈现出“画中画”的效果。花样逐渐显现的过程令人欣喜，编织的速度也越来越快。这是一款编织与穿着都让人心生愉悦的套头衫。

设计/笠间 绫
编织方法/134页
使用线/Ski毛线

Men’s

男士简约风连帽衫

针织面料的连帽卫衣当然不错，但是手工编织的连帽衫更适合成熟稳重的男性。浑然一体的i-cord抽绳是这款作品的点睛之笔。戴上帽子，俨然是一位时尚有型的大叔形象。

设计/兵头良之子　制作/山田加奈子
编织方法/131页
使用线/Ski毛线

乐享毛线 Enjoy Keito 17

今年也迎来了属于Keito毛线的季节！
这个秋天，请大家尽情享受羊绒线绝妙的手感吧。

photograph Hironori Handa styling Masayo Akutsu hair&make-up Naoyuki Ohgimoto model Marta L.

半圆形开司米披肩

披在肩上即可，当然也可以一圈圈围在脖子上，会有很好的保暖效果。摇曳生姿的流苏，让外出更拉风。

设计/一色 奏
编织方法/138页
使用线/Keito

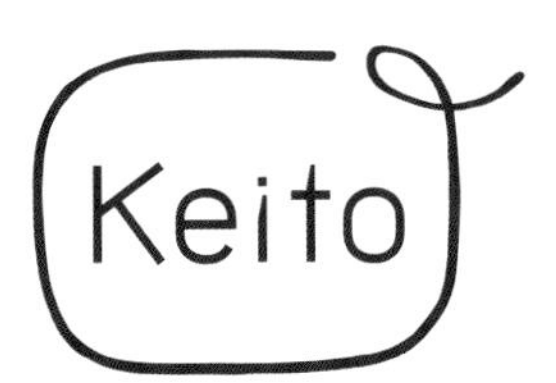

邮编：111-0053
地址：日本东京都台东区浅草桥3-5-4 1F
电话：03-5809-2018
传真：03-5809-2632
电子邮箱：info@keito-shop.com
营业时间：10：00~18：00
休息日：星期一（星期一为节假日时，则次日休息）

Keito cashmere

羊绒100% 色数/7 规格/每团50g 线长/200m 毛线粗细/中细 推荐用针/棒针3~5号
使用产自中国内蒙古自治区的优质山羊绒，在设计时本着“好线要穿很久才好”的想法，设计简单大方的款式。为了体现羊绒的质感，在染色时没有采用先纺线再染色的方法，而是先给原材料染色再纺成线。在颜色种类上，也本着“可以放心编织、穿着”的原则进行设计。为了使线材易于编织，毛线并未经过完全处理。编织后，衣物要过水，这样毛衫就有了羊绒线绝妙的手感。

纯羊绒线V领无袖开衫

无论是搭配裤子，还是搭配裙子，都很合适。也可以根据心情，前后颠倒着穿。

设计/石塚真理
编织方法/137页
使用线/Keito

本期精心为搜寻秋季编织款式的朋友设计了披肩和开衫。这两件作品使用了完全相同的毛线型号，但作品却给人截然不同的印象。根据搭配和心情来选择，也是一种乐趣。

编织开衫时，要在脑海中时刻想着成品效果。它使用了简单的棒针编织基础花样，在颜色上选择淡雅的色调。宽松的款式不挑年龄，值得珍藏！

披肩是边织边调整、随性完成的作品。以蓝色、黄色的Keito线为中心，编织时使用了4种颜色。披肩自身略带几分华美的感觉，很适合服装颜色普遍黯淡的秋冬季，易于搭配，可以起到画龙点睛的效果。

开衫可以改变配色编织成条纹花样，也可以使用单色线编织。披肩如果换用雅致的颜色编织，也很百搭。编织时，可以在脑海中想象一下效果。

这里使用的cashmere系列线材，共有7种颜色。大家一定要选择喜欢的颜色尝试一下哟。

灰色
相同的设计，只是将蝴蝶结改在了身后，给人的印象截然不同。选择雅致的灰色，少了一分甜美，多了一分成熟女性的优雅。背影也十分优美。

Color Palette

调色板

秋日五重奏

钩针编织的5款作品宛如歌剧中的小唱段，令人印象深刻。迷人的喇叭形状散发着古典韵味。

photograph Shigeki Nakashima styling Kuniko Okabe,Yumi Sano
hair&make-up AKI model IRYNA

设计/冈 真理子 制作/冈 千代子
编织方法/140页 使用线/奥林巴斯

糖果色
鲜艳的浆果红色搭配茶色，起到了收拢的视觉效果。将饰带打成蝴蝶结，显得俏皮可爱。这款设计是在长针部分加针，很容易编织，喇叭形状也非常漂亮。

粉红色

用可爱的粉红色线编织基础款的披肩，可以作为罩裙搭配穿着。将同一款花样演绎出各种变化，尽情享受秋天的时尚穿搭吧！你更喜欢什么颜色呢？

绿色

直接用基础花样改编成了吊带背心。这款设计令人欣喜之处在于结构简单，花样的加减也很容易。稍微加长了一点，外形酷似吊带裙。

米色

这件短款吊带背心与基础款披肩的长度差不多，是自然风装束的一大亮点。米色给人清纯的印象，整体显得低调雅致又不失少女的可爱。

秋天的森林

色彩绚丽、果实累累的季节，在那森林深处，2只小可爱正忙着为即将到来的冬季做准备。它们正在准备些什么呢？让我们悄悄去看一下吧。

photograph Toshikatsu Watanabe styling Terumi Inoue

橡实与松鼠

2只勤劳的小松鼠挑拣了许多橡实，不停地忙着储藏粮食。这个时期，要尽可能把身体吃得壮壮的，让尾巴也变得浓密厚实。

设计／松本薰
编织方法／143页
使用线／和麻纳卡

树桩与落叶

将落叶铺在大小适中的树桩上，完美的餐桌就布置好了。“收集”各种颜色的落叶，还可以按心情区分使用。

设计/松本薰
编织方法/143页
使用线/和麻纳卡

松鼠是用雪尼尔绒线编织而成，表面柔软蓬松。它们的眼角细长，眼睛炯炯有神，后腿宛如车轮一般显得强壮有力。尾巴和耳朵的缝合方法、眼睛和鼻子的位置等稍做调整，表情就会发生变化。橡实的果实部分从青涩的到成熟的，各种颜色都有。据说松鼠可能会将储藏的果实进行分类保存。尽管总是忘记藏在哪里，做起事情来却出乎意料地认真呢。装饰用的落叶无论是形状还是线材都略有不同，丰富多彩，可以说是装点迷你世界的精致小道具。

Yarn Catalogue

「秋冬毛线推荐」 17

编织的旺季，秋天来到了！今年想用什么毛线编织呢？

photograph Toshikatsu Watanabe styling Terumi Inoue

Tweed Haze
ROWAN

这款线材的设计灵感来源于雾霭(haze)，让人联想到英国的天空。特点是松软的质感和色调。多种成分组成的线材即使简单的花样也能展现独特的魅力。这款新品于2021年10月1日开始全球发售。

参数

马海毛40%、羊驼绒39%、聚酰胺纤维10%、棉8%、涤纶3% 颜色数/8 规格/每团50g 线长/约120m 线的粗细/中粗 适用针号/13号棒针

设计师的声音

手感顺滑，容易编织。色调朦胧的织物中，小棉结若隐若现。ROWAN新线的色彩也极具魅力。(风工房)

Felted Tweed
ROWAN

ROWAN品牌的代表性经典粗花呢线，畅销20多年。颜色非常丰富，费尔岛等配色编织的作品不妨使用这款线材。由精选的原材料加工而成，经久耐用，可以让人充分感受到手编的质感。

参数

羊毛50%、羊驼绒25%、黏胶纤维25% 颜色数/56 规格/每团50g 线长/约175m 线的粗细/粗 适用针号/6号棒针

设计师的声音

柔软且富有一定的弹性，即使宽松的织物也能呈现漂亮的悬垂效果。而且不易劈线，容易编织，也推荐给初学者。因为很轻，也适合编织阿兰花样以及比较大件的衣物。(梅本美纪子)

Ski Fraulein
Ski毛线

这是一款100%羊毛的中粗平直毛线。有15种颜色可供选择，无论单色编织还是配色编织，一定能选到自己心仪的颜色。优秀的质量、合理的价格使这款线材备受欢迎。任何季节都可以使用，无疑是一款非常实用的线材。

参数

羊毛100%　颜色数／15　规格／每团40g　线长／约77m　线的粗细／中粗　适用针号／7~9号棒针，6/0~7/0号钩针

设计师的声音

容易编织，亲肤舒适，编织的过程非常愉快。而且弹力适中，花样也能精美呈现。从初学者到经验丰富的编织者，这都是一款值得推荐的线材。（岸 睦子）

Ski Le Bois
Ski毛线

这款创意线是在3色段染的羊毛线上呈螺旋状缠绕小圈圈线加工而成，呈现出凹凸不平的感觉。柔和的色彩变化、犹如小碎花的线圈，以及蓬松的线形结合在一起，使这款毛线显得分外可爱。编织完成的作品也很轻暖，适合简单的编织方法。

参数

羊毛70%、锦纶27%、马海毛3%　颜色数／6　规格／每团30g　线长／约78m　线的粗细／中粗　适用针号／5~6号棒针，6/0~7/0号钩针

设计师的声音

因为线材比较蓬松，织物容易显得厚实，而实际上却很轻很保暖。（笠间 绫）

Diaballon
钻石线

这是一款透气、轻柔的圈圈线。由长距离段染的羊毛圈圈线与腈纶圈圈线捻合加工而成，手感十分松软。

参数

羊毛41%、腈纶41%、锦纶18%　颜色数／5　规格／每团45g　线长／约99m　线的粗细／极粗　适用针号／10~12号棒针，7/0~8/0号钩针

设计师的声音

这款线柔软轻滑，很容易编织。因为线材本身很有特色，即使下针编织，作品也非常漂亮。细腻的花样可能会模糊不清，粗麻花等大一点的花样反而效果更好。（河合真弓）

Diaravenna
钻石线

编织过程中，这款线的颜色不断转变，充满乐趣。加入许多颜色纺织成短距离段染的羊毛线，再组合加工成平直毛线，编织手感也很棒。根据设计和花样的不同，呈现出丰富的色彩变化和纹理效果。

参数

羊毛100%　颜色数／8　规格／每团30g　线长／约102m　线的粗细／中粗　适用针号／6~7号棒针，6/0~7/0号钩针

设计师的声音

手感柔软，容易编织。虽然色彩很丰富，但是颜色并没有堆积在一起，不同距离的段染融合得恰到好处。无论编织的宽度如何，丝毫没有违和感，也无须对齐花纹图案，编织起来轻松愉快。（兵头良之子）

独一无二的手工编织
毛线球 keitodama28
有趣的
棒针编织
充满乐趣的奇妙编织
棒针编织新世界

独一无二的手工编织
毛线球 keitodama29
奇妙的
钩针编织

河南科学技术出版社
精品图书推荐

独一无二的手工编织
毛线球 keitodama30
婚礼服饰
编织
Happy Wedding

独一无二的手工编织
毛线球 keitodama31
滑针、
浮针全攻略

独一无二的手工编织
毛线球 keitodama32
冬日的
配色编织

独一无二的手工编织
毛线球 keitodama33
手编的花海

独一无二的手工编织
毛线球 keitodama34
美丽的
蕾丝世界

独一无二的手工编织
毛线球 keitodama35
历久弥新的
基础款毛衫编织

独一无二的手工编织
毛线球 keitodama36
几何图案的
花样编织

独一无二的手工编织
毛线球 keitodama37
拥抱春天的
编织

独一无二的手工编织
毛线球 keitodama38
指尖上的
蕾丝交响曲

我家的狗狗最棒！

和狗狗在一起

photograph Bunsaku Nakagawa

笑脸（？）最可爱了！是不是习惯拍照了？

宽松的马甲穿着很舒服

身体线条鲜明、毛发富有光泽的狗狗米罗是黑岩先生家的。他们似乎都习惯了拍照，总是一次拍好。

黑岩先生饲养米罗的契机是妹妹一家将一只意大利灰狗寄养在他家里。"站着精神，性格沉稳，表情可爱，毛发锃亮，我一眼就喜欢上它了。"黑岩先生说。确实，意大利灰狗萌萌的表情总是给人一种可爱的感觉。后来，黑岩先生遇见了像疼爱自己孩子一样疼爱狗狗的非常热心的饲养员，不惜远赴福岛县把米罗带回家。

就像某饮料广告词所说的"希望你能成为健康、结实的孩子"，黑岩先生带着这样的心情给狗狗起名米罗。米罗正像他的主人所希望的那样，健康而且充满活力。它也有黏人、爱撒娇的一面，有时还有些笨手笨脚的，看起来更加可爱了。现在，它已经成为不可或缺的家庭成员了。

"我有两个儿子，但最听我话的还是这个'三儿子'。(笑)出去散步时，不管遇见谁，或者别的狗狗，它都会对着人家撒娇，但每次遇到牧羊犬它都会大吃一惊，然后拔腿就跑。应该是，牧羊犬体格太大了吧。"

爱撒娇的米罗，今天应该也向家人、邻居们展现了它的魅力吧。

设计/岸 睦子

制作/泽田美纪(马甲)、药师寺宽和(狗狗毛衫)

编织方法/146页

使用线/和麻纳卡

狗狗档案

狗狗	米罗，1岁 意大利灰狗
性格	勇敢、有点小任性、 爱撒娇、黏人
主人	黑岩先生

[第12回] michiyo 四种尺码的毛衫编织

又到了编织的季节了。
这次介绍的是可以从初秋穿到冬末的百搭马甲。

photograph Shigeki Nakashima styling Kuniko Okabe,Yumi Sano hair&make-up AKI model IRYNA

阿兰花样的系带马甲

本期介绍的是，从初秋开始大为活跃的双侧开口马甲。

用粗线编织，很快就可以编好这件醒目的阿兰花样马甲。除前领窝减针以外，身片都是等针的易于编织的形状。

编织方法和组合方法的要点是从身片阿兰花样两侧挑针横向编织的罗纹针。在袖口附近，挑针针数稍微少一些。这样的话，没有斜肩的肩线可以通过两侧的罗纹针调节，肩部线条会很流畅。在完成之际，要进行熨烫整形，做出肩线，这样穿着才会很漂亮。

这是最近非常流行的双侧开口马甲，两胁只用细绳简单系一下。容易编织，穿上后方便活动，所以非常受欢迎。除肩部以外，无须缝合，很适合不喜欢缝合的人编织。毛线则选择可以清晰呈现阿兰花样效果的British Eroika线。明亮的蓝色，也很受欢迎。

设计/michiyo
制作/饭岛裕子
编织方法/148页
使用线/芭贝

前领窝
S号和M号一样，L号和XL号一样，但衣领的挑针针数不同。虽然4种尺码的衣领高度相同，但大号在穿着的时候领窝会抬高，所以衣领的实际高度相对低一些。

身宽
不需要改变编织花样的数量，而是改变1个花样的宽度。样本（M号）和其他尺码相比，阿兰花样看起来并无太大差别。

胁部
这里所有的尺码都在同一个位置连接细绳，但在实际编织中请将细绳固定在合适的位置。

衣长
S号和M号一样，L号和XL号一样。

michiyo
做过服装、编织的策划工作，1998年开始以编织作家的身份活跃。作品风格稳重、简洁，设计独特，颇具人气。著书多部。现在主要在网上商店Andemee发布设计。

以编织花样为基准改变尺码，因此尺寸的变化并不均匀。

Let's Knit in English!
西村知子的英语编织 —❹

Knitting Backwards（逆向编织）

photograph Toshikatsu Watanabe,Noriaki Moriya(process) styling Terumi Inoue

1 从右向左编织的行照常编织下针。

2 一行编织结束时，不要将织物翻至反面。在左端的针目里插入左棒针，如箭头所示在左棒针上挂线。

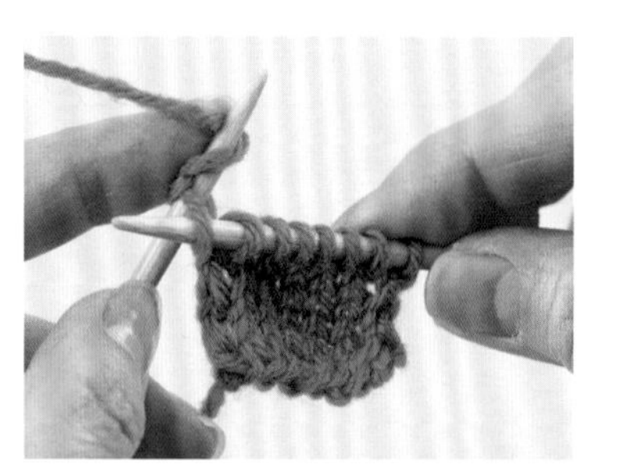

3 压住针上的挂线，将右棒针上的针目挑起覆盖在挂线上，将线拉出。

4 1针完成。用相同方法编织至右端。

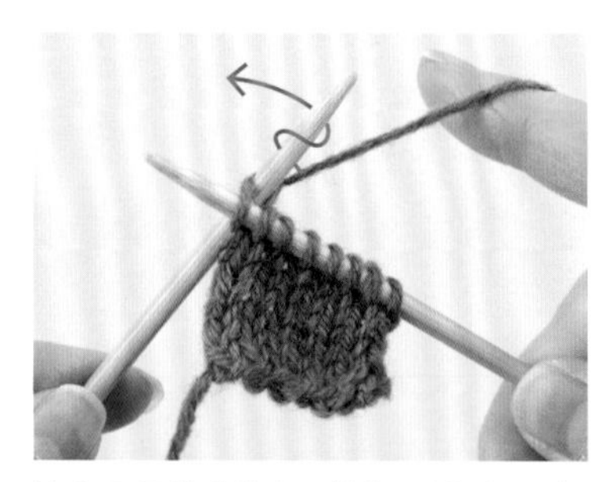

5 如果是美式的右手挂线，则按步骤2插入左棒针后，如箭头所示挂线。

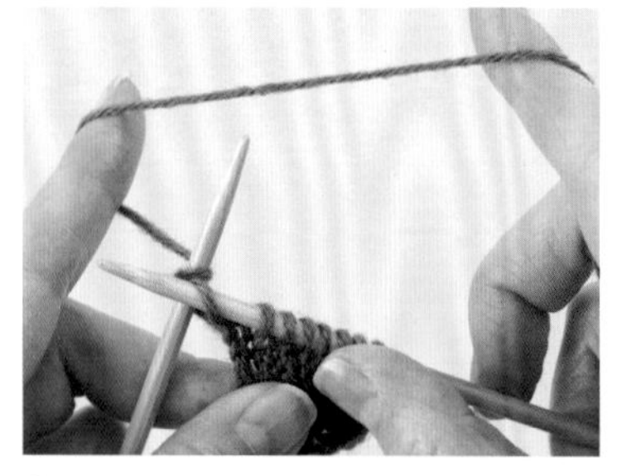

6 一边用左手压住挂线，一边转动右棒针，拉出挂线。

Knitting backwards，直译为“向后编织”，翻译成日语也可以说是“逆編み（逆向编织）”，即朝着与平常相反的方向编织。

为了编织很少的针数，要特意翻转织物，是否感觉很麻烦呢？

比如说，泡泡针。编织泡泡针时，往往要从1针里编织出5针左右，接着在这5针里往返编织若干行。只是为了编织泡泡针，就要将织物翻过来再翻回去，真的很不方便！竹篮编织（又叫白桦编织）也不例外。另外，披肩主体编织完成后，一边横向编织边缘一边与主体做连接时，因为织物太大，每次翻转织物也是一大麻烦。而knitting backwards却将我们从这样的烦恼中解放出来，只要看着正面编织即可。

我的编织朋友中，也有人会说：“我就是一直这么做的！”对于本来习惯用左手、后来改用右手的朋友，逆向编织应该很容易就能学会。而一向习惯用右手的朋友，只要理解了方法，熟练后编织起来也会得心应手。

在编织教室等处学习编织时，或许很少会产生这样的想法。我自己虽然也感觉要是可以逆向编织就太好了，却一直没有想过动手尝试。

后来，在一次美国的编织展会上，发现各种各样的讲座中竟然有一个叫作“knitting backwards”的课程。既然专门开设了讲座……于是决定参加看看。

在那场讲座中，除了下针编织，老师还讲解了逆向编织在上针编织以及起伏针中的应用，虽然实际操作时以下针编织居多。

Knitting backwards的编织步骤（下针编织的情况）如左图所示。与平常用右棒针编织的步骤几乎相同，也可以理解为左右对称进行编织。

在熟练之前，可能会觉得有点难。这里给大家分享一个容易编织的小技巧。如果习惯使用右手，很难直接操作左棒针。比如“在左棒针上挂线并拉出”，实际操作时，挂线后的左棒针请保持不动，将右棒针上的针目挑起覆盖在左棒针的挂线上，这样编织起来就简单多了。

仔细观察一下平时习以为常的针目和编织方法，你就会发现竟然也可以进行逆向编织！是真是假，请动手试试看吧。

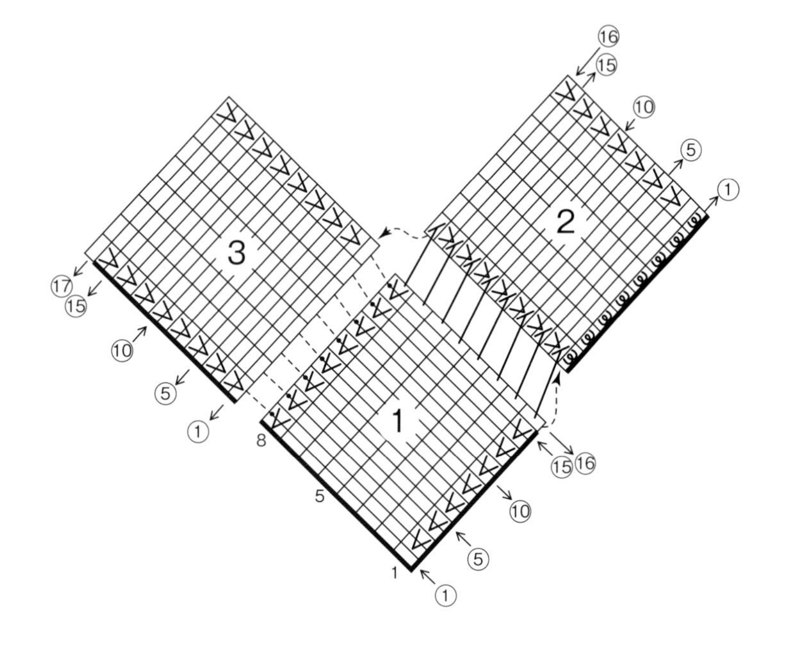

西村知子(Tomoko Nishimura)

幼年时开始接触编织和英语，学生时代便热衷于编织。工作后一直从事英语相关工作。目前，结合这两项技能，在举办英文图解编织讲习会的同时，从事口译、笔译和写作等工作。此外，拥有公益财团法人日本手艺普及协会的手编师范资格，担任宝库学园的英语编织课程的讲师。新作《西村知子的英文图解编织教程+英日汉编织术语》（已由河南科学技术出版社引进出版）正在热销中，深受读者好评。

多么不可思议、令人惊奇的配色编织方法！

罗瓦涅米配色花样“护踝袜”

Photogragh Shigeki Nakashima, Noriaki Moriya(process) Styling Kuniko Okabe, Yumi Sano Model IRYNA

配色花样的符号图

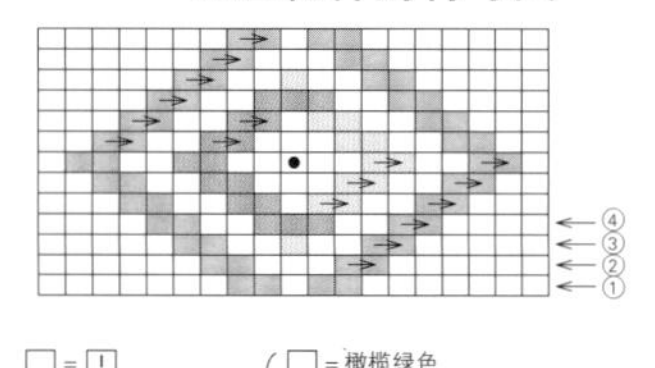

□ = |

配色
- □ = 橄榄绿色
- ■ = 深粉色
- □ = 右侧的芥末黄色
- ■ = 左侧的芥末黄色
- ● = 用橄榄绿色线编织，后面再用黄绿色线做下针刺绣

蝴蝶结线团的制作方法

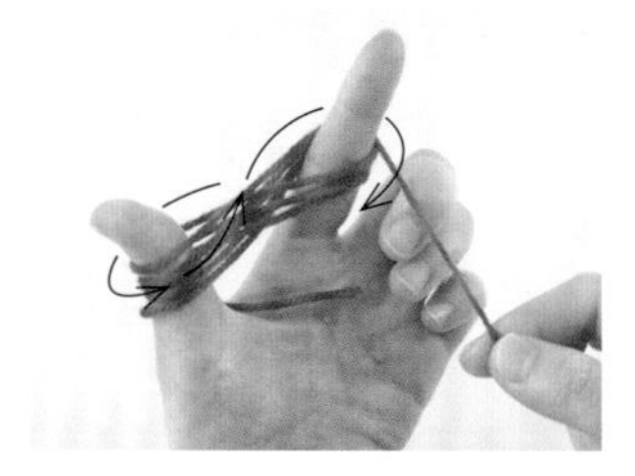

❶ 如箭头所示，在拇指和食指上呈8字形绕线。

❷ 在中心绕线固定，制作所需数量的蝴蝶结线团。拉动绕线起点的线头，线就会很顺利地抽出来。

→处配色线的编织方法

❸ 按符号图所示顺序，将配色线穿在棒针上。

❹ 这是配色编织的第2行。编织至配色位置前，在前一行的2针的后面插入右棒针。

❺ 挂线后拉出。

❻将前一行的前面一针（主色线）从左棒针上取下。

❼ 在剩下的第2针的后面插入右棒针。

❽ 挂线后拉出。

❾ 用主色线编织3针，接着用左侧的配色线编织2针下针。

❿ 配色编织的第2行花样完成。

⓫ 配色编织的第3行用右侧的芥末黄色线编织，第4行用左侧的芥末黄色线编织。

位于芬兰北部的城市罗瓦涅米（Rovaniemi）就是著名的“圣诞老人的故乡”，大部分地区位于北极圈内。本期介绍的内容是流传于罗瓦涅米的配色编织技巧。第一次知道这种配色编织方法还是在芬兰举办的一次编织研讨会上。讲师是2001年在挪威召开的研讨会上认识的莉娜老师，我们在最后一晚的欢送会上才有机会聊天，了解了彼此的故乡和职业。她居住在罗瓦涅米附近，是一名家庭主妇，她说自己是一个人来参加的，“离这里非常远呢”（虽然日本更远）。她先生从事船上的工作，也曾去过日本，对日本的被褥和榻榻米很感兴趣，她还说自己也想去日本，令人感到十分亲切。就是这位莉娜老师，在自己的祖国芬兰召开的研讨会上介绍了罗瓦涅米的编织方法。

出现在教室里的她抱着一个大箱子，里面放了许多长针和软木塞。软木塞？用来干什么？接下来究竟要讲什么？答案马上就揭晓了。将配色线分别缠绕成蝴蝶结的形状（叫作蝴蝶结线团），然后按顺序穿在棒针上，再在两端插入软木塞作为堵头。这样，编织前的准备工作就完成了。环形编织中在1处进行配色编织的情况，主色线一圈一圈地编织没有任何问题，但是编织中途的配色线在下次编织时就很难操作。罗瓦涅米的配色编织方法就很特别。明明是环形配色编织，却采用了纵向渡线的编织方法。配色往前移动（→）的地方，编织方法更是不可思议。莉娜老师后来在研讨会朋友的协助下，在美国的*PIECE WORK*杂志上介绍了罗瓦涅米的这种传统编织技法。

相信大家也一定会喜欢上罗瓦涅米的配色编织方法。

配色的变化

林琴美(Kotomi Hayashi)

从小喜爱编织，学生时代自学缝纫。孩子出生后开始设计童装，后来一直从事手工艺图书的编辑工作。为了学习各种手工艺技法，奔走于日本国内外，深入与众多手工艺者交流。著作颇丰，新书有《你也可以成为袜子编织能手》（暂译名，河南科学技术出版社已引进，即将出版）。

这款作品既可以当作一对护腿，也可以当作一双没有袜头和袜跟的袜子。穿上鞋子看上去就是手编的袜子。用鲜亮一点的颜色编织，足以让脚腕处大放异彩。也可以改编成护腕，正好成套搭配。

设计/林琴美

编织方法/150页

使用线/芭贝

享受在家放松的休闲时光

本期汇集的毛线小物不仅编织的时候心情愉快，而且温暖松软的质感让人有种身心都被治愈的感觉。与毛线编织的心爱小物一起，舒适惬意地度过居家时光吧。

photograph Shigeki Nakashima styling Kuniko Okabe,Yumi Sano hair&make-up Hitoshi Sakaguchi model VIKTORIIA

软糯的短裤、护腿套装

含胶原蛋白纤维的线材软糯亲肤，穿上用它编织的毛线短裤和护腿结束一天的忙碌真是太完美了！脱下套装，被温暖包裹着，明天又是元气满满的一天。

设计/冈本真希子
编织方法/152页
使用线/奥林巴斯

条纹花样室内鞋

这是一款钩针编织的室内鞋。编织2片主体拼接在一起，然后挑针编织圆形花片作为鞋头部分。编织方法非常简单，不妨试试不同的颜色和线材。根据当天的心情和衣服选择搭配，展现脚下的风采吧。

设计/西村知子
编织方法 /160 页
使用线/奥林巴斯

渐变色护腰

在寒冷的季节，护腰是女士们必备的神器！穿上护腰，既可以保暖大部分内脏，消除浮肿，还有减肥瘦身、安神助眠的作用。蓝色与绿色的渐变效果让人赏心悦目，一圈一圈地编织，就是这么简单轻松！

设计/西村知子
制作/八木裕子
编织方法 /159 页
使用线/奥林巴斯

马海毛线花片盖毯

盖毯的花片蓬松可爱，让人感觉仿佛置身于一片花海之中。以米色为底色，6种颜色的花片争相绽放，马海毛线的松软手感超级治愈。若是加上喜欢的香气，也许会做一个美梦吧。

设计/ Hobbyra Hobbyre
编织方法 /154页
使用线 /Hobbyra Hobbyre

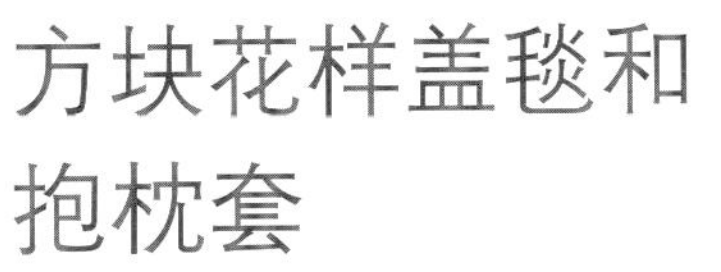

方块花样盖毯和抱枕套

配套编织的抱枕套和盖毯是家居软装的主角。用五彩的毛线配色编织出咖啡豆和马克杯等休闲时光元素，组合在一起可爱极了。秋日长夜漫漫，在穿针引线中不知不觉忘记了时间的流逝。

设计/ Hobbyra Hobbyre
编织方法 /156页
使用线/ Hobbyra Hobbyre

Couture Arrange

志田瞳优美花样毛衫编织新编⑪

拼布风背心

photograph Hironori Handa styling Masayo Akutsu hair&make-up Naoyuki Ohgimoto model Marta L.

选自日文版《志田瞳优美花样毛衫编织7》

原版是一款由配色花样与阿兰花样组成的拼布风开衫。

秋天对于编织爱好者来说是一个令人欢喜的季节。虽然每年都不会缺席，但是每个入秋之际，都像是人生的第一个秋天，此时甚至想郑重地道一声“初次见面，请多关照”。

本期为大家介绍的作品是一款直筒背心，改编自日文版《志田瞳优美花样毛衫编织7》中的一件拼布风长款开衫。因为想要宽松和休闲的效果，所以在线材上选择了自然风十足的粗花呢线。浅茶色中夹杂着深浅不一的茶色系棉结，整体色调与其他服饰很容易搭配。

花样上去掉了原来开衫中的配色编织部分，再加上新的花样，身片部分有规律地重复编织4种花样。全部是等针直编，连同两胁处的边缘一起编织，也无须额外缝合。胁部在自己喜欢的位置穿入细绳加以固定。

这款背心采用了前短后长的设计。喜欢长款的朋友可以按后身片的长度编织2片，喜欢短款的朋友可以编织2片前身片，大家不妨自由发挥。衣宽是均码，比较宽松。改变4种花样中的一部分，试着加入自己喜欢的花样，也不失为有趣的改编体验。

detail（细节说明）

4种花样都是以下针开始，以下针结束。

编织花样C交错着在双罗纹针上绕2圈线，形成褶饰效果。不过绕线时要稍微松一点，以免花样收缩。因为这个花样与其他花样相比少了1针，编织时要注意针目的加减。

编织花样D好像一捧花束，编织时注意统一枣形针的大小。

另外2种花样是不同的麻花花样。

胁部的细绳编织3针的i-cord，编织时将线拉得稍微紧一点，以免绳子太粗。完成后用熨斗整烫一下。最后在身片花样的交叉针空隙中穿入细绳，连接前、后身片。

选自日文版《志田瞳优美花样毛衫编织7》
制作 / 草川澄子
编织方法 /162页
使用线 / 钻石线

冈本启子的 Knit+1 第29回

过去这段时间，烦忧事颇多，心情很难明快起来。
因此，我决定使用明亮的颜色，希望能带来一份好心情。

photograph Shigeki Nakashima styling Kuniko Okabe,Yumi Sano hair&make-up AKI model IRYNA

在时尚界，换季之前总会发布当季的流行色。虽然经常说“我不被流行左右，我喜欢经典！”，但是，还是忍不住关注流行趋势。流行色通常由时代背景决定，今年秋冬流行深色和沉稳厚重的大地色系。深色虽然颜色较深、相对鲜艳，但不至于艳丽，可以鼓舞心情。沉稳厚重的大地色系则是大地和植物的颜色，可以抚慰人心。

在选择衣服和线材的颜色时，单色的话只需选择喜欢的颜色即可。2种颜色为拼色。但是，颜色越多，就越难保持和谐统一。在这里，我给大家说一下选择颜色的小窍门吧。使多种颜色保持和谐统一的关键在于，色调统一。另外，如果只是想稍微增加一点颜色，可以选择黑白灰色调作为过渡色。这样，就会形成张弛有度的配色。

本期使用既有色彩丰富的深色也有素净的黑灰色的STIPE线，编织两款多色配色的毛衫。这两件毛衫给人的印象截然不同，大家可以根据个人喜好来选择。

在疫情时期，使用明媚、华丽的颜色享受编织的乐趣，穿在身上，在这个秋天增添几分欢快的心情吧。

冈本启子

Atelier K’s K的主管。作为编织设计师及指导者，活跃于日本各地。在阪急梅田总店的10楼开设了店铺K’s K。担任公益财团法人日本手艺普及协会理事。著作《冈本启子钩针编织作品集》《冈本启子棒针编织作品集》中文简体版均由河南科学技术出版社引进出版，正在热销中，深受读者好评。

STIPE

领时尚马甲

作品/以素净的灰色调为主色，在上面施以深色的间
设计成充满时尚感的配色。V领可以让脸部线条看起
加明朗。胁部设计了开衩，后下摆设计得稍长。

宫崎满子　编织方法/164页　使用线/K's K

彩斑斓的开衫

作品/将三角形的起伏针织块连接在一起，设计成非
动感的开衫。色彩斑斓的织片，穿在身上，心情也不
变得明媚起来。正因为使用了多种颜色，反而非常百
看起来很有高级感。

中川好子　编织方法/166页　使用线/K's K

编织机讲座 part 19

可以快速编织，
乐趣十足

编织机 Amimumemo 操作简便。使用移圈针，就连“交叉花样”也可以轻松编织。

photograph Hironori Handa styling Masayo Akutsu hair&make-up Naoyuki Ohgimoto model Marta L.

拼接风休闲套头衫

像拼布一样将织片纵向或横向地拼接在一起，完成的套头衫给人休闲又不失时尚的印象。将缝份展露在外面，平添了一分趣味。也可以调整花样和颜色，尝试编织出自己的原创作品。

设计/奥村利惠子（银笛编织研究会）
编织方法/170页
使用线/奥林巴斯

交叉花样卷边帽和露指手套

使用1根移圈针编织的交叉花样只需将针目向左右移动即可完成，操作十分简单。因为是等针直编的作品，所以编织起来非常快。再加上配套的露指手套，为即将到来的季节提前做好准备吧。

设计/奥村利惠子（银笛编织研究会）
编织方法/169页
使用线/NV YARN

双色及膝连衣裙

这是一款双色及膝连衣裙。裙子部分因为是下针编织，用编织机可以快速完成。将交叉花样排在身片和衣袖上，再改变袖口与领口的配色起到收拢的视觉效果，整体显得简洁利落。

设计/奥村利惠子（银笛编织研究会）
编织方法/172页
使用线/Rich More

69页作品中交叉花样的编织方法

摄影 / 森谷则秋

向左侧移动针目编织交叉花样

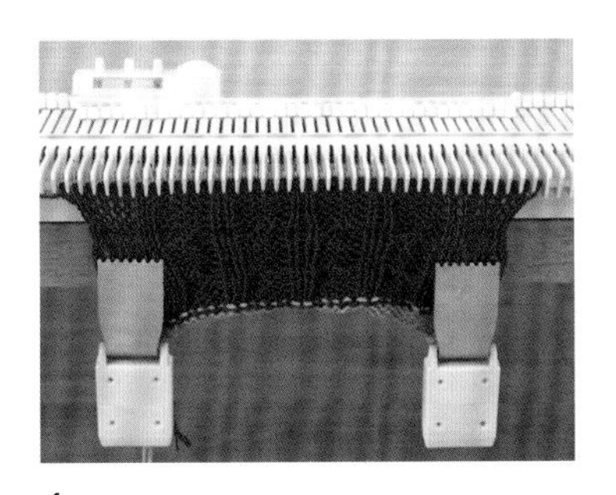

1
先做6行的下针编织，用修改针将指定位置的下针改成上针。

2
用移圈针挑取针目1、2。

3
将2针移至左侧的空针上。

4
用移圈针挑取针目5、6。

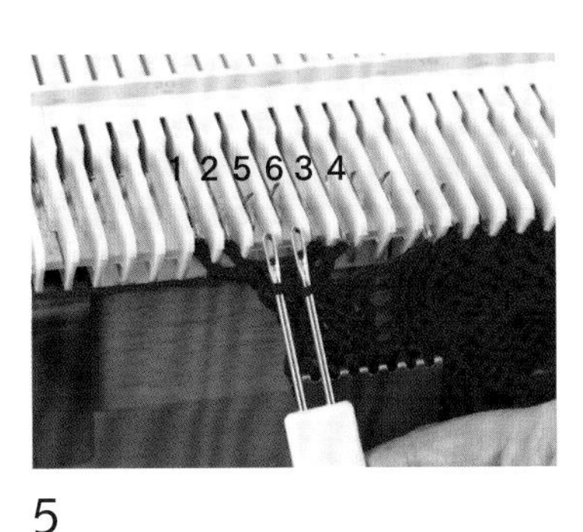

5
将2针移至空针上，使其与针目3、4呈交叉状态。

6
用移圈针挑取已经改为上针的针目7、8。

7
将2针移至左侧的空针上。
重复步骤4~7。

8
最后的2针也移至空针上。

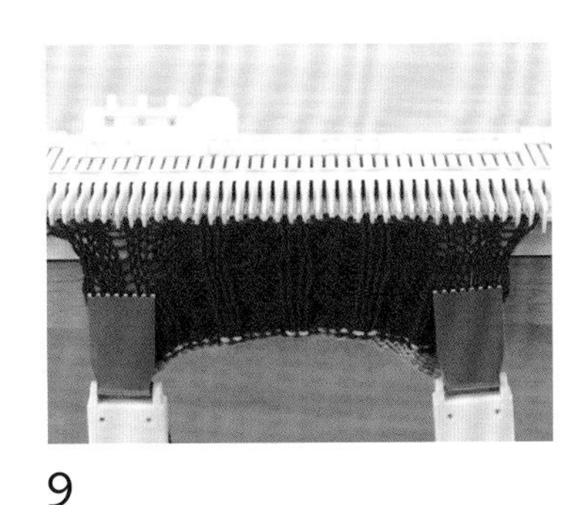

9
所有的针目都移动好了。

向右侧移动针目编织交叉花样

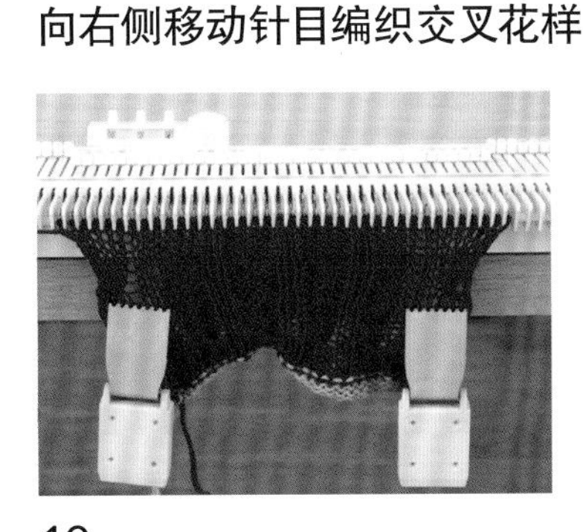

10
做6行的下针编织，用修改针将指定位置的下针改成上针。

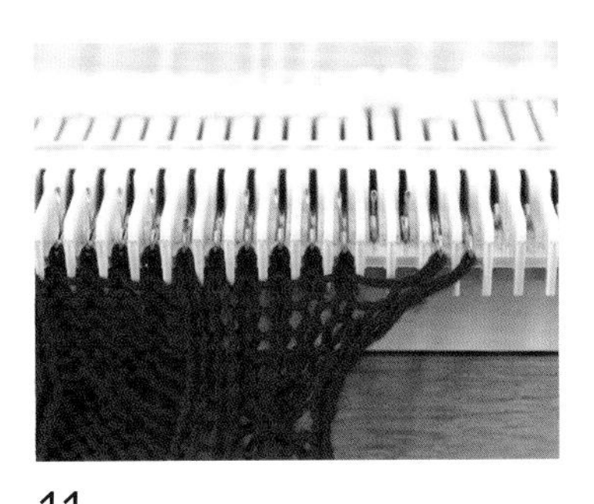

11
用移圈针挑取右端的2针，移至右侧的空针上。

12
与向左侧移动的操作要领相同，将针目移至空针上，使针目呈交叉状态。

13
将已经改为上针的针目移至旁边的空针上。

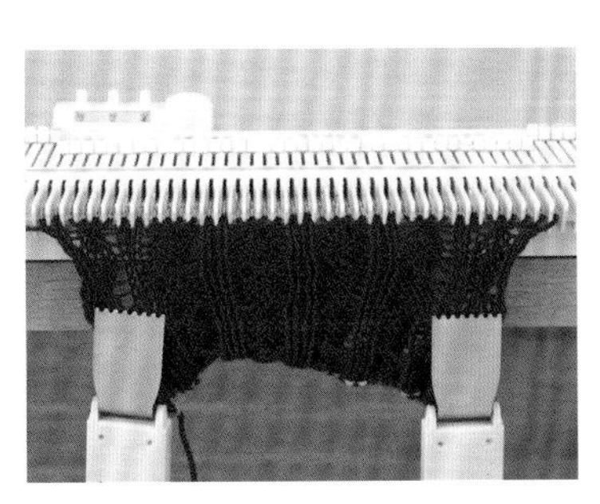

14
移动所有的针目完成交叉花样后的状态。

移圈针1-2
※购买编织机Amimumemo的附赠配件
（移圈针1-3、2-3请另行选购）

编织师的极致编织

【第39回】吸吸吸采集昆虫的“编织吸虫管”的风景

现在已经很少观察虫子
采集虫子了
反而更容易注意害虫

既有中性虫，还有益虫
既有色彩华丽的虫子，还有善于隐身的虫子
有些虫子可以成为时尚设计的参考
有些虫子可以食用

虽然用放大镜观察虫子很方便
但如果想要更好地观察
就要用到吸虫管了

不用直接接触到虫子
用吸取的方法捕获虫子
虫子咬管，管吸虫子，在一侧捕捉
需要注意虫子的大小等诸多事项

另外
它还可以用在虫子之外的事情上
比如用来吸取撒了一地的珠子
但是
要注意吸取时的力度

编织师203gow：
持续编织非同寻常的“奇怪的编织物”。成立让编织充满街头的游击编织集团“编织奇袭团”，还涉足百货店的橱窗、时尚杂志背景、美术馆、画廊展示、舞台美术以及讲习会等。

文、图/203gow　参考作品

毛线球快讯

毛线世界

时尚达人的手艺时光之旅：
最早的毛线人偶

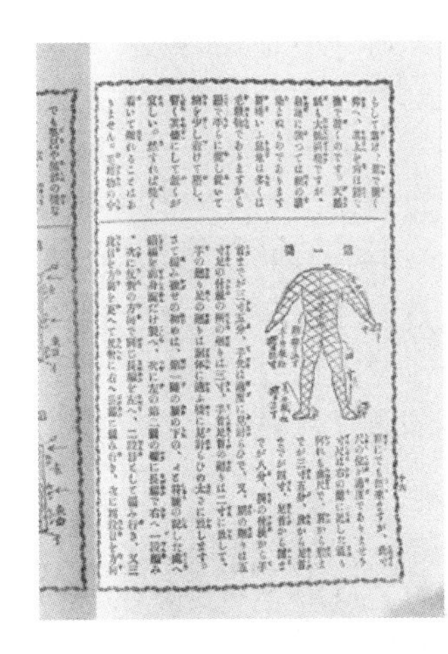

再现了明治四十一年(1908年)香兰女史在《手工艺与编织》中发表的毛线人偶

大正十四年(1925年)，一位读者在《妇女之友》中发表的毛线人偶，手脚都可以活动

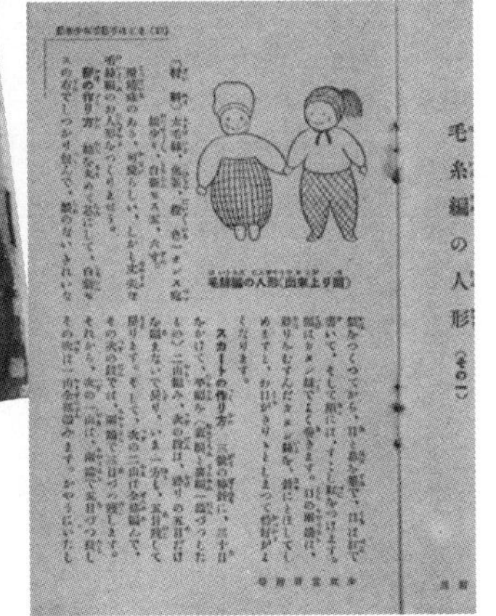

《少女世界》杂志副刊《最新少女手工艺入门》(昭和二年即1927年)中介绍的人偶

编织玩偶可以给人温暖，疗愈心灵，所以现在极受欢迎。一边赞叹“好可爱”，一边跃跃欲试想要动手编织。时尚达人们也似乎热衷于编织毛线人偶。

1908年，香兰女史在《手工艺与编织》一书中发表了毛线人偶的作品。据说创作初衷是出于对婴儿安全的考虑。

她说：“还是婴儿时，最初的玩具人偶都是橡胶做的，因为大家觉得橡胶很安全，不会让婴儿受伤。但是真的安全吗？如果某处破裂了，还是无法保证婴儿不受伤的。所以，只有毛线人偶才是足够安全的。”

于是，她模仿西方的人偶用钩针编织了一个。头戴宽檐帽，还有脚和带后跟的皮鞋，不知道为什么没有头发……就当是头发盘在帽子里了吧(参照再现作品图片)。这个毛线人偶的脸部也非常关键。书上还记载了香兰女史的制作要领指导。

“在球面中心的左右两侧绣出双眼的形状后再绣上眼球，然后在下方正中间绣上鼻子，没有鼻梁，只要绣上鼻尖即可。最后用红色的毛线绣出小巧可爱的嘴巴。”

之所以不绣鼻梁只绣鼻尖，好像是因为绣了鼻梁反而不可爱了。的确，绣上小小的鼻尖显得更加可爱。

1925年，除了外形和表情，还出现了手脚都能活动的毛线人偶。《妇女之友》上一位读者发表的人偶作品充满了异国情调，据说人偶的原型是杂志插画师武井武雄的画作“玩具”。这位时尚达人一定是将思绪放飞到异国他乡畅游了一番吧。因为人偶是用毛线和填充棉制作而成，即使磕到碰到也不会痛。眼前仿佛看到了当时嬉戏打闹的孩子们。

不光是大人，为了让孩子们也能够学会编织，大妻小高（Kotaka Otsuma，日本20世纪的女性教育家）在1927年的《少女世界》杂志副刊《最新少女手工艺入门》中发表了用棒针编织的毛线人偶。为了方便孩子们动手制作进行了精心设计，只有脸部是用布包住棉花缝制的。

毛线人偶的诞生始于婴幼儿的安全考虑，后来逐渐变得更加立体，更具有异国风情。无论现在还是过去，抑或将来，毛线人偶一定会继续吸引更多的编织爱好者。

彩色蕾丝资料室 北川景

日本近代西洋技艺史研究专家。为日本近代手工艺人的技术和热情所吸引，积极进行着相关研究。出于对蕾丝的热爱，担任蕾丝编织讲师的同时，在东京品川区开设了“彩色蕾丝资料室”，还是孔斯特蕾丝俱乐部的主管。

毛线球快讯

毛线世界

编织符号真厉害

第17回 棒针编织中的钩针运用【棒针编织】

了不起的符号 **1** 如果棒针不好编，就换用钩针吧

（棒针编织的枣形针）（钩针编织的枣形针）

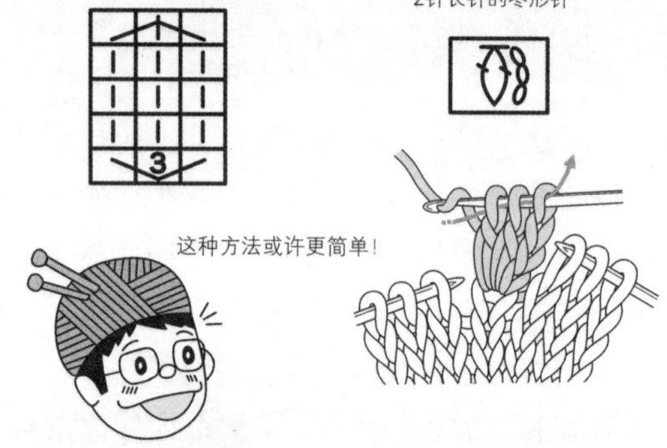

了不起的符号 **2** 虽然有无限可能性，也只能用缩略符号表示

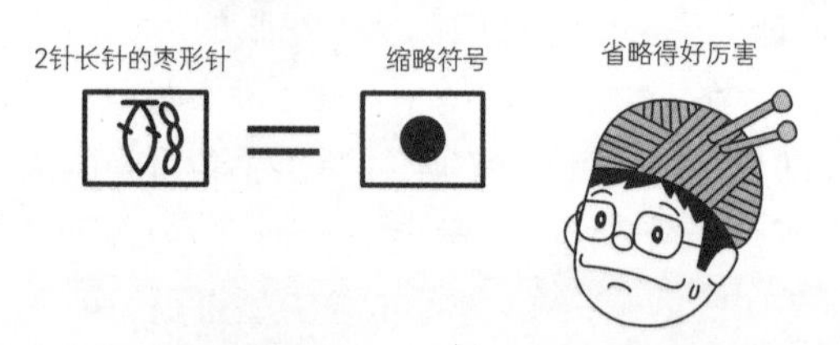

了不起的符号 **3** 枣形针竟然也变化多样

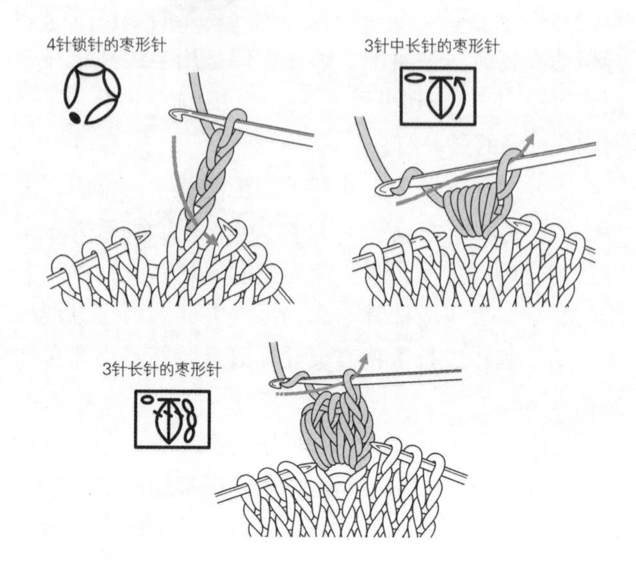

你是否正在编织？我是对编织符号非常着迷的小编。秋号来了，说起秋……或许读者也厌烦了每期的追问式开场白“是不是正在编织”，请允许我以后不说这句话直接进入正题。但是，如果能够让大家重新认识这件优先于松茸、秋刀鱼的秋季事物，我将不胜荣幸。

在纠结很久本期的话题究竟属于棒针还是钩针之后，我觉得，既然是棒针编织中途出现的钩针，那么应该还是属于棒针编织领域。好了，下面介绍圆滚滚的枣形针。在棒针编织中，也可以在1针上编织数针，编织几行后减针成1针，就成了“枣形针”。那么，它是不是可以借助钩针完成呢？这就是本期的话题。

编织符号本身没法100%展现在编织图中，因此用缩略符号（●）代替，这似乎是件令人悲伤的事情。但是，老实说，钩针编织的枣形针更加简单。不需要额外说明，只需按照编织方法图编织即可（笑）。如果你觉得棒针编织的枣形针有些复杂、不好编，一定要用钩针尝试一下。枣形针给织片带来妙不可言的感觉，编织起来很开心。本页介绍了几种不同的枣形针，平心而论，它们看起来挺像的（个人感觉）。大家从中选择容易编织的枣形针即可。

但是，请大家仔细想一下，这可是在棒针编织途中换用钩针哟。它是不是还可以产生更多的编织可能性呢？它不是像边缘编织那样，在编织结束后挑针编织，而是在棒针编织中途换用钩针。是的，除了枣形针，它还可以给织片加上流苏和长线圈等。在简单的下针编织的毛衣上，在中途随意用钩针编织几处，就可以打造一款独一无二的毛衣。

看到这里，想必大家已经开始天马行空地想象了。这里介绍的枣形针只是其中一例。在棒针编织中途换用钩针，蕴藏着无限的编织可能性，说是“编织大爆炸”也不为过。

小编的碎碎念

再次审视枣形针，我重新认识了它的可能性。在写文章的过程中，我的内心很兴奋：“是的！不是枣形针也可以！”在棒针编织中途换用钩针。自由编织多好！真是太棒了！

毛线世界

编织报道：

和歌山的复织面料

图、文/《毛线球》编辑部

编辑部收到了一封和歌山县的来信，寄信人是“Sunny手作工坊”的店主中本敏子女士。听说她的父母亲都是复织面料的资深从业者，我们赶紧前往拜访。

桥本市高野口町位于世界遗产高野山的山脚，从江户时期开始就是非常有名的纺织品产地，特别是以起绒织物（毛巾等面料）的织造方法为核心，逐渐发展为一大产地。其中，最核心的独创技术“复织”早在明治十年（1877年）就诞生了。

所谓“复织”，就是将初织布料沿经纱纵向断开，加工成雪尼尔绒线作为纬纱，再织出图案，这种织造方法需要繁多的工序和较高的技术。雪尼尔绒线的绒毛不是线圈形态，而是切割开的，所以绒面更加柔软舒适。因为经过了初织和复织两道工序，这种织物就被叫作“复织面料”，也被誉为“奇幻的织物”。在很长时间里，这种面料都是工匠们手工纺织生产的，但是昭和四十年（1965年）之后却消失不见了。

直到昭和六十年（1985年），这门技艺再次受到关注，机械化的研发计划开始启动。而接受研发任务的工匠就是这次写信给我们的中本女士的父亲池田昌弘先生。

“同样是工匠的母亲在背后默默地支持着父亲，经过6年的努力，终于在平成三年（1991年）成功实现了量产。这项技术的核心在于将织物转化成雪尼尔绒线，听说费了很大功夫。”

中本女士笑着说：“我是在地方产业的线堆和布堆里出生的。”正因为目睹了父母亲的艰苦奋斗，“希望更多人可以了解这项技术的价值”。复织技术在起绒织物的技术中占据着尤为特殊的地位，其面料被广泛制作成花朵图案的手帕和包包等产品，备受大众的青睐。

为复织技术的自动化竭尽全力的池田先生如今已经退休了，但是这项技术将会绵延传承。大家也来一起关注起绒织物的产地——和歌山县高野口町的复织面料吧！

现在还不知道?

简单的尺寸调整方法

说起编织中常见的烦恼，调整尺寸绝对名列前茅。
为了编织出想要的作品，需要掌握一定的制图、推算知识。
本期介绍的是不用掌握那些复杂知识的简单的调整尺寸的方法。

摄影/森谷则秋 审订/今泉史子

掌握所需的尺寸

在掌握调整尺寸的方法之前，要先学会测量自己的身体。
但是，自己不方便测量，让别人帮忙的话有点……
那么，我们测量出喜欢的毛衣的尺寸作为参考吧。

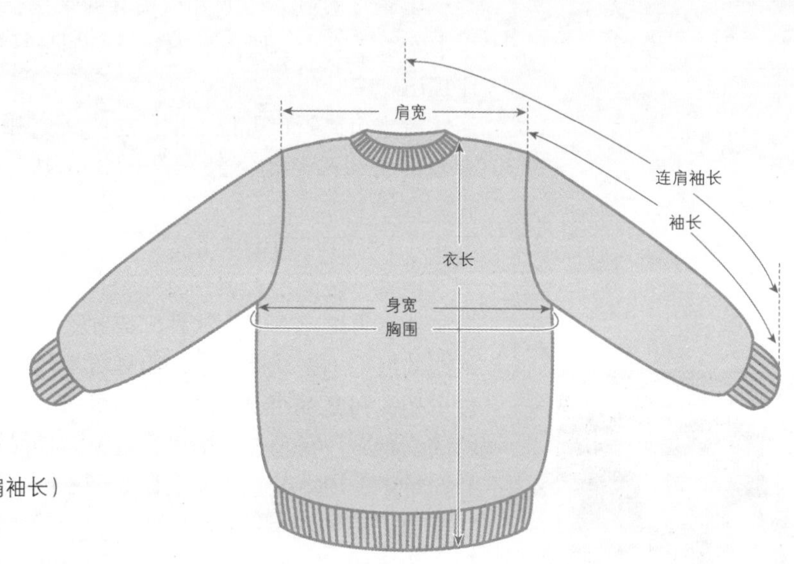

各尺寸的测量位置XS号

●胸围…测量身宽。
●衣长…从肩部到下摆的长度。
●肩宽…从左肩头到右肩头的长度。
●袖长…从肩头到袖口的长度。
●连肩袖长…从后领口中心到袖口的长度。
（在插肩袖等肩宽和袖长不容易判断的情况下，测量连肩袖长）

决定尺寸的调整方向

1.首先，实际编织时可能和书上的编织密度不同，所以要先编织一个样片测量编织密度。
2.测量样片的针数、行数，如果想要编织和书上相同的密度请看4，否则请看3。
3.计算一下如果按照当前编织密度编织，大致尺寸是多少（参照下图）。
4.确认一下想要编织的作品和自己预期尺寸的误差。

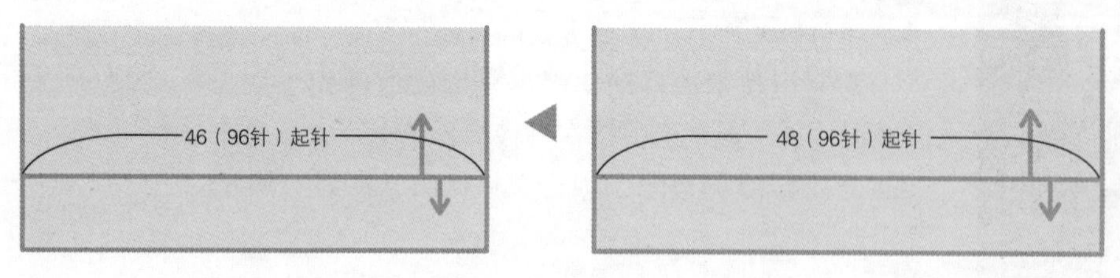

如果样片和书上的作品不一样 这样调整尺寸

1.想要编织的作品的编织密度是，10cm 20针，身宽48cm（96针）。
2.样片和想要编织的作品不同，是21针。
3.96针÷2.1针（样片1cm内的针数）=45.71→46cm

如果预期尺寸为48cm，以为不用调整尺寸，却发现样片大小和书上不一致时，可以通过改变用针号数或者改变针数来调整。
相反，如果预期尺寸为46cm，以为需要调整尺寸，但在测量样片后发现正合适，对于这样的人来说这或许也是一种幸运……

确认的结果

整体增大（缩小）
▼
其一

衣身和衣袖加长（缩短）
▼
其二

身宽加宽（缩窄）
▼
其三

其一 改变针号

最简单的调整尺寸的方法是改变针号。
它没法只调整长度或宽度，但可以照书编织，很适合初学者。
但是，如果用太粗的针编织，织片会变得松垮；用太细的针编织，织片手感会偏硬，都有损成品效果。
所以，在改变针号时，要以 ±2号为宜。

不同的线材、不同的编织手劲儿，都会造成或多或少的误差。通常来讲，编织针粗（细）1号，织片大约加大（缩小）5%。以此为参考，选择和预期尺寸接近的编织针，再次编织一下样片吧。

细2号的棒针（8号针）	细1号的棒针（9号针）	标准织片（10号针）	粗1号的棒针（11号针）	粗2号的棒针（12号针）

样片的差别或许不太明显，但如果编织成毛衣，就会有明显差异。

以标准的毛衣为例，比较一下后身片制图的差别吧

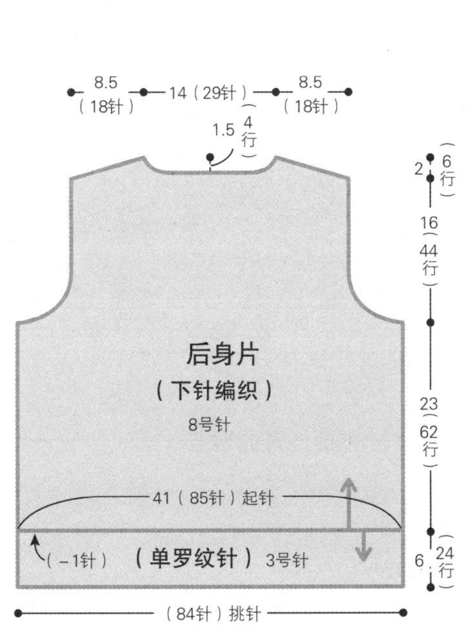

使用比标准织片用针细2号的棒针

参考编织密度：10cm×10cm面积内20针，27行

整体大约小了10%，成衣大致是女款的S号。

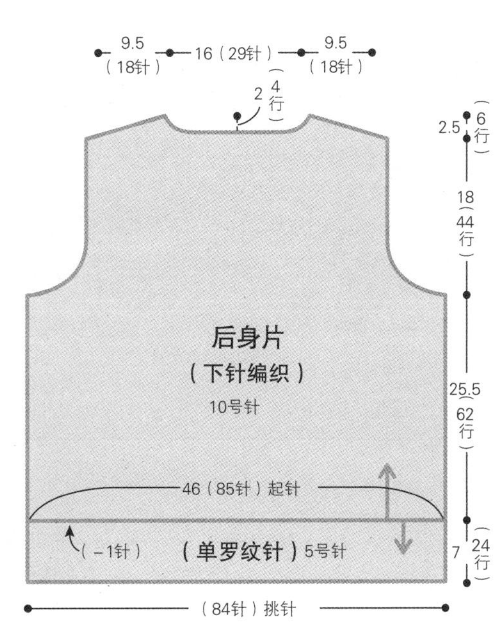

标准织片（10号针）

参考编织密度：10cm×10cm面积内18针，24行

成衣大致是女款的M号。

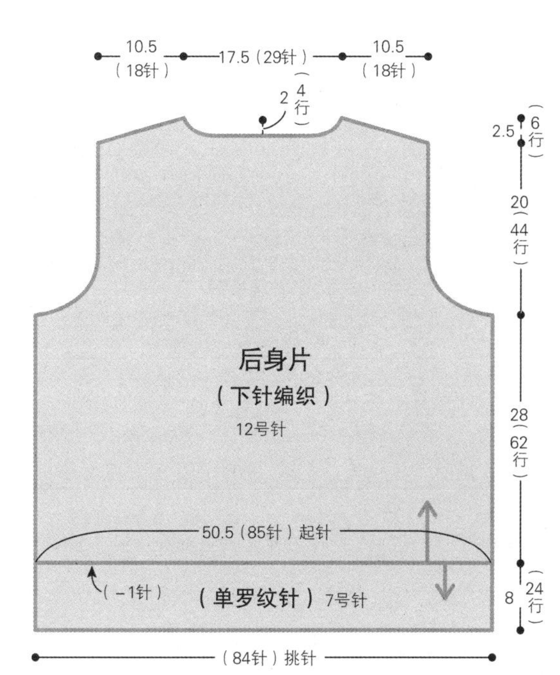

使用比标准织片用针粗2号的棒针

参考编织密度：10cm×10cm面积内16.5针，22行

整体大约大了10%，成衣大致是女款的L号。

其二 改变长度的方法

根据身高和个人喜好，在保持宽度不变的情况下，有时需要延长或缩短织片。这时，方法一就不太适合了。改变袖窿、领窝、袖山等有弧度的地方时，需要掌握制图知识才行。这里，我们介绍的是改变直线部分和斜线部分的长度的方法。

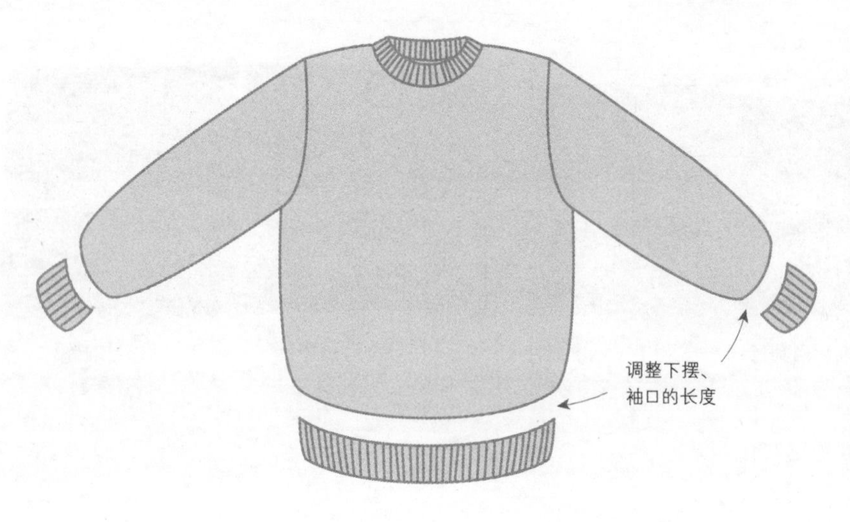

改变衣长（改变没有加减针的直线胁部的长度）

改变77页标准织片制图中的衣长（25.5cm，62行）。
编织密度：18针，24行
将胁部加长3cm
25.5cm+3cm=28.5cm
28.5cm×2.4行（样片1cm内的行数）=68.4行→68行

改变袖长（改变斜线的长度）

编织密度：18针，24行
将下图中的右袖加长3cm
34cm+3cm=37cm
37cm×2.4行（样片1cm内的行数）=88.8行→90行
※袖下的情况，如果只是延长3cm，只在袖口增加行数即可

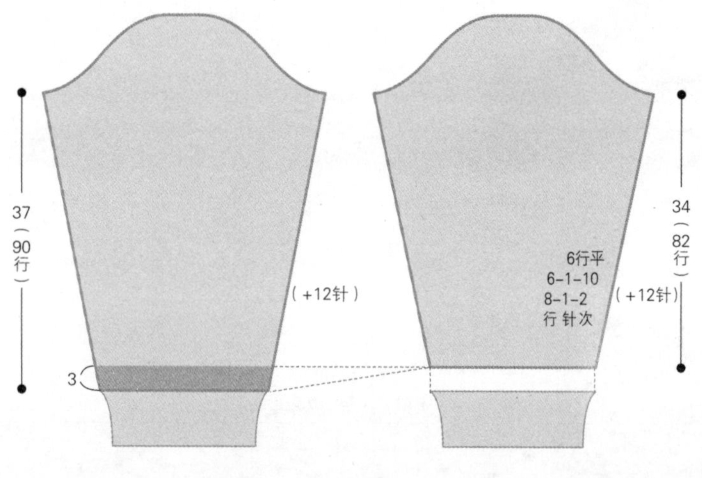

斜线的推算方法

袖下加针12针时，需要13个间隔（参照左下图）。在编织推算中，最后（数字13）的间隔叫作“平织的行”。

①因为只在正面行操作，作为计算前的准备，袖下的行数要除以2。
②因为需要加12针，用一半的行数（45行）除以间隔13。
③得3，3×13=39，45−39=6，余6行。
④答案3加1（3+1=4），用间隔13−余数6（13−6=7）。
⑤计算的结果是4行编织6次，3行编织7次。也就是说，在13个间隔中，4行为1个间隔的有6次，3行为1个间隔的有7次。
⑥为了让最初平分的行数回到原样，要乘以2。
⑦最后一个间隔是平织的行，所以算出来的结果是每8行加1针共6次，每6行加1针共6次，6行平。

① 90行÷2＝45行
② 45行÷13间隔
③ 3行＋1＝4行
④ 13间隔) 45行
−6　39
→7　6←
⑤ 3−1−7 / 4−1−6
↓ 行数乘以2复原
⑥ 6−1−7 / 8−1−6
↓
⑦ 6行平 / 6−1−6 / 8−1−6
行 针 次

（平织的行）13
12 ← 第12针
11 ← 第11针
10 ← 第10针
9 ← 第9针
8 ← 第8针
7 ← 第7针
6 ← 第6针
5 ← 第5针
4 ← 第4针
3 ← 第3针
2 ← 第2针
间隔1 ← 第1针
↑ 加针
（90行）
加针数＝12针
间隔数＝13

需要注意的地方

● 棒针编织时，重复编织正面行、反面行，注意将其调整为偶数行。

● 大的菱形花样等，如果在花样中途停止编织会不好看，在开始编织之前要确认最终行的位置。

其三 改变宽度的方法

在尺寸调整中，改变宽度的方法可以说是重中之重了。改变宽度和改变长度一样，如果调整袖窿、领窝、袖山等弧形部分，需要涉及制图，非常麻烦，尽量先从简单的部分调整。

通过肩宽调整衣宽的方法

如图所示，通过改变肩宽来调整衣宽的话，不涉及弧形部分，如果需要重新推算，也仅限于斜肩。

但是，考虑到织片整体的平衡感，这种方法调整尺寸时尽量控制在各加宽2cm以内，或者各缩窄1.5cm以内的幅度。

顺便说一下，推算斜肩时，按照和袖下斜线相同的要领来计算。

另外，肩宽位置如果出现较大的编织花样，不要使用这种方法，可尝试下面的方法来调整宽度。

通过胁部调整衣宽的方法

如果不方便通过肩宽调整衣宽，或者调整尺寸不够，可以通过加宽胁部来调整。但是，胁部是袖窿弧度的一部分，在调整时需要同时调整袖山的长度。用这个方法调整尺寸时，虽然同样可以加宽2cm左右，但在缩窄时，只能缩窄边缘伏针的一半左右，几乎很难缩小尺寸。

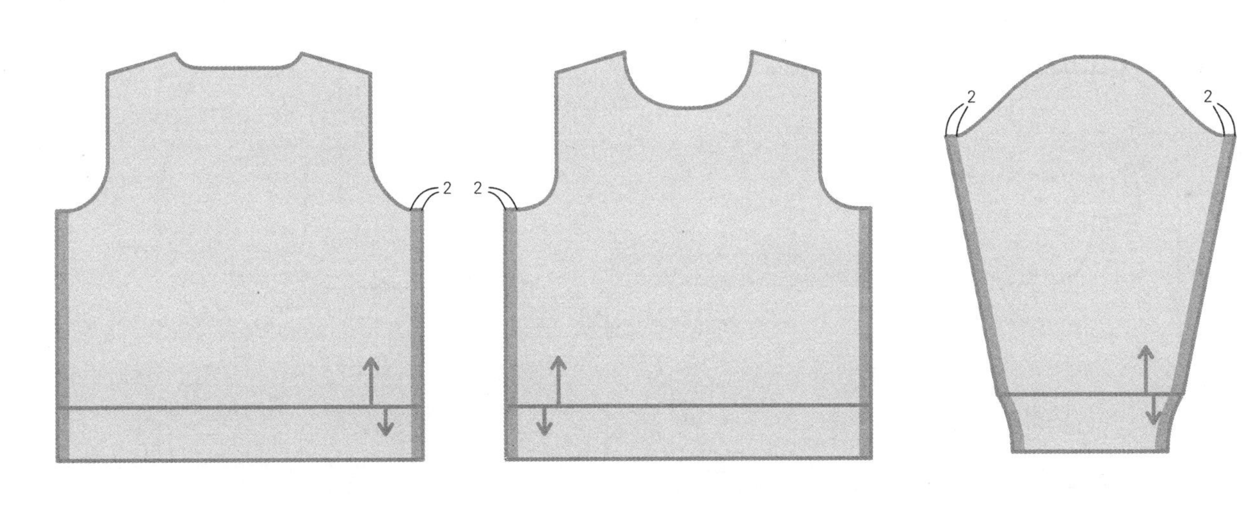

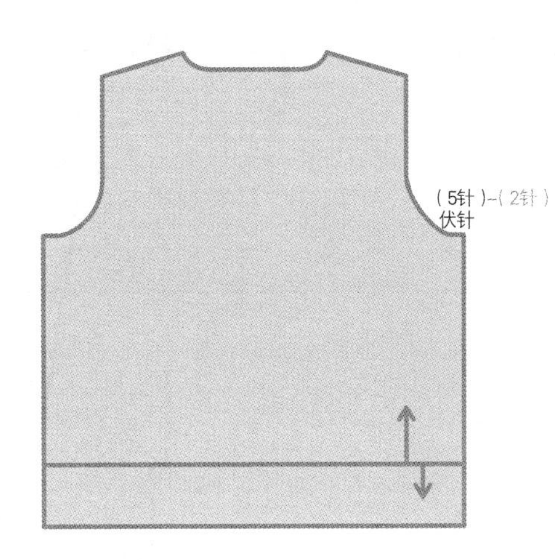

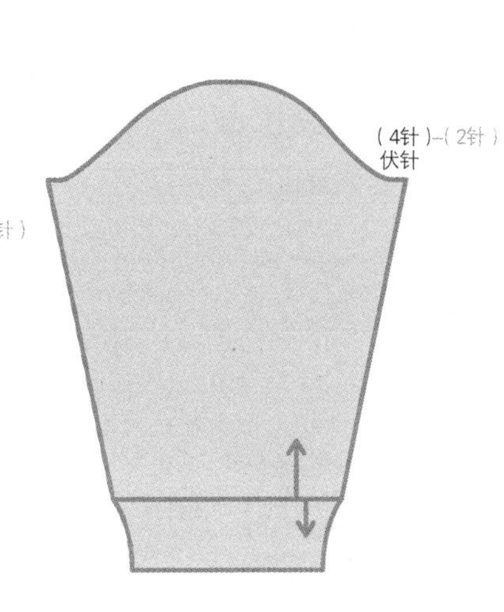

如果还想了解更多调整尺寸相关的知识，请看这里~

增补修订版
《编织尺寸调整　制图与推算基础教程》

从初学者也很容易掌握的调整编织物尺寸的方法，到适合中高级水平编织爱好者的制图基础课程、棒针编织的推算方法、钩针编织的推算方法等，循序渐进、简明易懂地介绍编织相关的基础知识。本书中文版已由河南科学技术出版社引进，即将出版。

编织方法图的看法

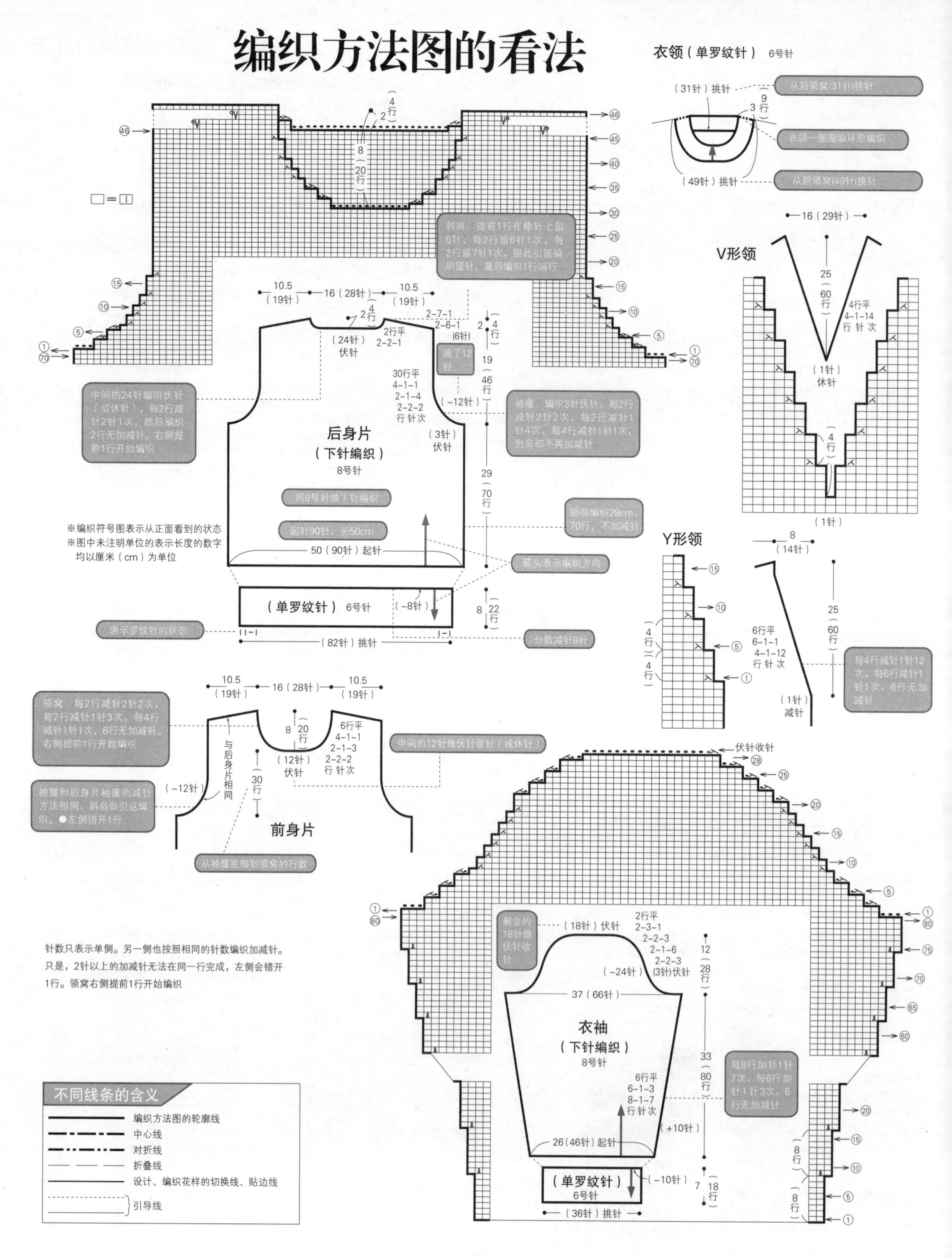
衣领（单罗纹针） 6号针
（31针）挑针
从后领窝(31针)挑针
衣领…圈圈做环形编织
（49针）挑针
从前领窝(49针)挑针
16（29针）
V形领
25（60行）
4行平
4-1-14
行 针 次
（1针）休针
（1针）
斜肩：提前1行在棒针上留6针，每2行留6针1次，每2行留7针1次，照此引返编织留针，最后编织1行消行
10.5（19针）
16（28针）
2-7-1
2-6-1
（6针）
减了12针
（24针）伏针
2行平
2-2-1
30行平
4-1-1
2-1-4
2-2-2
行 针 次
（-12针）
中间的24针编织伏针（或休针），每2行减针2针1次，然后编织2行无加减针。右侧提前1行开始编织
袖窿：编织3针伏针，每2行减针2针2次，每2行减针1针4次，每4行减针1针1次，到肩部不再加减针
后身片
（下针编织）
8号针
（3针）伏针
用8号针做下针编织
起针90针，长50cm
腋部编织29cm、70行，不加减针
19（46行）
29（70行）
※编织符号图表示从正面看到的状态
※图中未注明单位的表示长度的数字均以厘米（cm）为单位
50（90针）起针
箭头表示编织方向
（单罗纹针） 6号针
（-8针）
8（22行）
表示罗纹针的状态
（82针）挑针
分散减针8针
Y形领
8（14针）
25（60行）
6行平
6-1-1
4-1-12
行 针 次
每4行减针1针12次，每6行减针1针1次，6行无加减针
（1针）减针
领窝：每2行减针2针2次，每2行减针1针3次，每4行减针1针1次，6行无加减针。右侧提前1行开始编织
8（20行）
6行平
4-1-1
2-1-3
2-2-2
行 针 次
（12针）伏针
中间的12针做伏针收针（或休针）
与后身片相同
30行
（-12针）
袖窿和后身片袖窿的减针方法相同，斜肩做引返编织。●左侧错开1行
前身片
从袖窿底部到领窝的行数
伏针收针
剩余的18针做伏针收针
（18针）伏针
2行平
2-3-1
2-2-3
2-1-6
2-2-3
（3针）伏针
（-24针）
12（28行）
37（66针）
衣袖
（下针编织）
8号针
6行平
6-1-3
8-1-7
行 针 次
（+10针）
26（46针）起针
33（80行）
每8行加针1针7次，每6行加针1针3次，6行无加减针
（单罗纹针）
6号针
（-10针）
7（18行）
（36针）挑针
针数只表示单侧。另一侧也按照相同的针数编织加减针。只是，2针以上的加减针无法在同一行完成，左侧会错开1行。领窝右侧提前1行开始编织
不同线条的含义
编织方法图的轮廓线
中心线
对折线
折叠线
设计、编织花样的切换线、贴边线
引导线

作品的编织方法

★的个数代表作品的难易程度和对编织者的水平要求　★…初学者可放心选择　★★…拥有一定自信者都可以尝试
★★★…有毅力的中上级水平者可以完成　★★★★…对技术有自信者都可大胆挑战
※ 线为实物粗细
※ 图中未注明单位的表示长度的数字均以厘米（cm）为单位

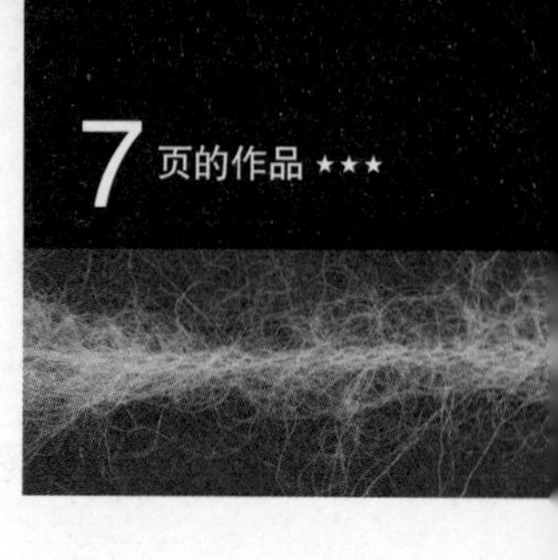

材料

ROWAN Tweed Haze 灰色、粉色、橙色系（Winter 550）230g/5团，直径20mm的纽扣7颗

工具

棒针12号、11号、10号

成品尺寸

胸围95cm，衣长49cm，连肩袖长70.5cm

编织密度

10cm×10cm面积内：下针编织14针，20行；编织花样为1个花样11针6cm，20行10cm

编织要点

●身片、衣袖…手指起针，前后身片连在一起往返编织单罗纹针和下针编织。衣袖环形编织单罗纹针、下针编织和编织花样。袖下参照图示加针。

●组合…育克从身片和衣袖挑针，一边分散减针，一边做下针编织和编织花样。衣领编织单罗纹针，编织终点做下针织下针、上针织上针的伏针收针。对齐相同标记，做下针无缝缝合，或者做对齐针与行缝合。前门襟挑起指定数量的针目，编织单罗纹针。右前门襟开扣眼，编织终点的收针方法和衣领相同。缝上纽扣，完成。

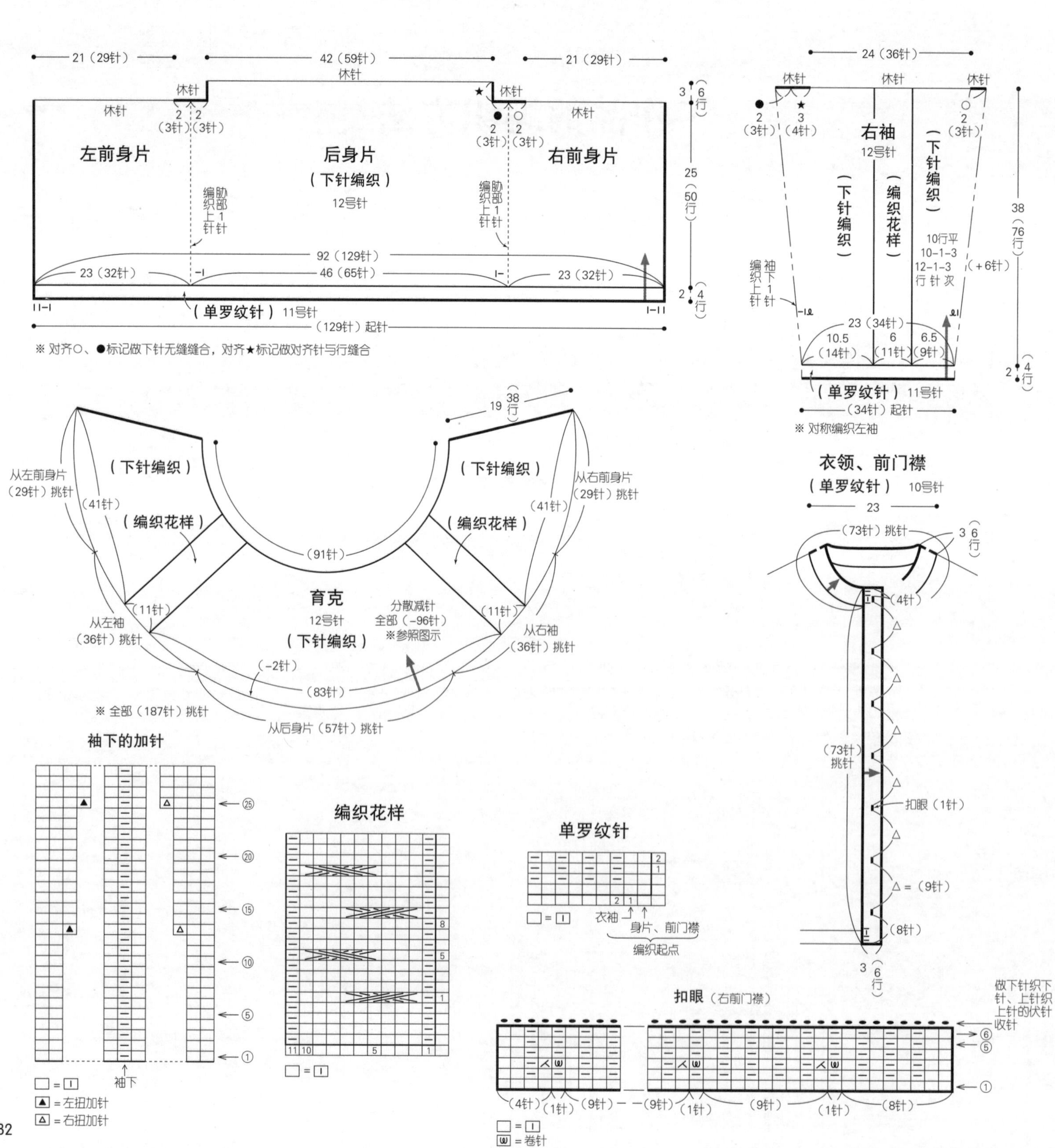

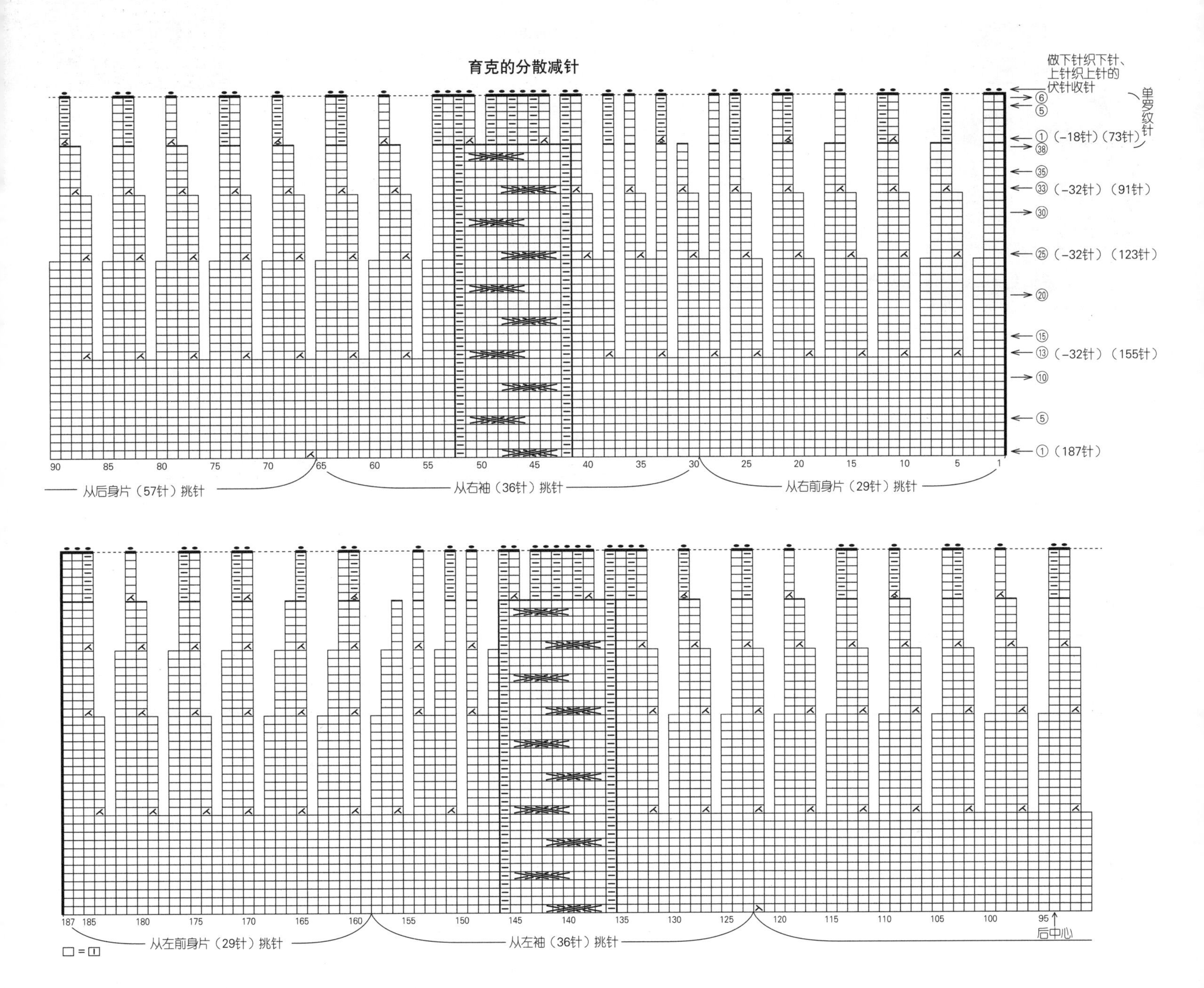

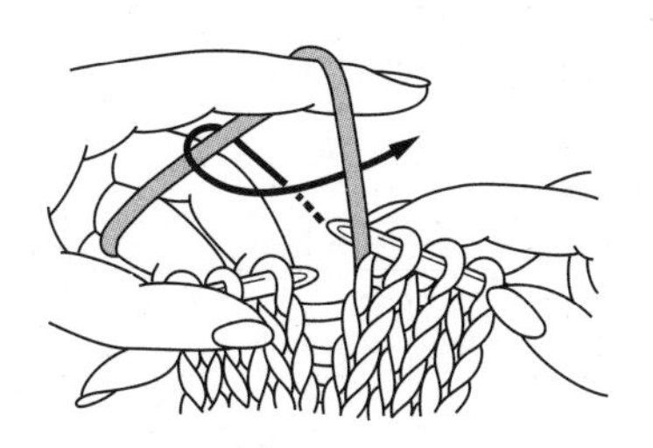

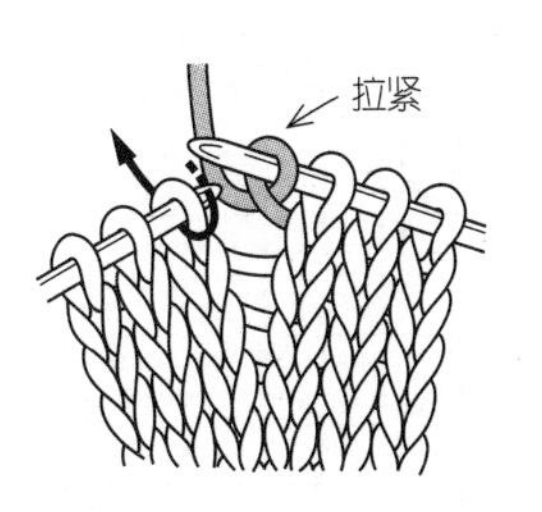

左、右扭加针

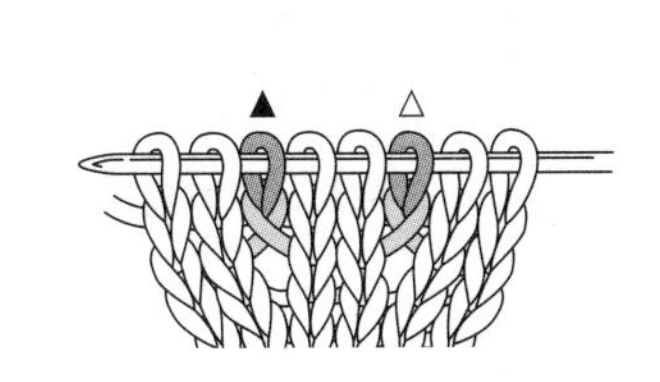

▲ 左扭加针　　　△ 右扭加针

材料

ROWAN Felted Tweed 灰水蓝色(173 Duck Egg) 350g/7团

工具

棒针4号

成品尺寸

胸围102cm，衣长64.5cm，连肩袖长80.5cm

编织密度

10cm×10cm面积内：上针编织、编织花样均为22针，31行

编织要点

●身片、衣袖…手指起针，编织扭针的单罗纹针、上针编织和编织花样。插肩线参照图示减针。领窝做伏针减针。袖下加针时，在1针内侧编织扭针加针。

●组合…插肩线、胁部、袖下做挑针缝合，腋下针目做下针无缝缝合。衣领挑起指定数量的针目，环形编织扭针的单罗纹针。编织终点做扭针织扭针、上针织上针的伏针收针。

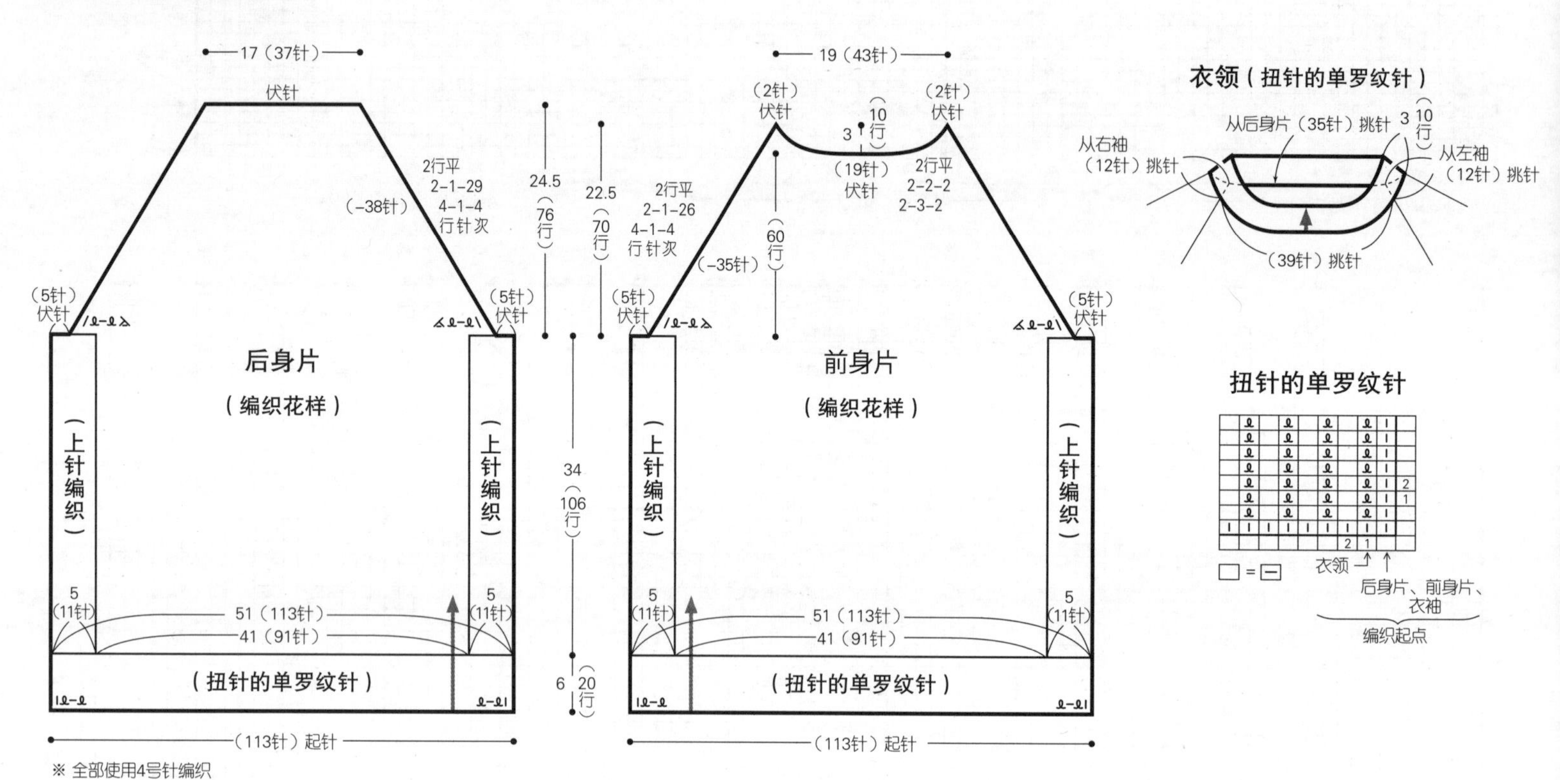

※ 全部使用4号针编织

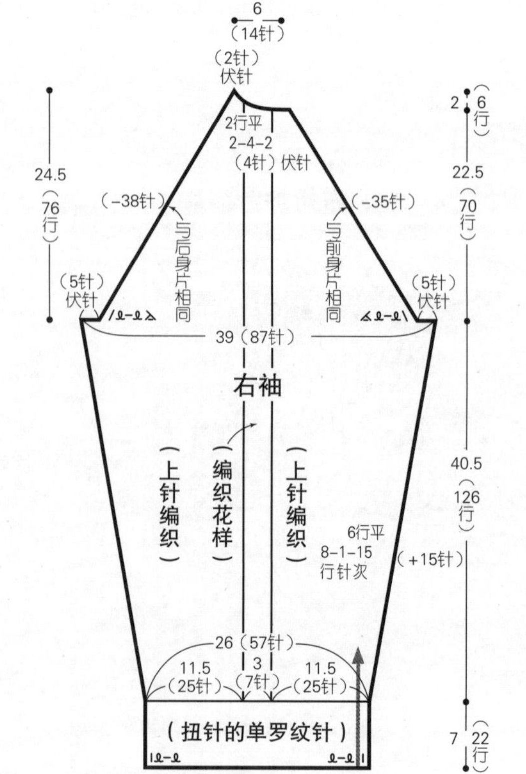

※ 对称编织左袖

编织花样

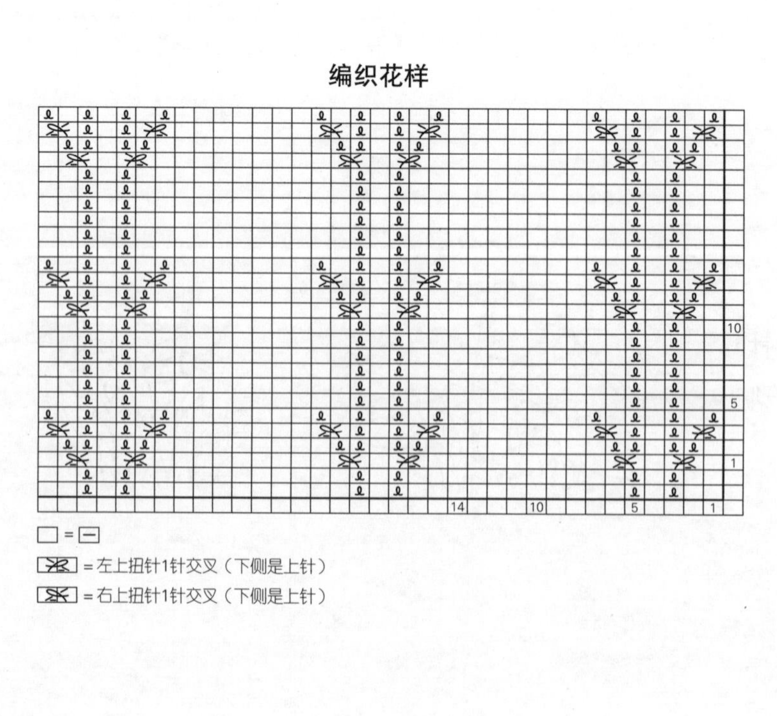

右袖的减针

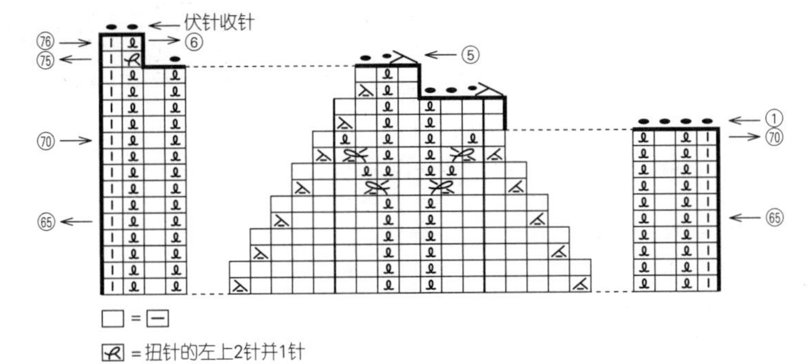

左袖的减针

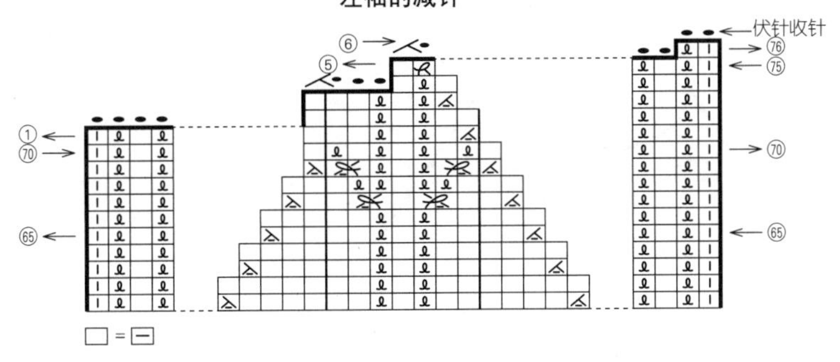

身片插肩线的减针

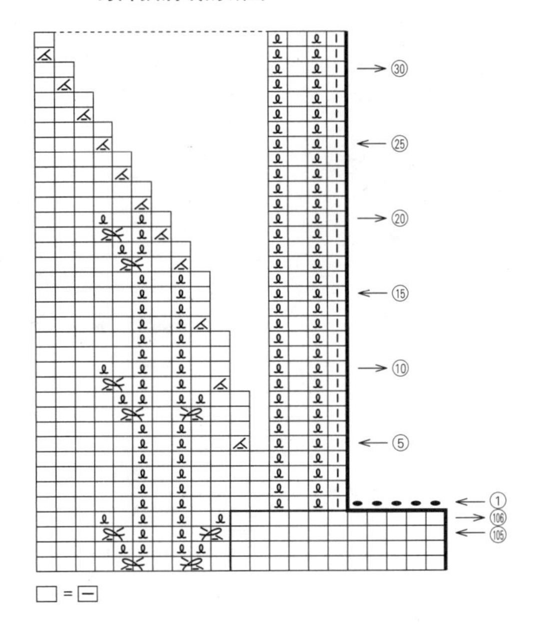

左上扭针1针交叉（下侧是上针）

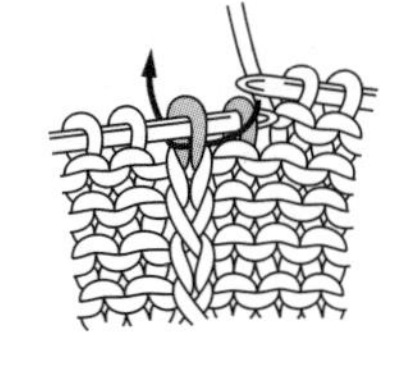

1 如箭头所示，从右边针目的前面将右棒针插入左边针目。

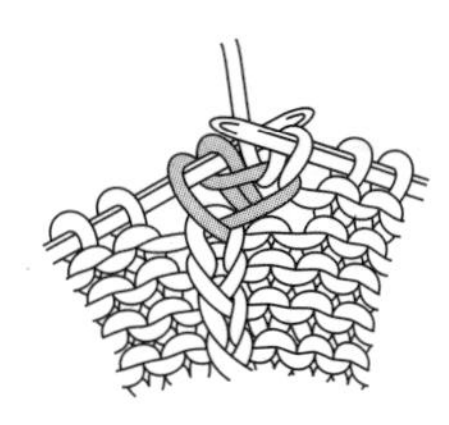

2 将左边针目拉至右边针目的右侧，编织扭针。

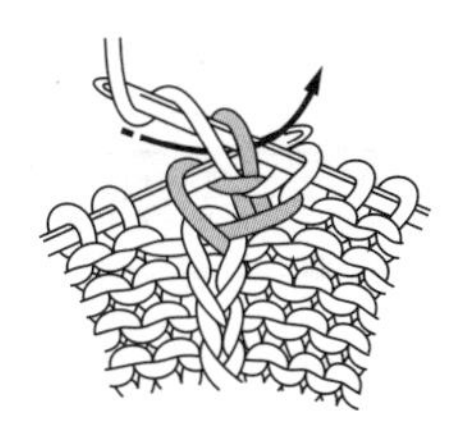

3 编织过的左边针目保持不动，右边针目编织上针。将左边针目移下左棒针，完成。

右上扭针1针交叉（下侧是上针）

1 如箭头所示，从右边针目的后面将右棒针插入左边针目。

2 将左边针目拉至右边针目的右侧，编织上针。

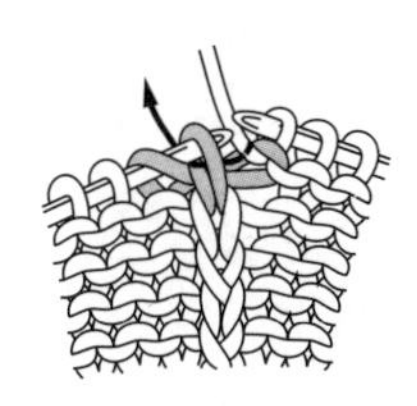

3 编织过的左边针目保持不动，如箭头所示将右棒针插入右边针目，编织扭针。将左边针目移下左棒针，完成。

扭针的左上2针并1针

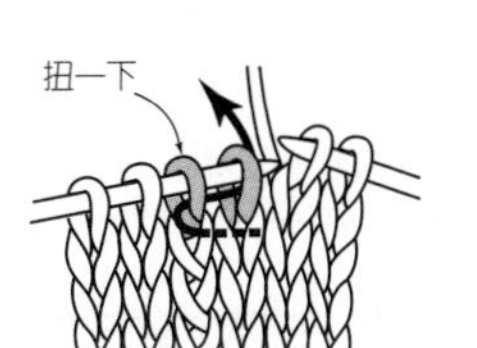

1 将左边针目扭一下。参照图示将右棒针插入。

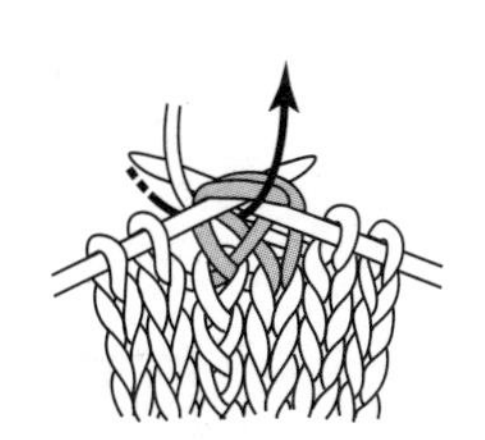

2 挂线并拉出来，2针一起编织下针。

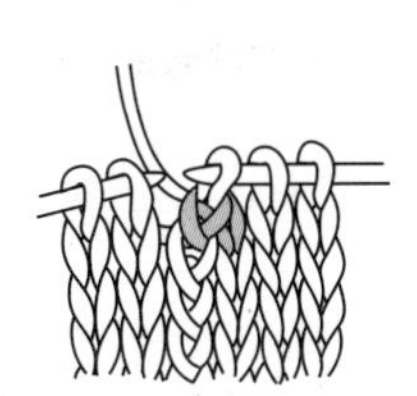

3 扭针的左上2针并1针完成。

材料

ROWAN kidsilk haze 黄绿色(684 Eve Green) 150g/6团，灰色(605 Smoke) 60g/3团

工具

棒针11号、8号、6号

成品尺寸

胸围112cm，衣长61cm，连肩袖长70cm

编织密度

10cm×10cm面积内：下针编织17.5针，21.5行

编织要点

●身片、衣袖…全部取2根指定颜色的线编织。手指起针，编织单罗纹针、下针编织。腋下针目做伏针，插肩线减针时立起端头2针减针。领窝减针时，中心部分松松地做伏针收针，2针时做伏针减针，1针时立起侧边1针减针。袖下加针时，在1针内侧编织扭针加针。

●组合…插肩线、胁部、袖下做挑针缝合，腋下针目做下针无缝缝合。风帽从身片和衣袖挑针，做下针编织，参照图示加减针。风帽●标记处对齐做引拔接合，帽口编织单罗纹针。编织终点做下针织下针、上针织上针的伏针收针。参照组合方法，帽口和风帽做对齐针与行缝合。

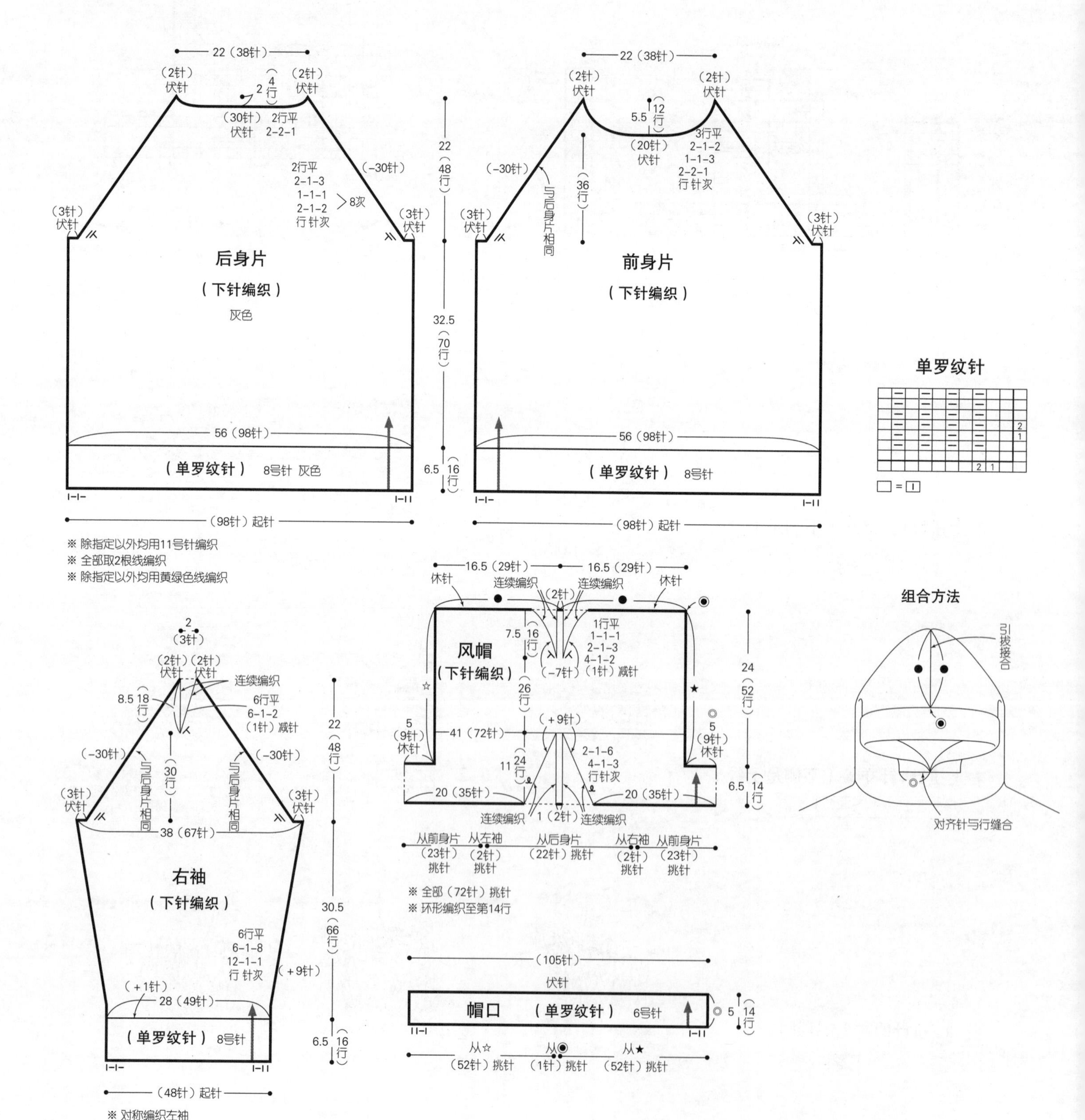

右袖的减针

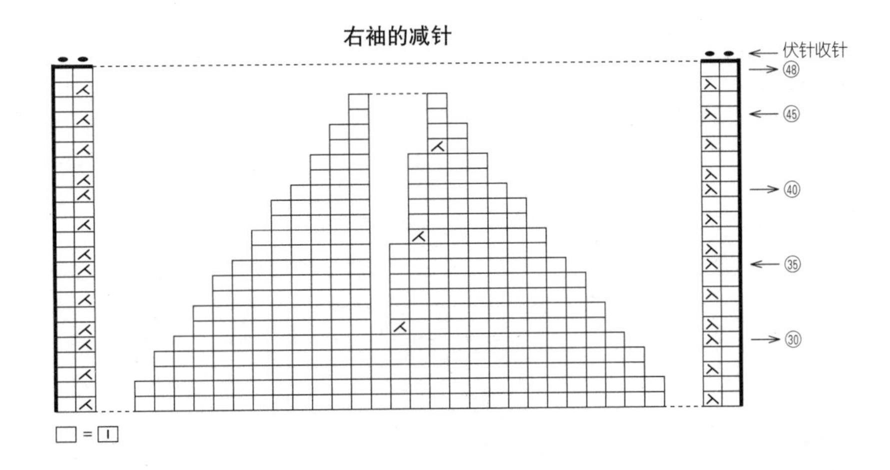

风帽的减针

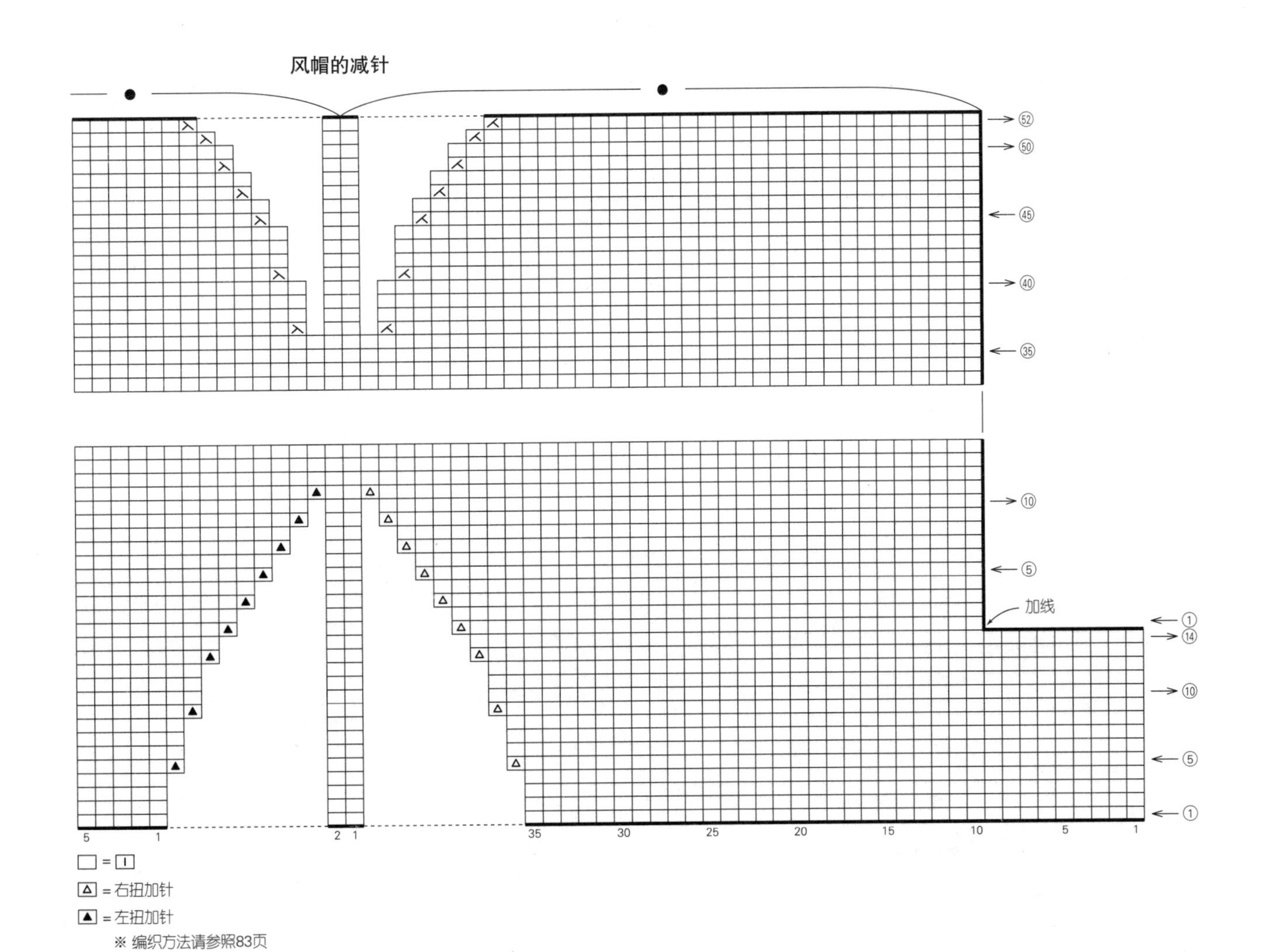

□ = I

△ = 右扭加针

▲ = 左扭加针

※ 编织方法请参照83页

材料

芭贝 Soft Donegal淡灰色(5229) 525g/14团

工具

棒针10号、8号

成品尺寸

胸围118cm，衣长54cm，连肩袖长80cm

编织密度

10cm×10cm面积内：下针编织17.5针，26行

编织要点

●衣领做双罗纹针起针，环形编织双罗纹针。育克做下针编织和编织花样，参照图示，一边做育克的加针，一边在前领窝作引返编织。后身片、前身片从左肋开始编织，从育克和腋下的另线锁针挑针，做下针编织和编织花样。后身片参照图示做引返编织。下摆做编织花样。编织终点做下针织下针、上针织上针的伏针收针。衣袖从育克和解开的另线锁针挑针，按照后身片、前身片的方法编织。袖下参照图示减针，编织终点的收针方法和下摆相同。

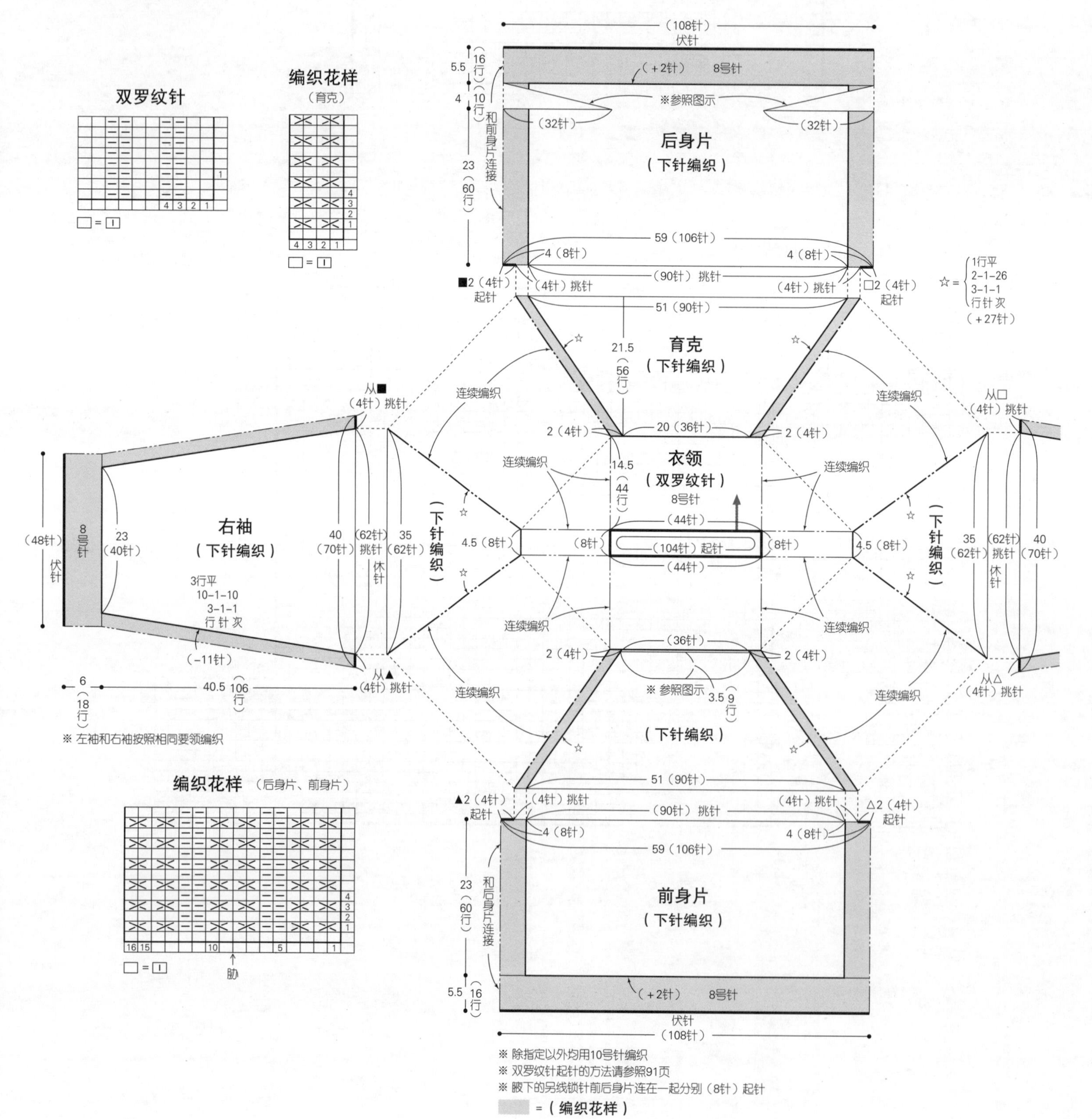

※ 除指定以外均用10号针编织

※ 双罗纹针起针的方法请参照91页

※ 腋下的另线锁针前后身片连在一起分别（8针）起针

▒ =（编织花样）

育克的加针和前领窝的引返编织

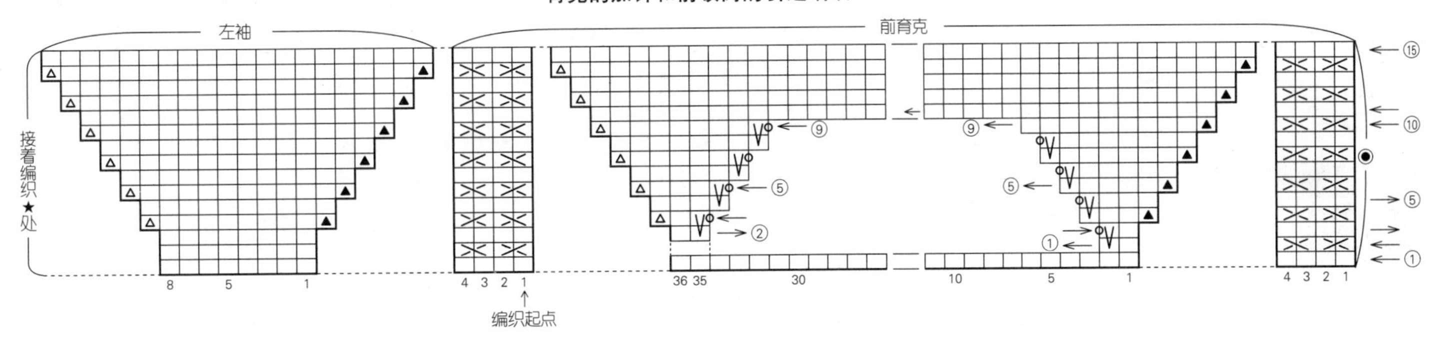

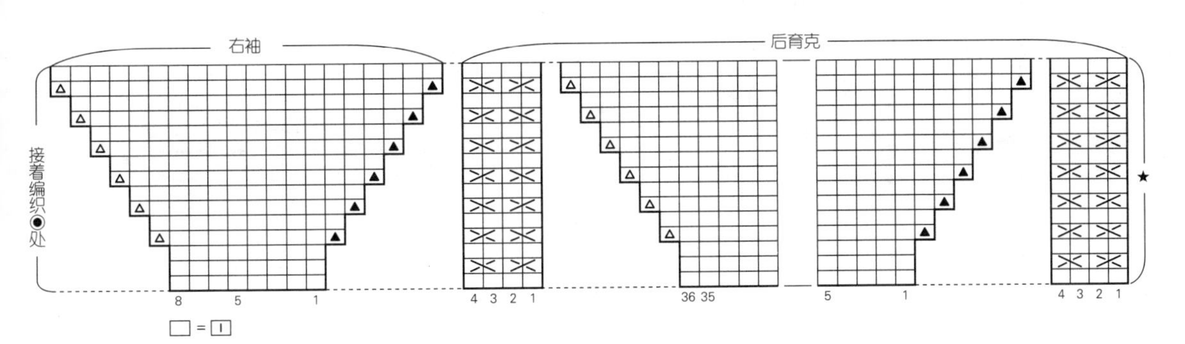

▲ = 左扭加针

△ = 右扭加针

※ 编织方法请参照83页

后身片的引返编织

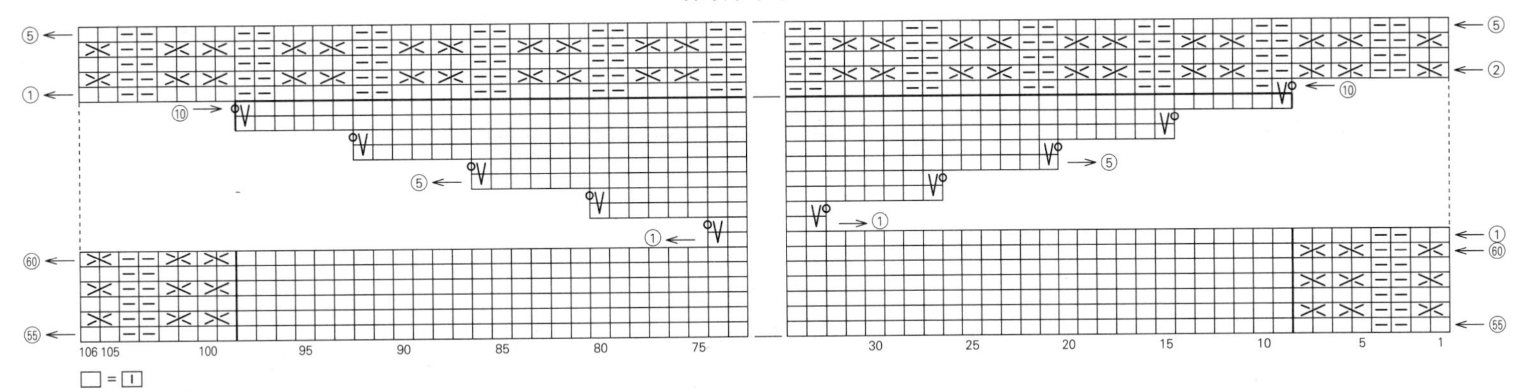

编织花样（下摆、袖口）

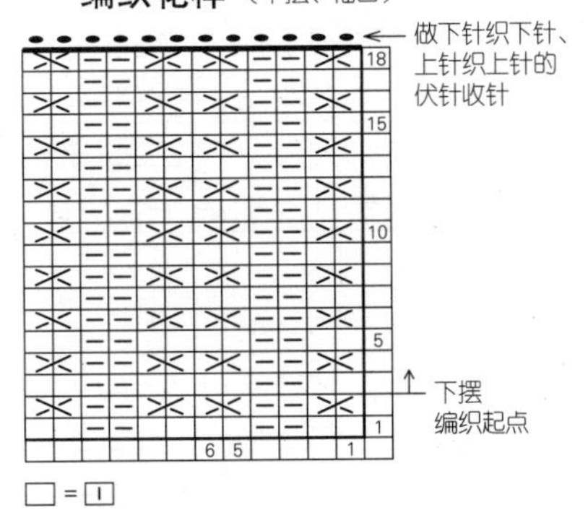

编织花样（衣袖）

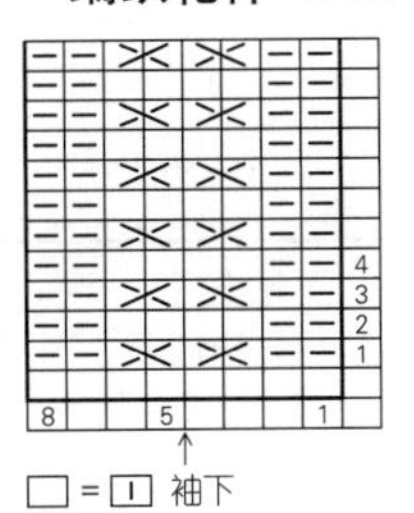

袖下的减针

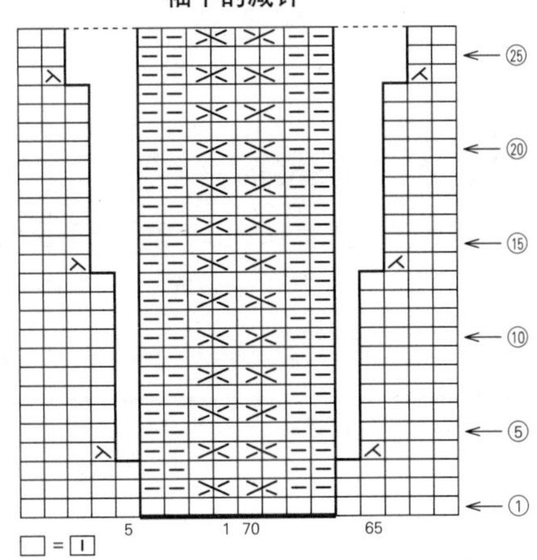

材料

芭贝 Shetland 水蓝色(9) 510g/13团

工具

棒针6号、5号

成品尺寸

胸围106cm，衣长55cm，连肩袖长76cm

编织密度

10cm×10cm面积内：编织花样21.5针，33行；下针编织21.5针，32行(5号针)

编织要点

●身片、衣袖…身片手指起针，依次做边缘编织A、编织花样、下针编织。领窝减针时，中心针目休针，2针及以上时做伏针减针(仅在第1次需要编织边针)，1针时立起侧边1针减针(即2针并1针)。肩部做盖针接合。衣袖挑起指定数量的针目，做下针编织、编织花样、边缘编织B。袖下参照图示编织减针。编织终点做下针织下针、上针织上针的伏针收针。

●组合…衣领挑起指定数量的针目，编织双罗纹针。编织终点做双罗纹针收针。胁部、袖下做挑针缝合。

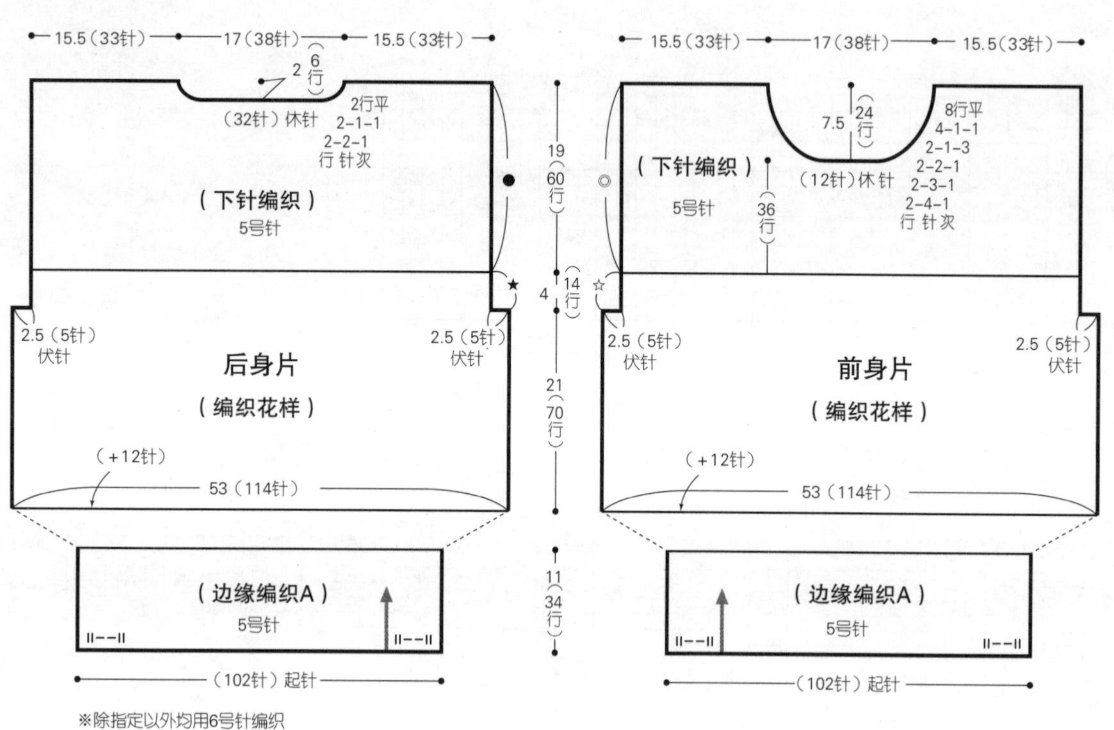

※除指定以外均用6号针编织

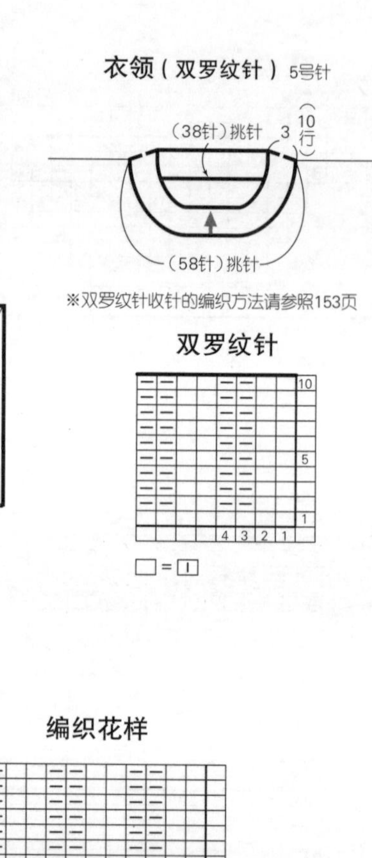

衣袖

※对齐标记适用于右袖

边缘编织A

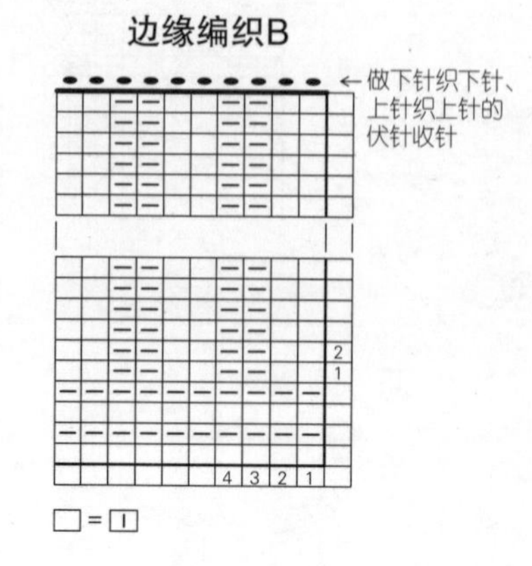

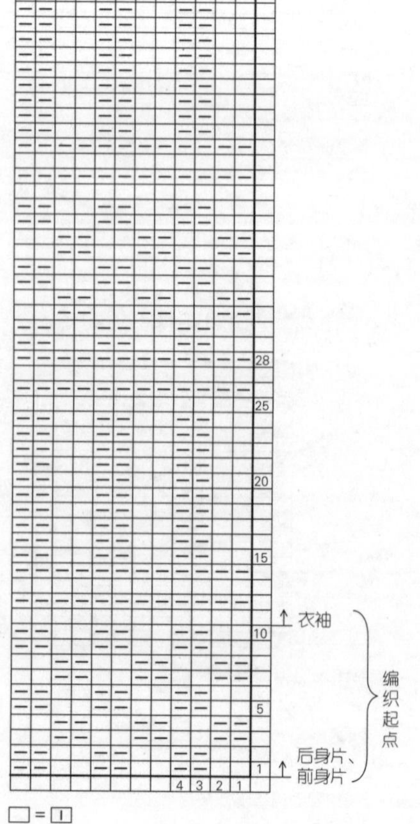

袖下的减针

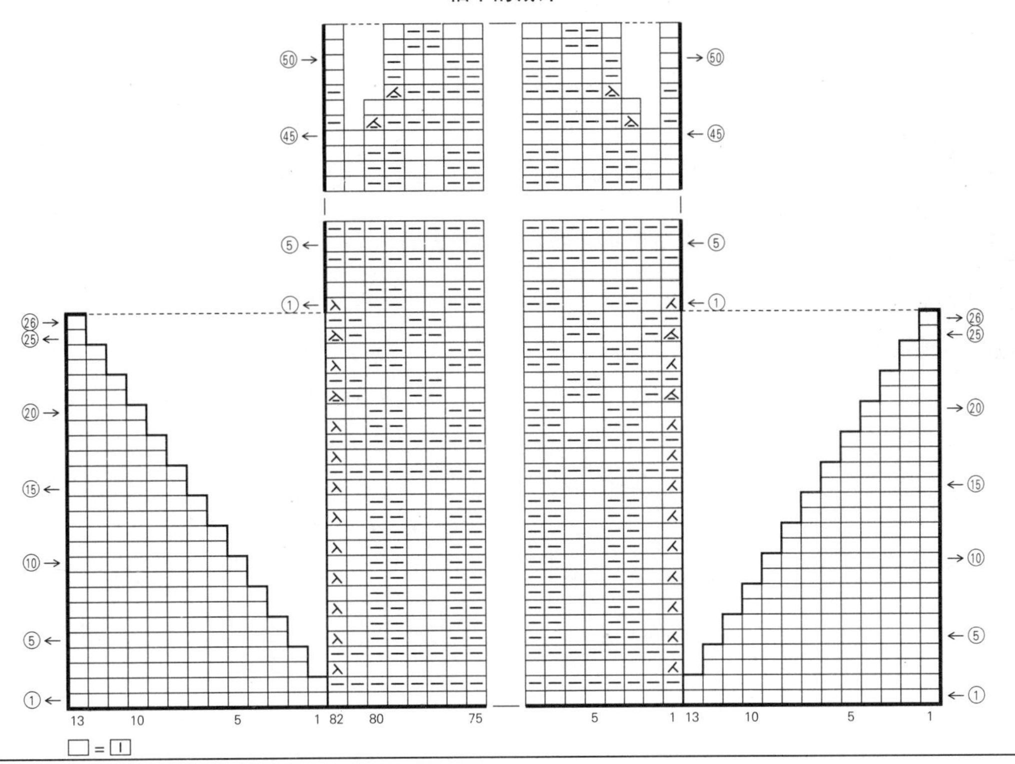

从反面编织时

□ = □

另线锁针的双罗纹针起针

（两端均为2针下针时）

起针针数为（必要针数+2）÷2
※环形编织时为（必要针数）÷2

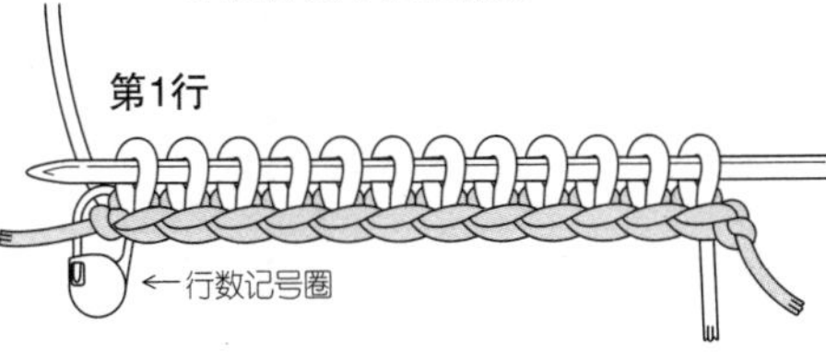

1 用编织线从另线锁针的里山挑针（使用比编织罗纹针时粗2号的棒针）。最后挂上行数记号圈。

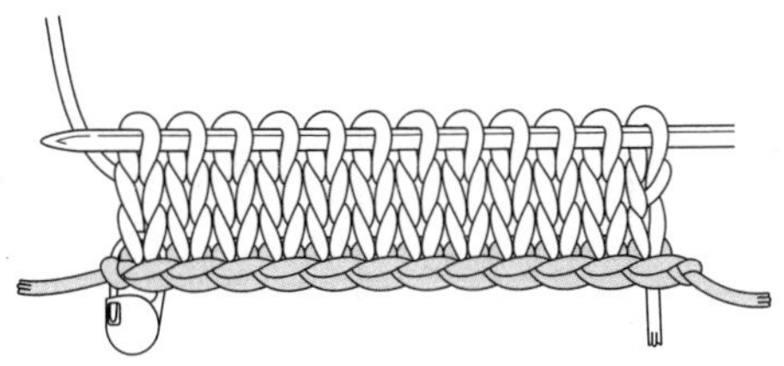

2 做3行下针编织。

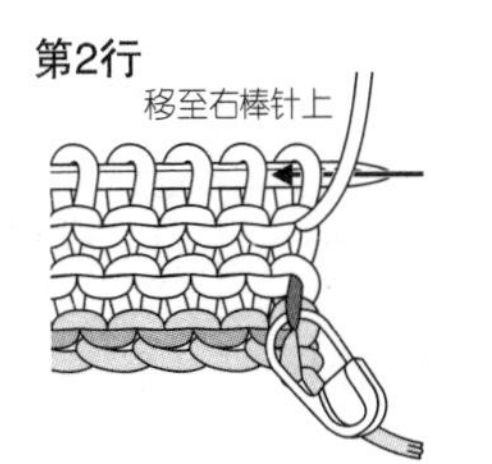

3 翻转织片，换用编织罗纹针的棒针，将第1针直接移至右棒针上。

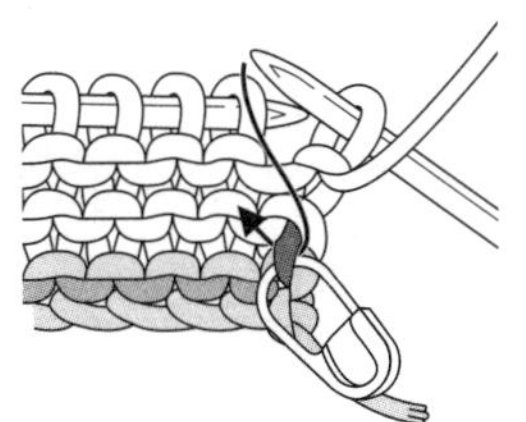

4 如箭头所示，将右棒针插入行数记号圈所在的针目中。

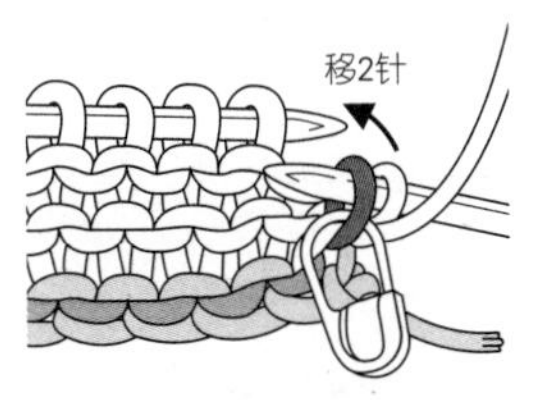

5 直接将针目挑起，然后将右棒针上的2针一起移至左棒针上。

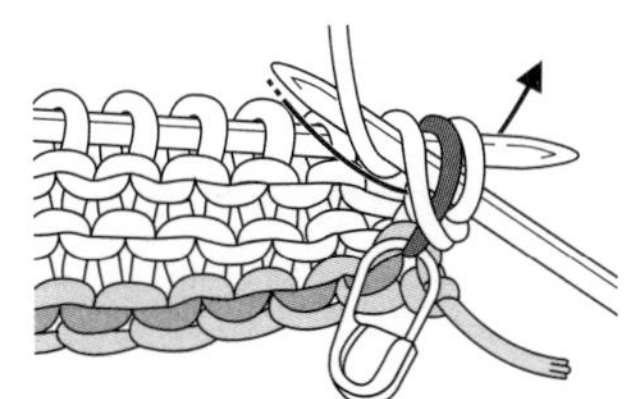

6 移至左棒针上的2针一起编织上针。

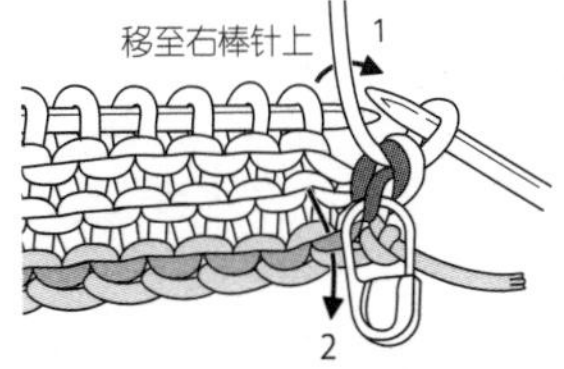

7 下一针移至右棒针上，然后如箭头所示将右棒针插入下线圈中。

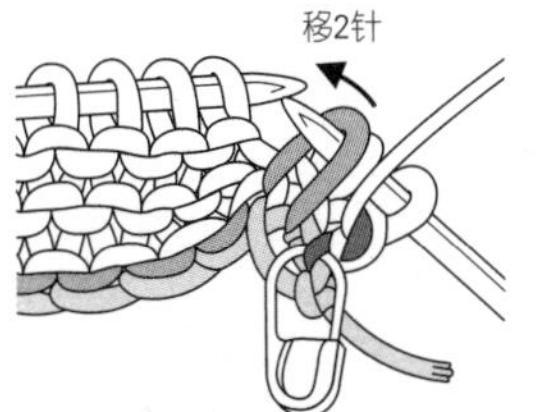

8 直接将针目挑起，然后将右棒针上的2针一起移至左棒针上。

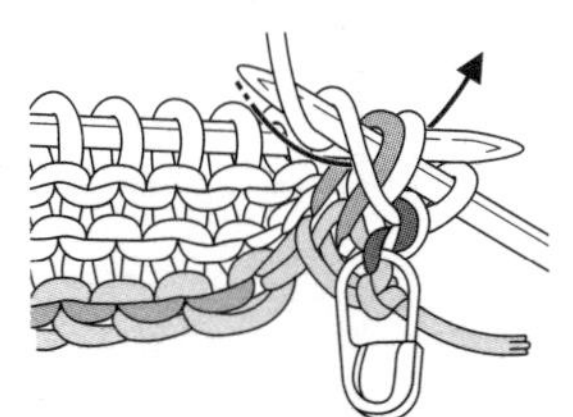

9 移至左棒针上的2针一起编织上针。

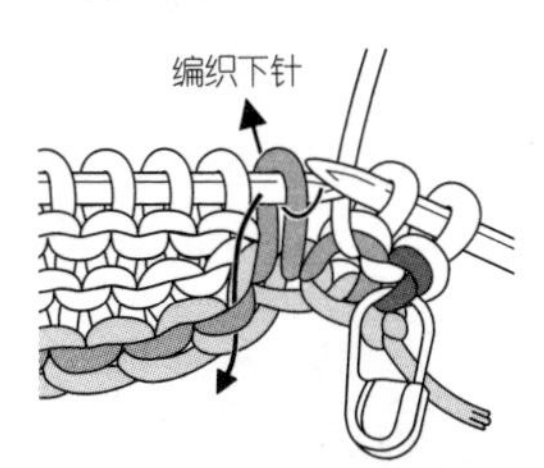

10 继续用右棒针挑起下线圈移至左棒针上，编织下针。

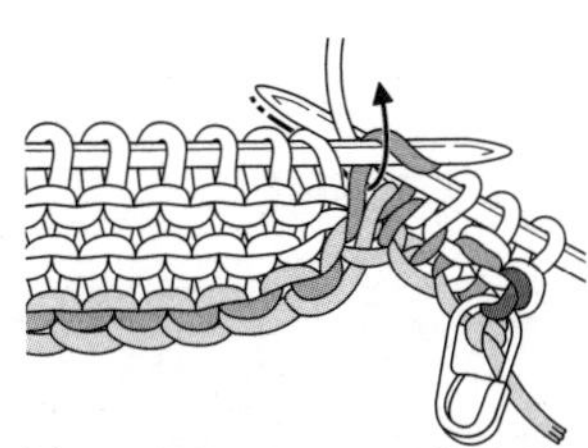

11 用同样的方法挑起下一个线圈，编织下针。

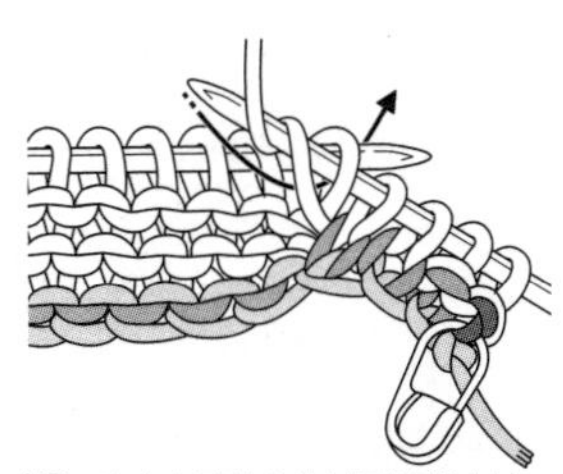

12 挂在左棒针上的针目编织上针。

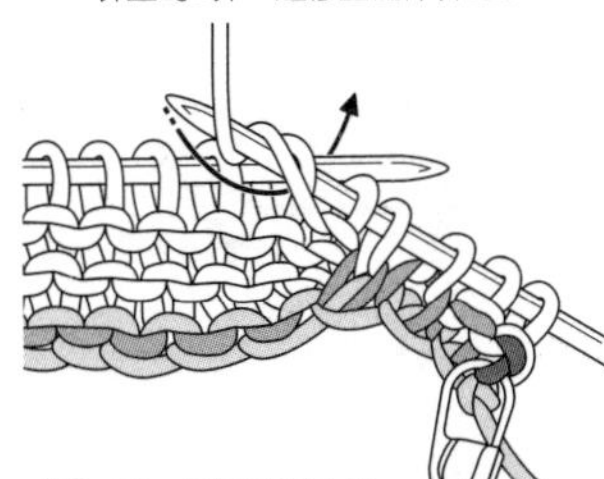

13 下一针也编织上针。

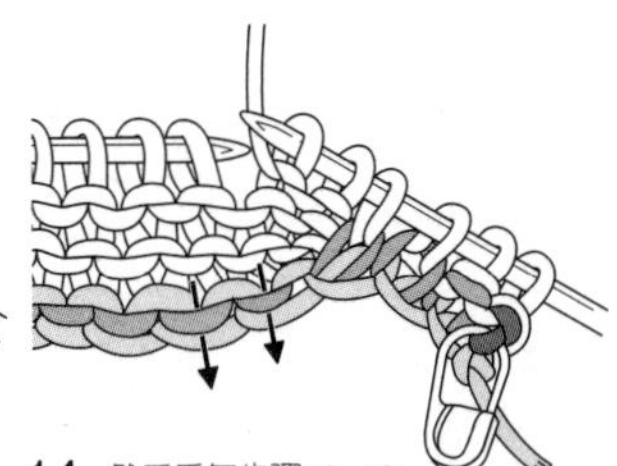

14 然后重复步骤10~13。

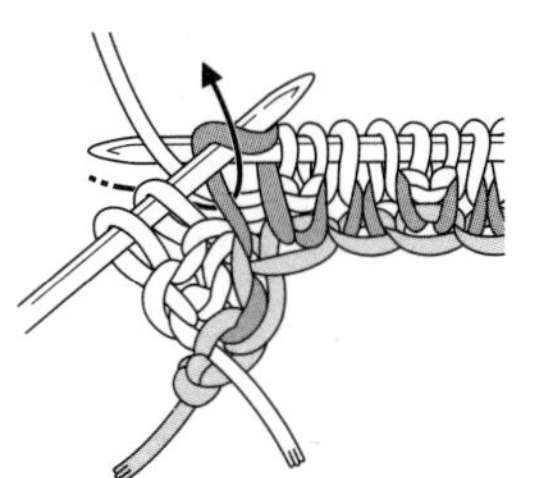

15 挑起最后的2针下线圈编织下针。

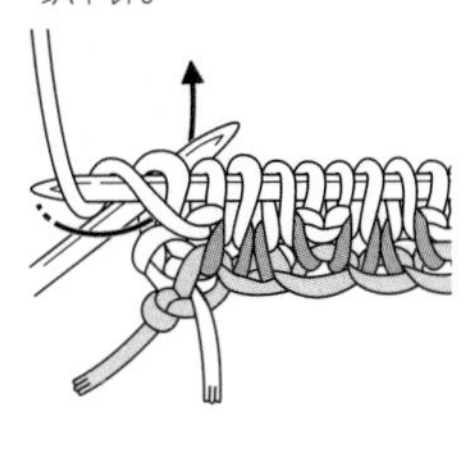

16 挂在左棒针上的2针分别编织上针。

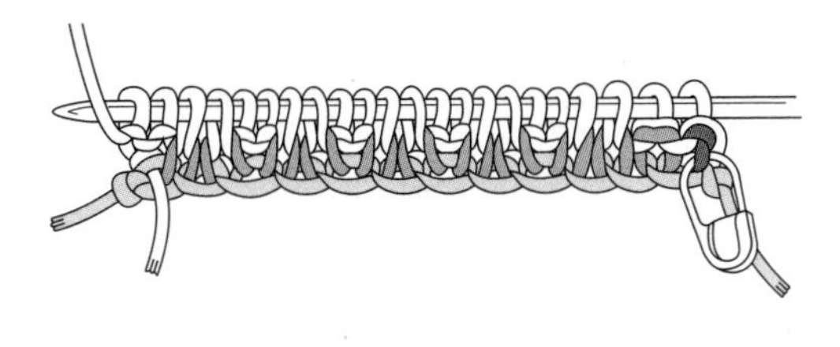

17 完成起针。图为编织2行双罗纹针的状态。

材料

内藤商事 ORFEO 蓝色、灰色、粉色系混合(7) 485g/13团

工具

棒针9号、8号

成品尺寸

胸围112cm，衣长69cm，连肩袖长80cm

编织密度

10cm×10cm面积内：上针编织15针，20行

编织要点

●身片、衣袖…单罗纹针起针，编织双罗纹针、上针编织。插肩线、前领窝的减针，衣袖的引返编织参照图示。编织终点休针。

●组合…插肩线、肋部、袖下做挑针缝合。领窝接着休针做下针织下针、上针织上针的伏针收针。

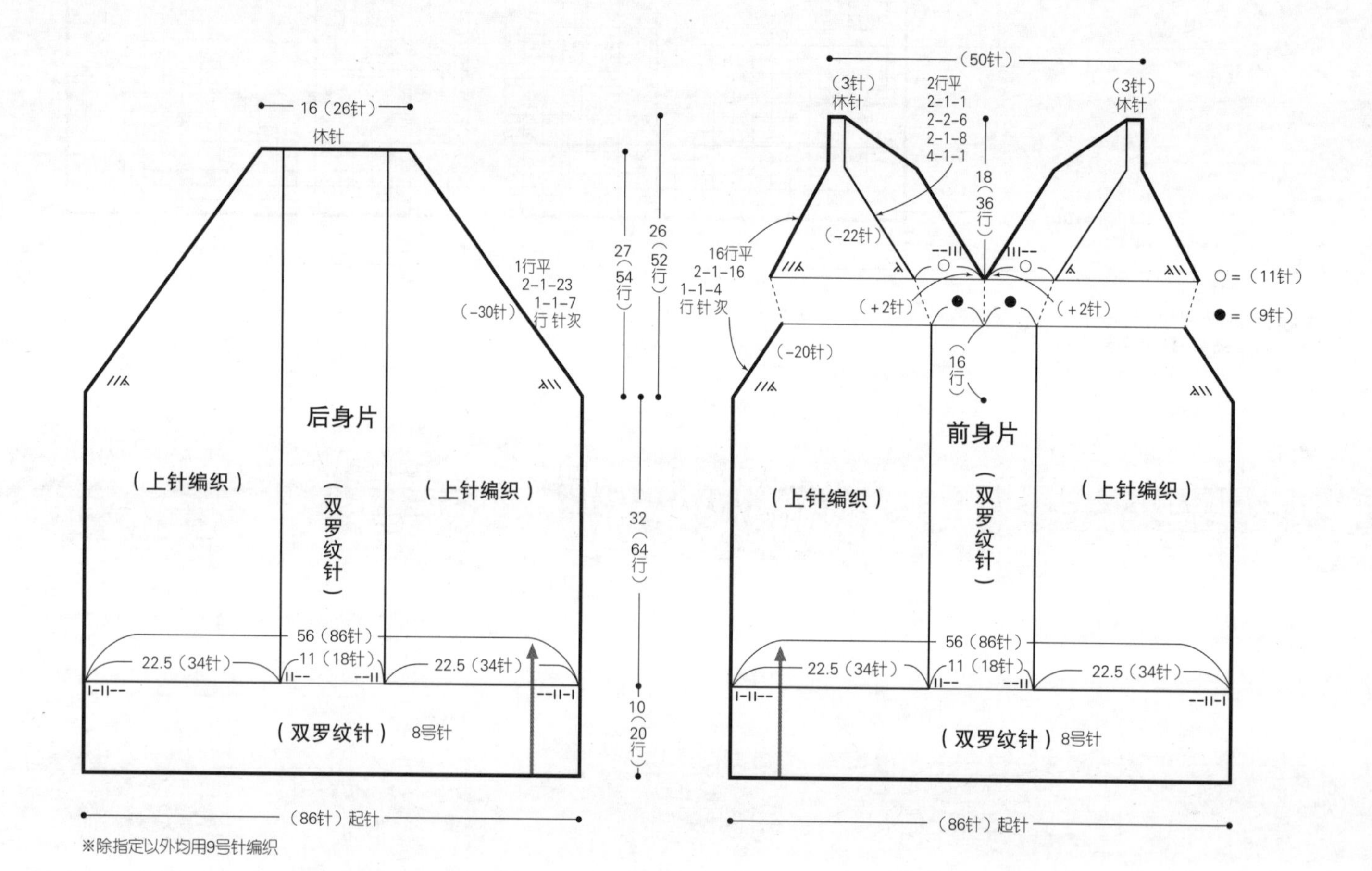

组合方法

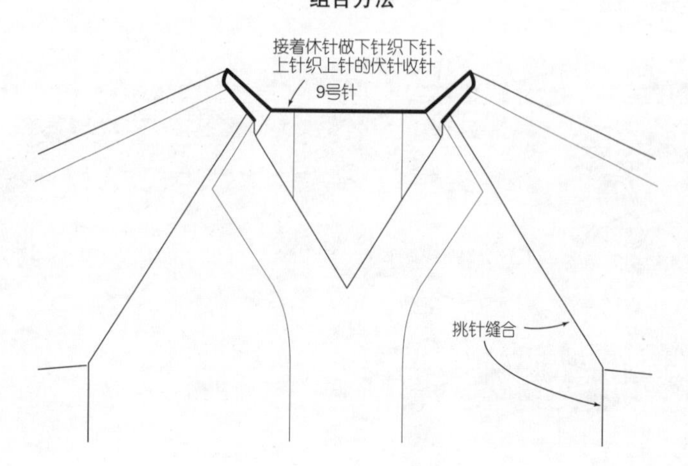

双罗纹针

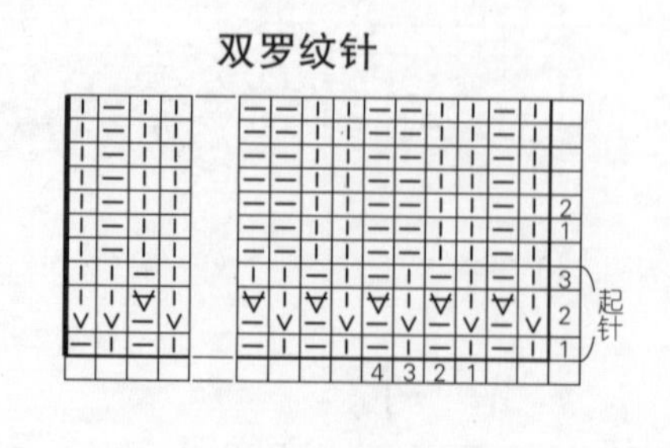

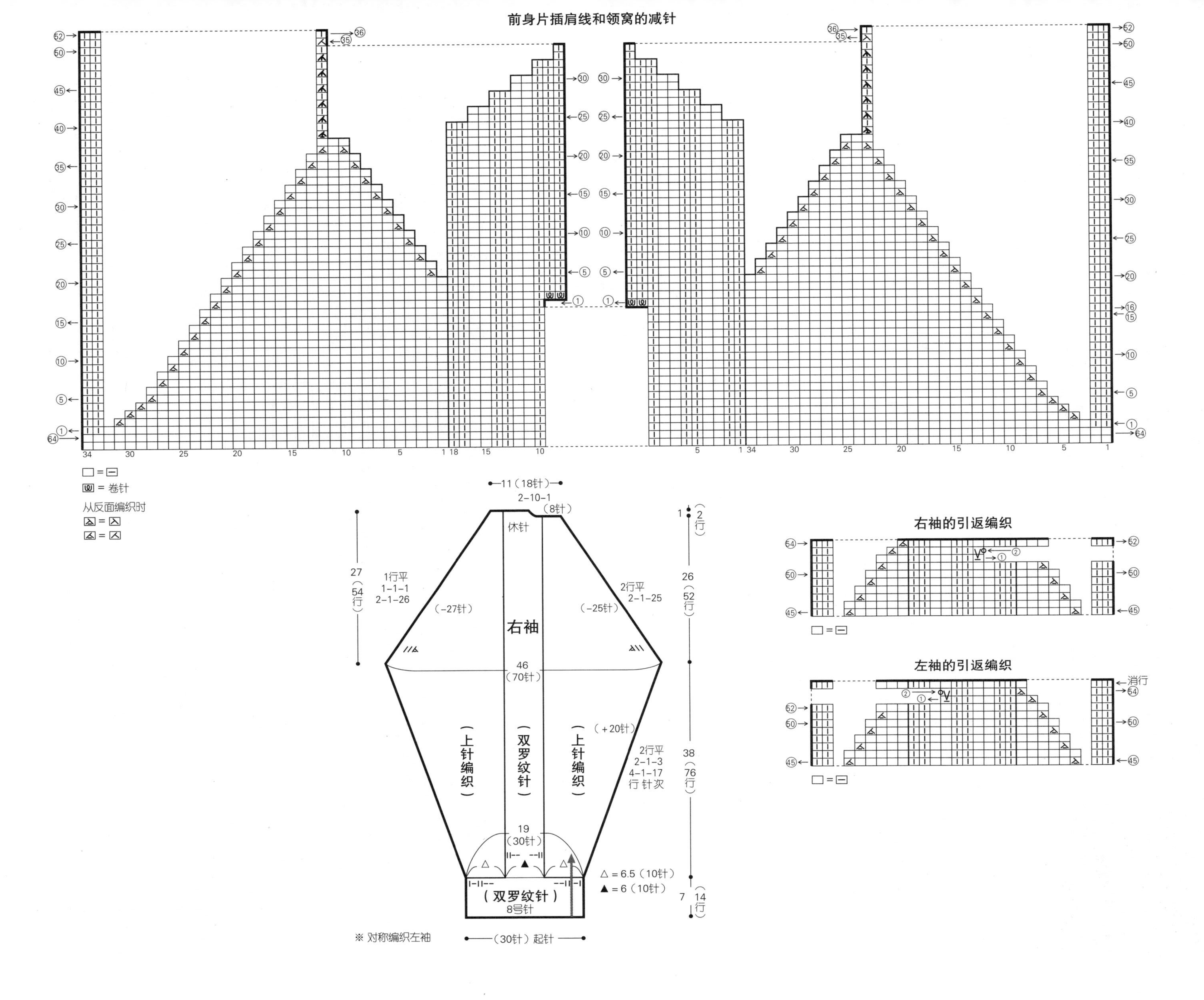
前身片插肩线和领窝的减针
□ = ⊟
卷针
从反面编织时
右袖
休针
11（18针）
2-10-1
（8针）
27（54行）
1行平
1-1-1
2-1-26
（-27针）
26（52行）
2行平
2-1-25
（-25针）
46（70针）
（上针编织）
（双罗纹针）
（+20针）
2行平
2-1-3
4-1-17
行 针 次
38（76行）
19（30针）
△ = 6.5（10针）
▲ = 6（10针）
（双罗纹针）
8号针
7（14行）
1（2行）
※ 对称编织左袖
（30针）起针
右袖的引返编织
左袖的引返编织
消行

材料

内藤商事 INDIECITA DK 蓝色(M66)、绿色(M1979)各170g/各4团

工具

棒针5号、3号

成品尺寸

胸围96cm，衣长56cm，连肩袖长31cm

编织密度

10cm×10cm面积内：下针编织21针，28行；编织花样A、B均为1个花样15针5cm，28行10cm

编织要点

●身片、衣袖…另线锁针起针。身片做下针编织和编织花样A、B。衣袖做下针编织。插肩线参照图示减针。领窝减2针及以上时做伏针减针，减1针时立起侧边1针减针。身片中心做挑针缝合。下摆、袖口解开起针时的锁针挑针，下摆编织单罗纹针条纹A，袖口编织单罗纹针条纹B、C。编织终点做单罗纹针收针。

●组合…插肩线、胁部、袖口下做挑针缝合。衣领挑起指定数量的针目，环形编织单罗纹针条纹B。编织终点的收针方法和下摆相同。

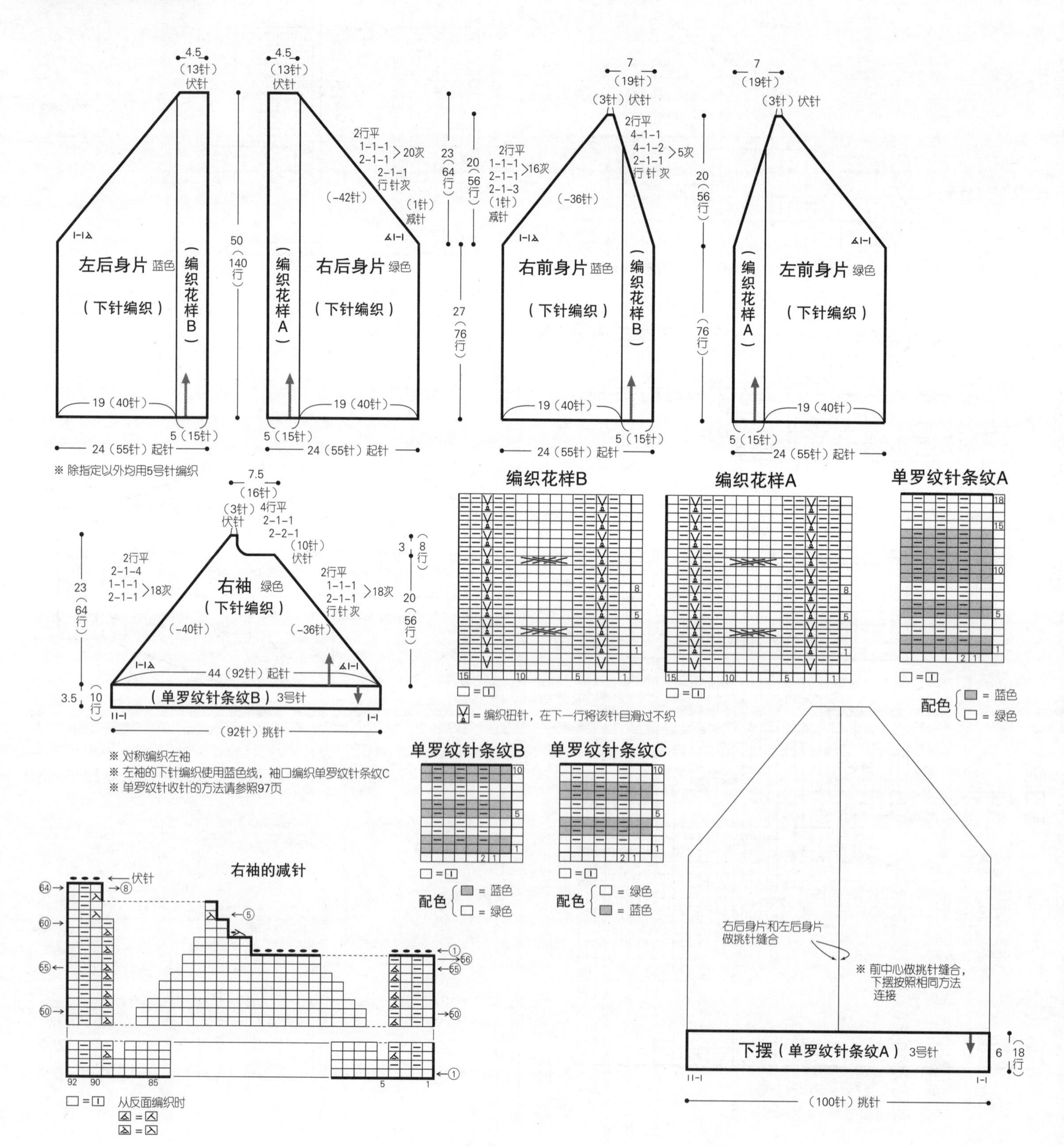

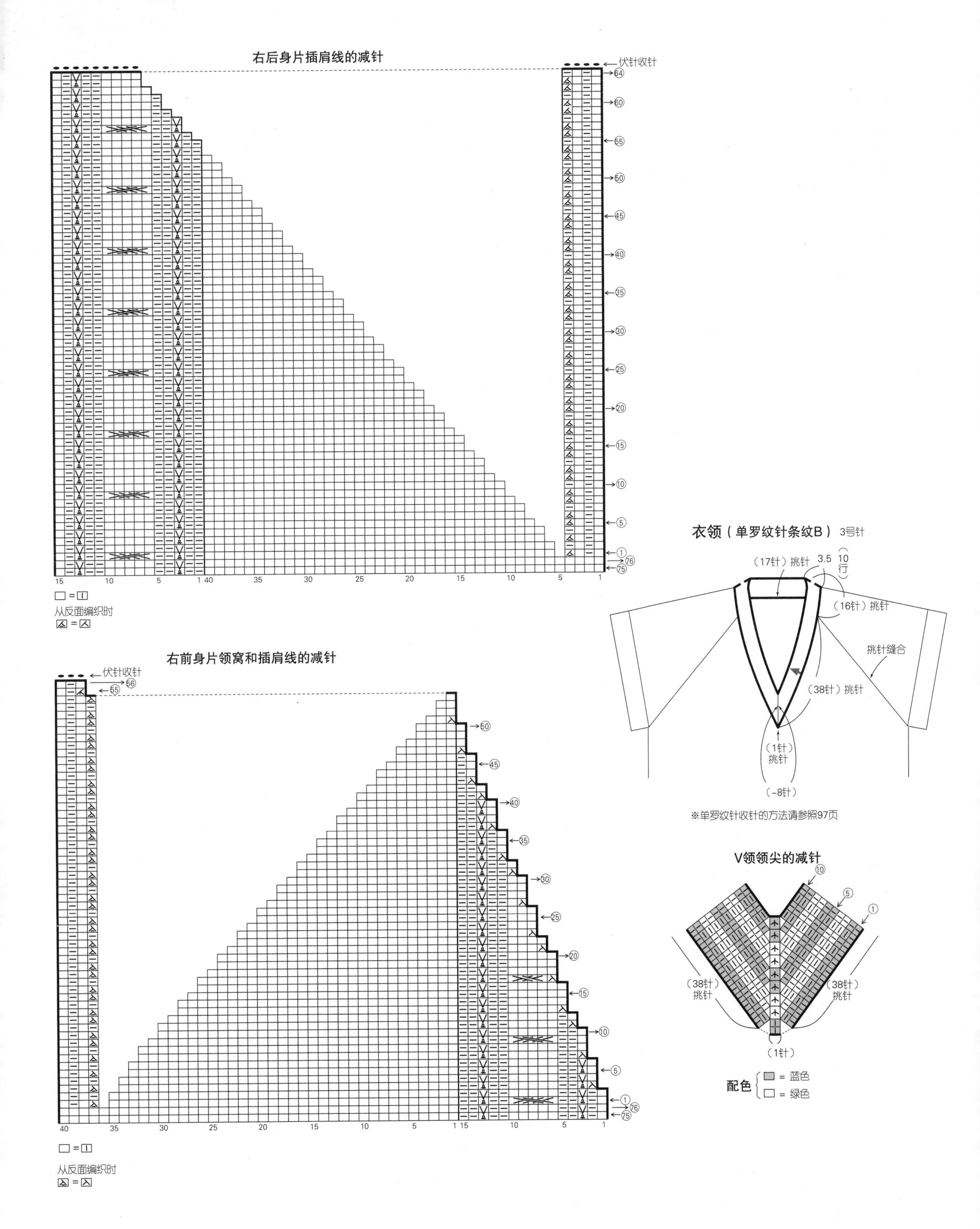
右后身片插肩线的减针
伏针收针
从反面编织时
右前身片领窝和插肩线的减针
伏针收针
从反面编织时
衣领（单罗纹针条纹B）3号针
（17针）挑针
3.5
10行
（16针）挑针
挑针缝合
（38针）挑针
（1针）挑针
（-8针）
※单罗纹针收针的方法请参照97页
V领领尖的减针
（38针）挑针
（38针）挑针
（1针）
配色
= 蓝色
= 绿色

材料

Keito Cashmere 红色(003) 310g/7团

工具

棒针3号

成品尺寸

胸围98cm，衣长62.5cm，连肩袖长72cm

编织密度

10cm×10cm面积内：编织花样B 24针，36行

编织要点

●身片、衣袖…手指起针，依次做编织花样A、B。插肩线参照图示减针。领窝减2针及以上时做伏针减针，减1针时立起侧边1针减针。袖下加针时，在1针内侧编织扭针加针。

●组合…插肩线、胁部、袖下做挑针缝合，腋下针目做下针无缝缝合。衣领挑起指定数量的针目，环形做边缘编织。编织终点做伏针收针。

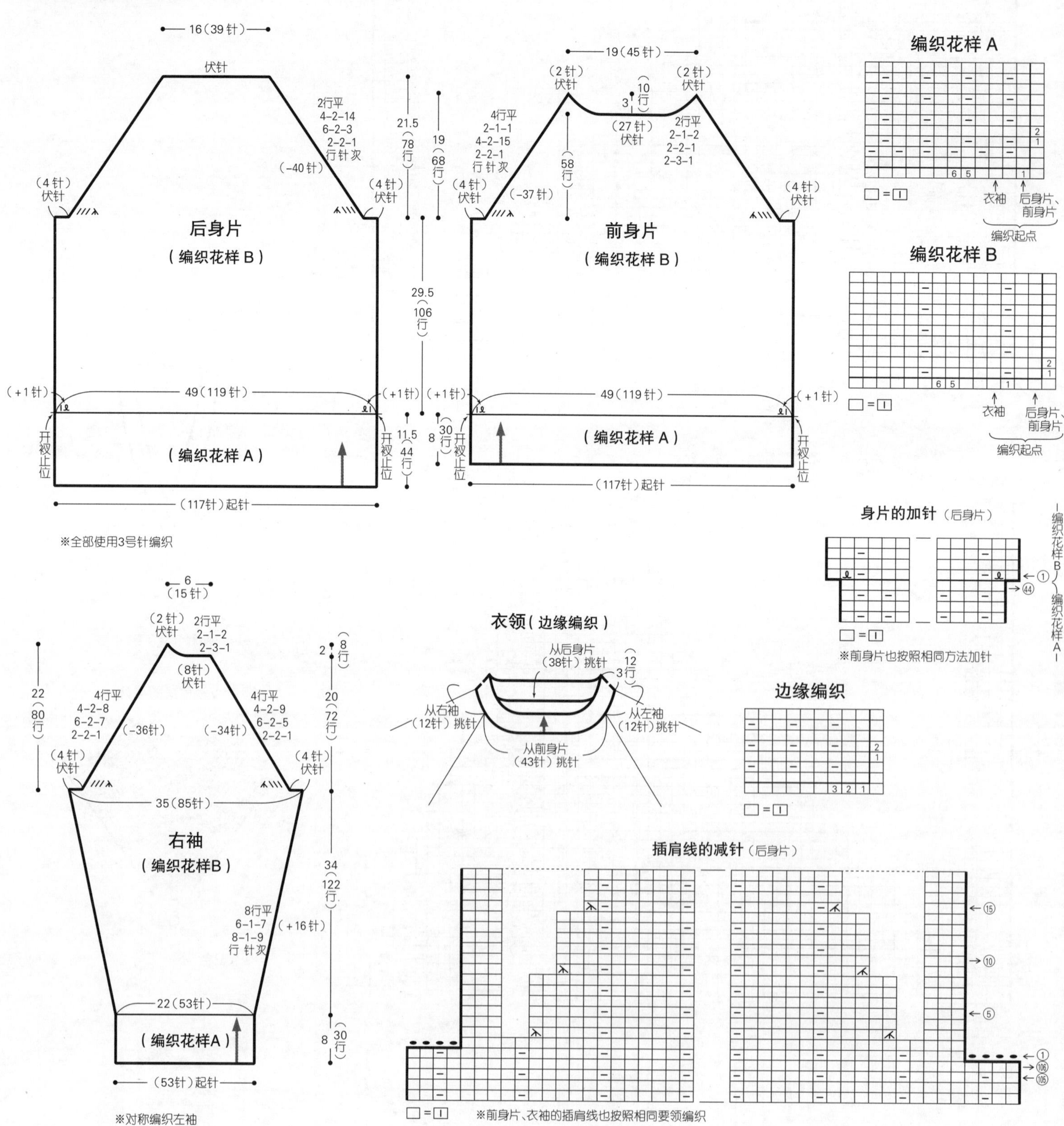

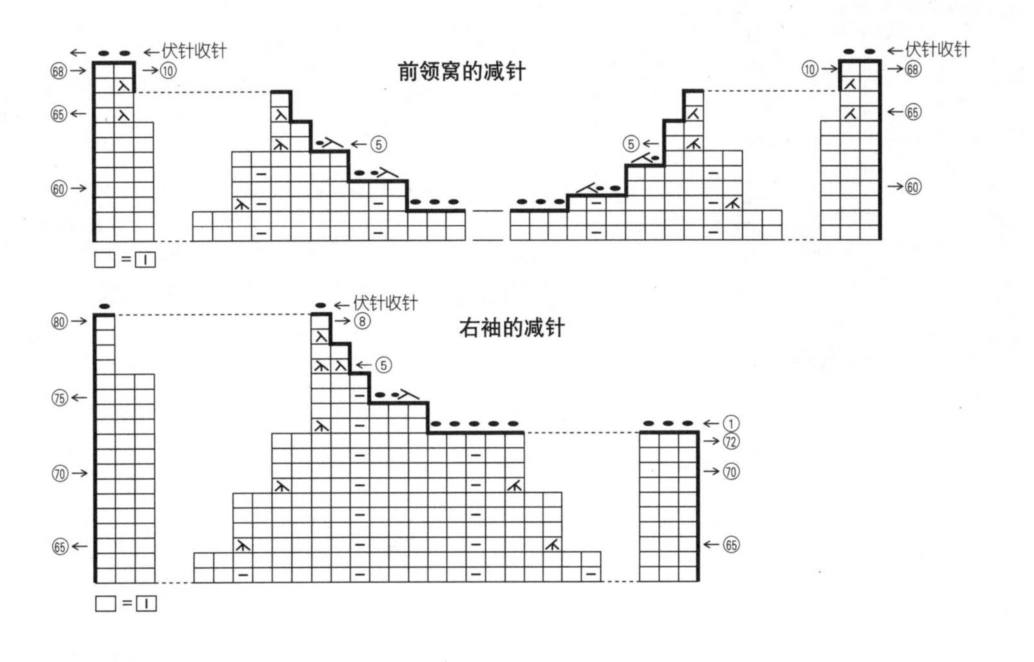

单罗纹针收针
（两端为2针下针的情况）

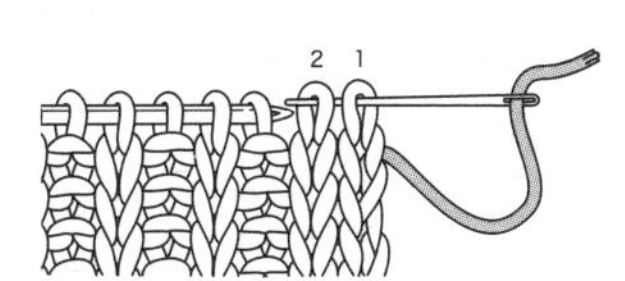

1 从针目1的前侧插入毛线缝针，从针目2的前侧出针。

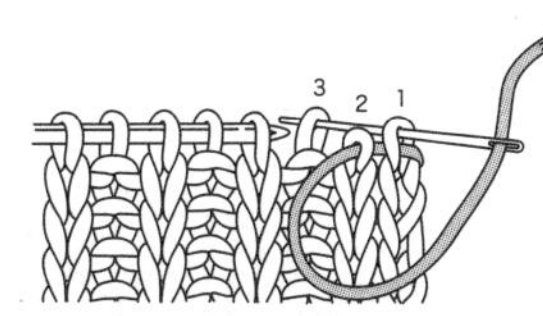

2 从针目1的前侧插入毛线缝针，从针目3的后侧出针。

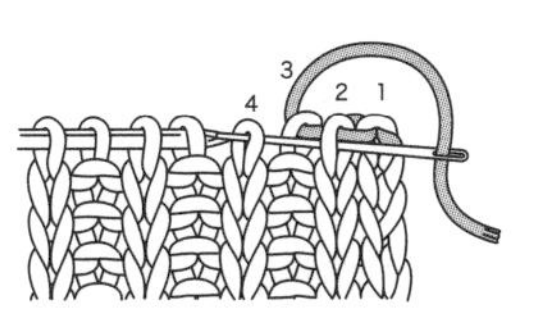

3 从针目2的前侧插入毛线缝针，从针目4的前侧出针（下针和下针）。

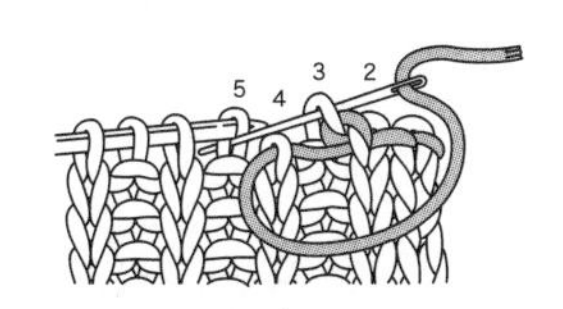

4 从针目3的后侧插入毛线缝针，从针目5的后侧出针（上针和上针）。重复步骤3、4至端头。

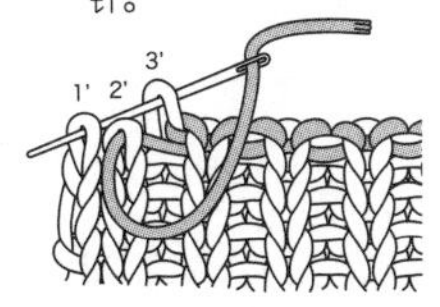

5 编织终点侧从针目3' 的后侧插入毛线缝针，从针目1' 的前侧出针。

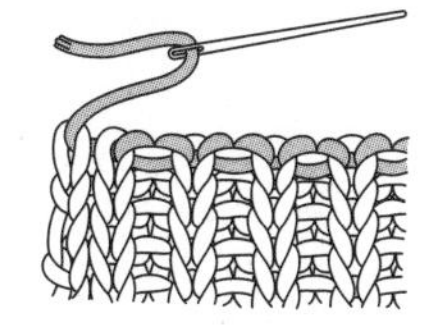

6 拉出线的样子。

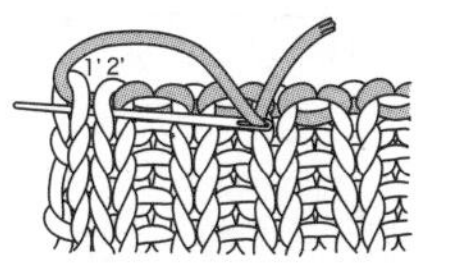

7 从针目2' 的前侧插入毛线缝针，从针目1' 的前侧出针。

单罗纹针收针
（环形编织的情况）

（编织起点处）

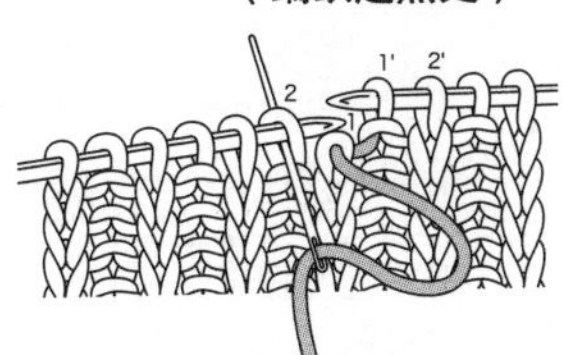

1 从针目1（第1针下针）的后侧入针，从第2针的后侧出针。

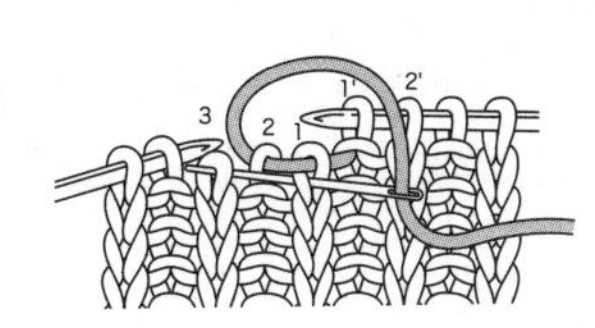

2 从针目1的前侧入针，从针目3的前侧出针。

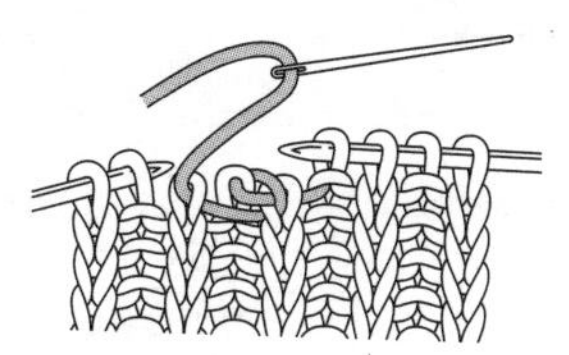

3 将线拉出后的样子。

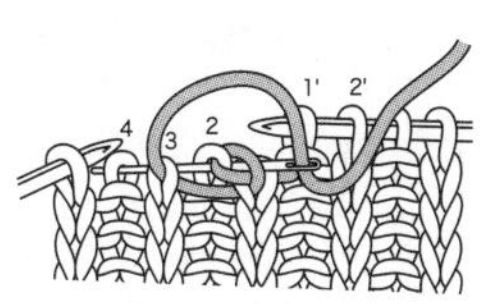

4 从针目2的后侧入针，从针目4的后侧出针（上针与上针）。

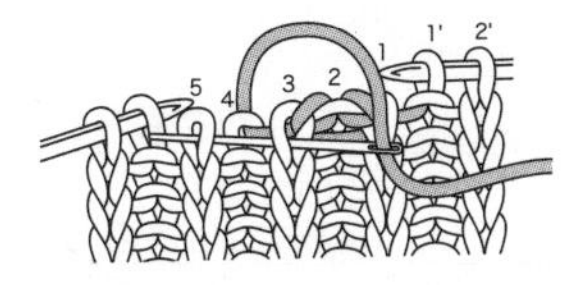

5 从针目3的前侧入针，从针目5的前侧出针（下针与下针）。重复步骤4、5。

（编织终点处）

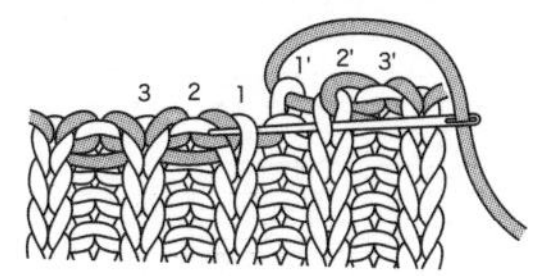

6 从针目2' 的前侧入针，从针目1（第1针下针）的前侧出针（下针与下针）。

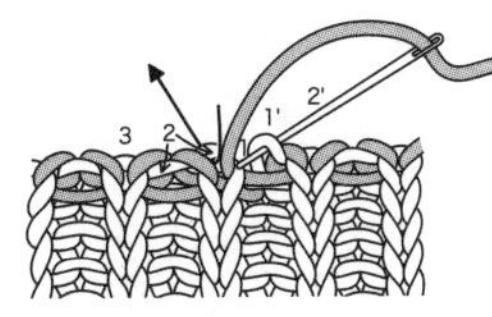

7 从针目1'（上针）的后侧入针，从针目2（第1针上针）的后侧出针。

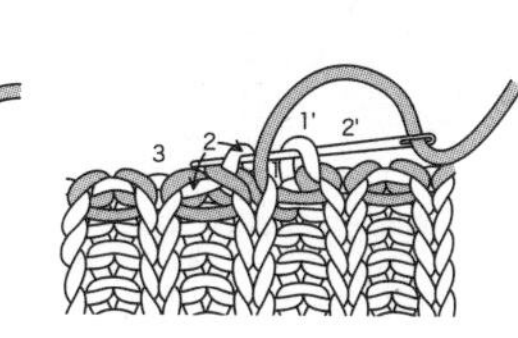

8 将针穿入针目1'、2后的样子。在针目1、2中共穿入3次。

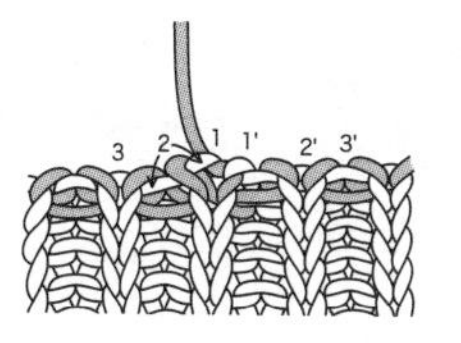

9 拉紧线后，即完成。

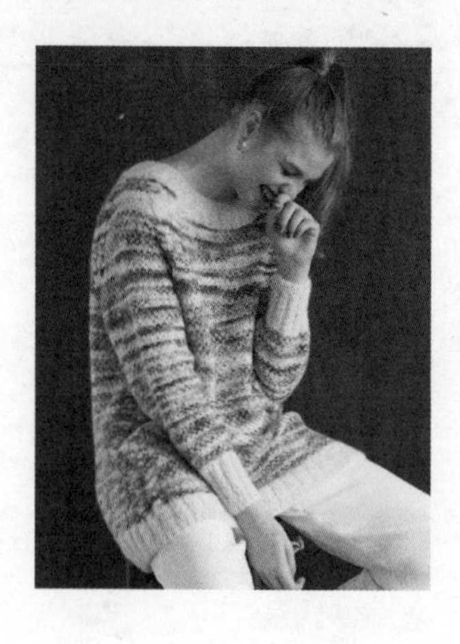

材料

Keito Calamof 蓝色、红色、黄色系段染(003) 370g/4枕，原白色(000) 65g/1枕

工具

棒针10号、8号、6号

成品尺寸

胸围116cm，衣长69cm，连肩袖长74cm

编织密度

10cm×10cm面积内：编织花样B 16针，28行

编织要点

●身片、衣袖…手指起针，环形编织单罗纹针。然后编织双罗纹针，编织花样A、B。袖下参照图示加针。育克从身片和衣袖挑针，环形做编织花样A、B。插肩线和领窝参照图示减针。

●组合…腋下针目做下针无缝缝合。衣领从育克挑起指定数量的针目，一边调整编织密度，一边编织双罗纹针和单罗纹针。编织终点做单罗纹针收针。

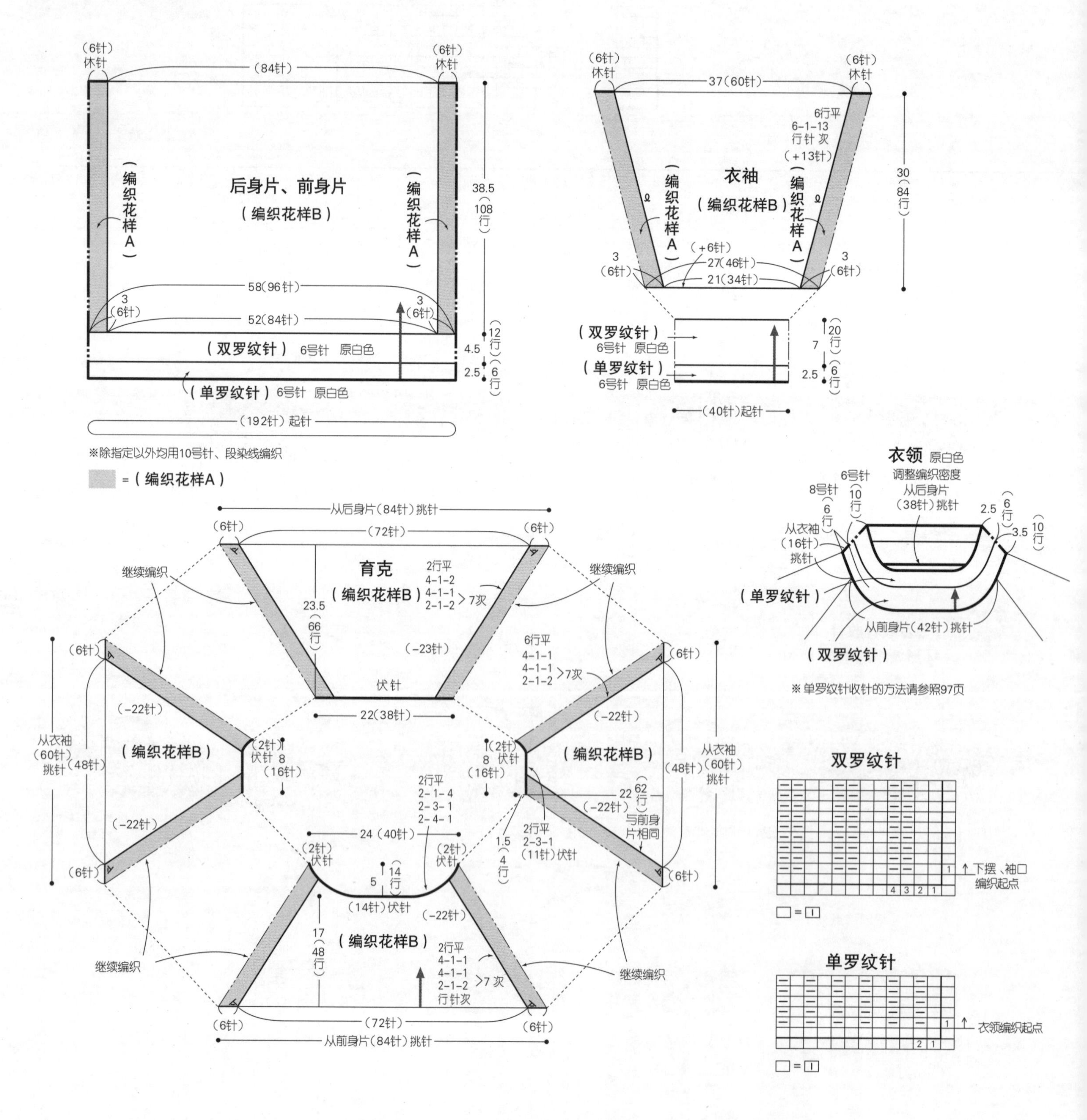

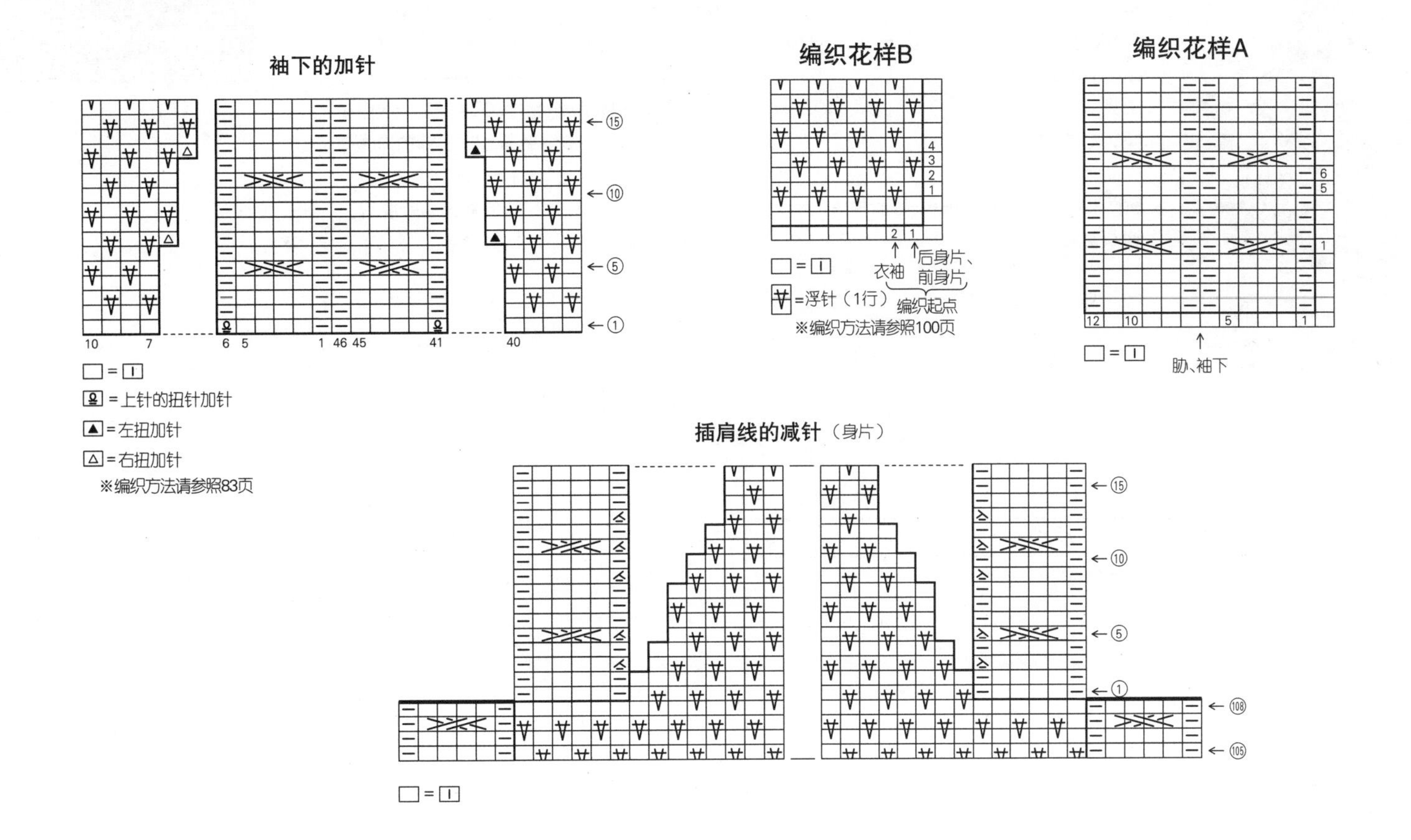

袖下的加针
⑮
⑩
⑤
①
10 7 6 5 1 46 45 41 40
□=□
= 上针的扭针加针
▲=左扭加针
△=右扭加针
※编织方法请参照83页
编织花样B
4
3
2
1
2 1
衣袖
后身片、前身片
编织起点
□=□
=浮针（1行）
※编织方法请参照100页
编织花样A
6
5
1
12 10 5 1
□=□
肋、袖下
插肩线的减针（身片）
⑮
⑩
⑤
①
108
105
□=□

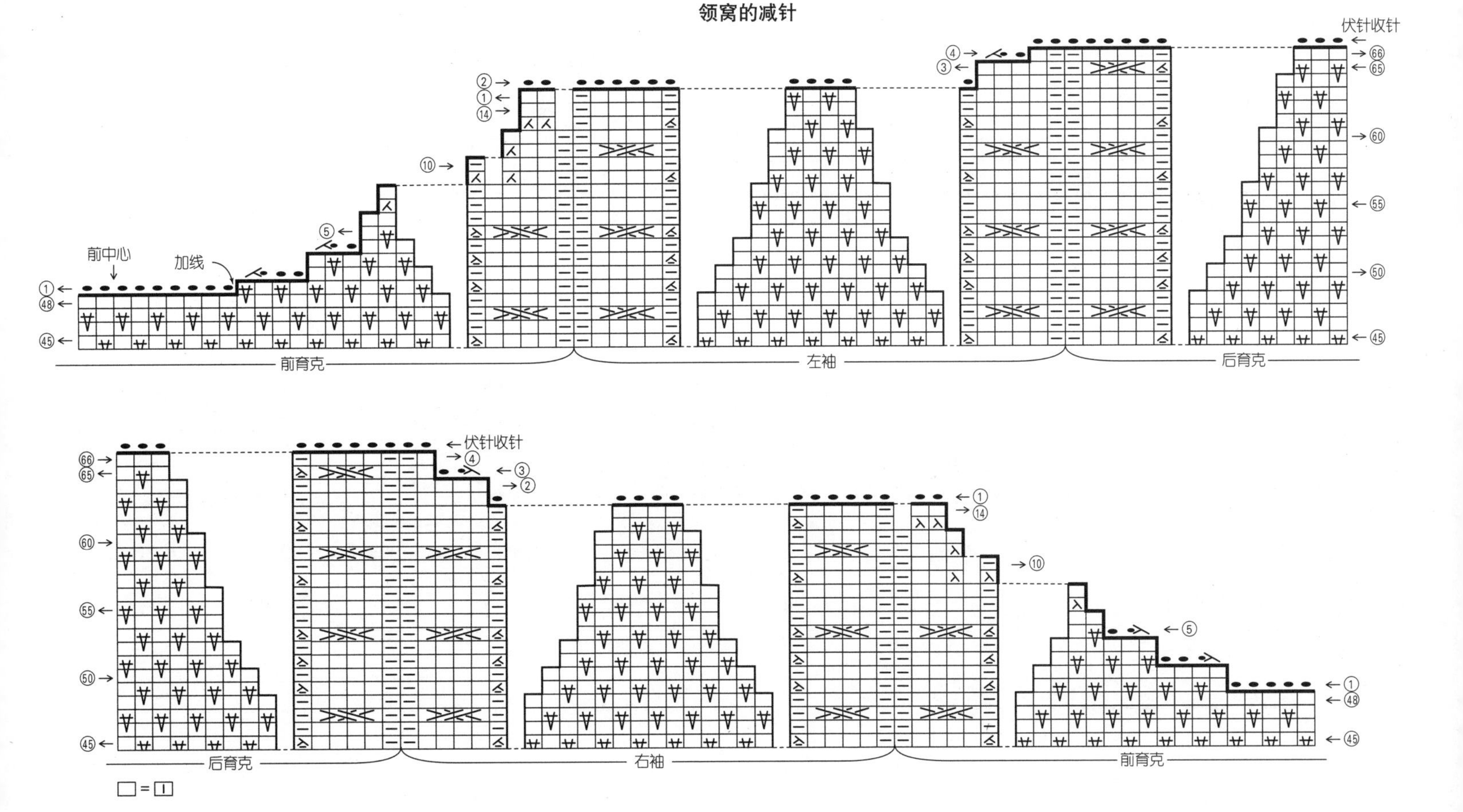

领窝的减针
伏针收针
前中心
加线
①
48
45
⑤
⑩
⑭
②
④
③
66
65
60
55
50
前育克
左袖
后育克
右袖
□=□

材料

ROWAN Felted Tweed 灰粉色(206 Rose Quartz) 330g/7团

工具

棒针6号、5号

成品尺寸

胸围126cm，衣长58.5cm，连肩袖长63cm

编织密度

10cm×10cm面积内：下针编织22针，32.5行；扭针的单罗纹针26针，35行

编织要点

●身片、衣袖…手指起针，编织扭针的单罗纹针、下针编织。领口部分做扭针织下针、上针织上针的伏针收针。肩部做盖针接合。衣袖从身片挑针，做下针编织、扭针的单罗纹针。减针时，端头第2针和第3针编织2针并1针。编织终点做扭针的单罗纹针收针。

●组合…胁部、袖下做挑针缝合。

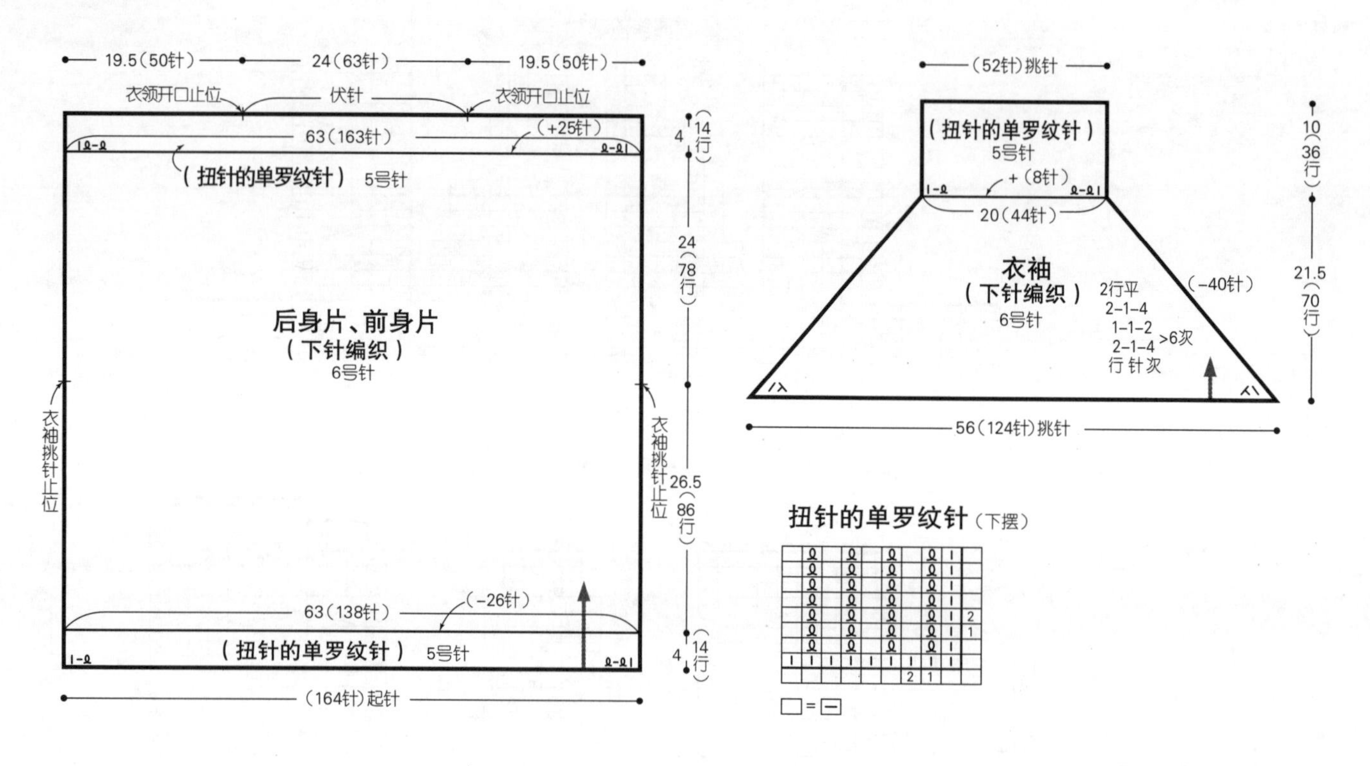

扭针的单罗纹针收针

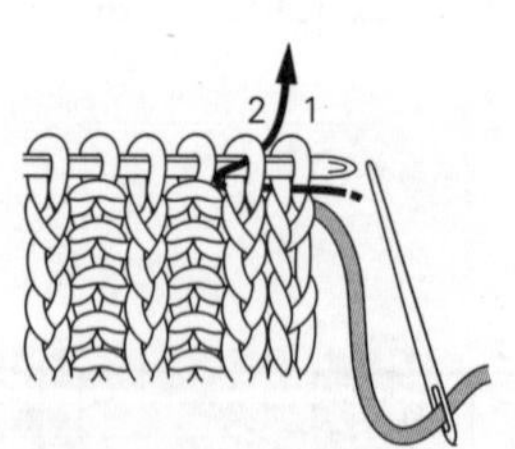

1 如箭头所示，将毛线缝针插入针目1和针目2中，将针目2扭一下。

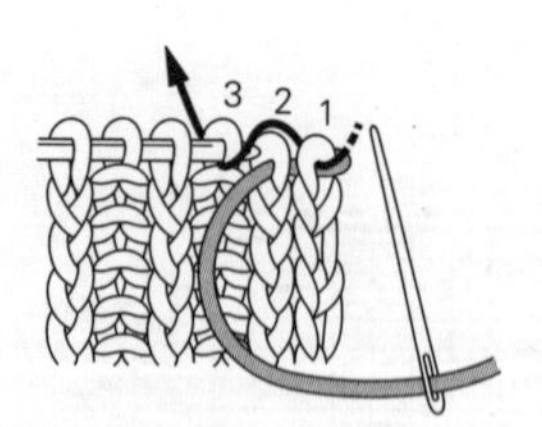

2 如箭头所示，将毛线缝针插入针目1和针目3中。

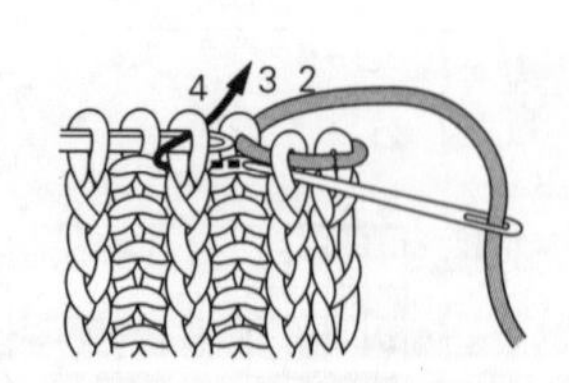

3 如箭头所示，将毛线缝针插入针目2和针目4中，一边扭转下针一边做单罗纹针收针。

浮针（1行的情况）

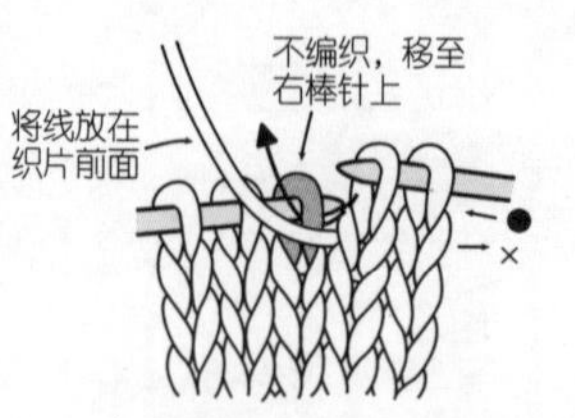

1 将线放在织片前面，不编织，将针目直接移至右棒针上。

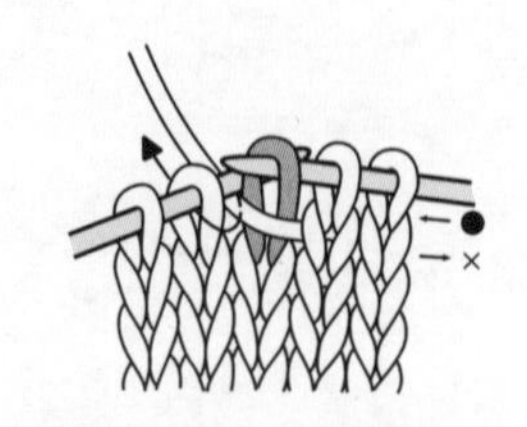

2 将线放在织片后面，后面的针目按照编织符号图编织。

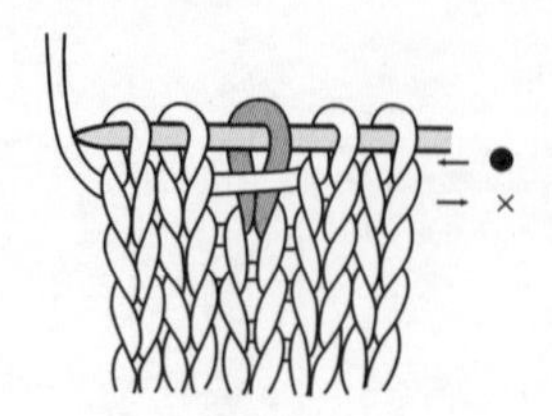

3 1行的浮针完成。

材料

钻石线 Dia ballon 黄绿色、橙色、蓝色系段染（1603）290g/7团

工具

棒针10号、8号

成品尺寸

胸围112cm，衣长49.5cm，连肩袖长72cm

编织密度

10cm×10cm面积内：下针编织13.5针，22.5行；编织花样B为19针9cm，22.5行10cm

编织要点

●身片、衣袖…手指起针，身片做编织花样A、B和下针编织，衣袖做编织花样A、下针编织。领窝减2针及以上时做伏针减针，减1针时立起侧边1针减针。

●组合…肩部做盖针接合，胁部、袖下做挑针缝合。衣领挑起指定数量的针目，环形做编织花样A。编织终点做伏针收针，向内折后做卷针缝。衣袖和身片做引拔接合。

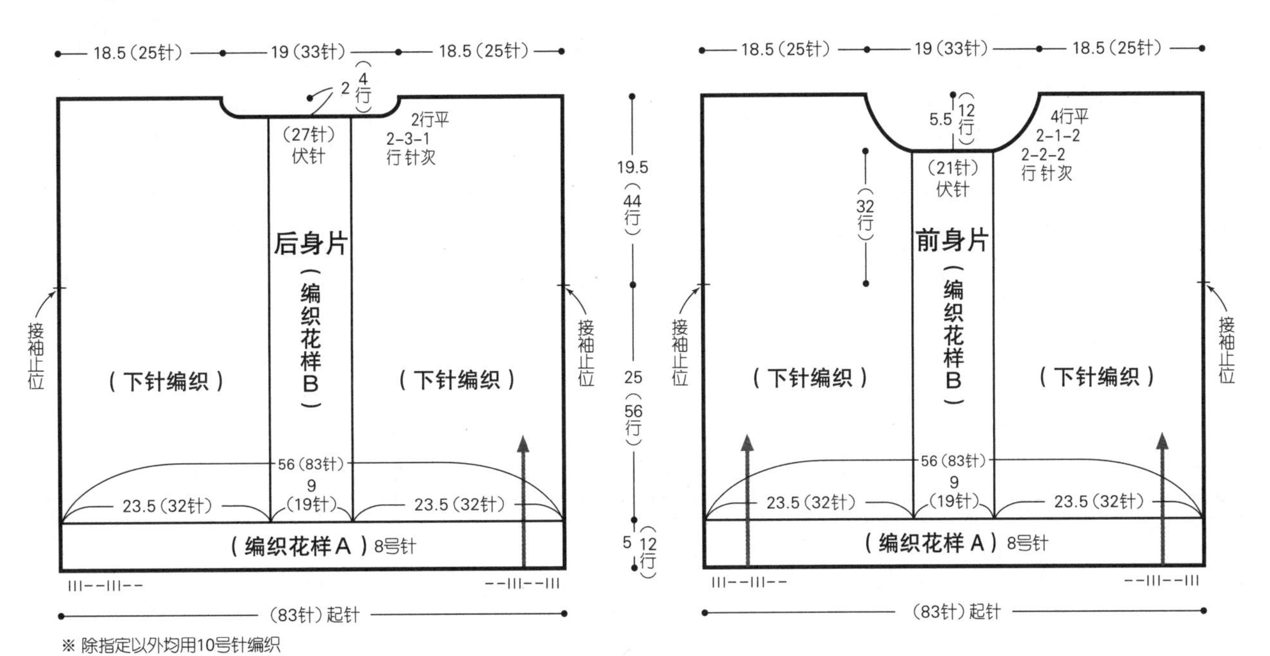

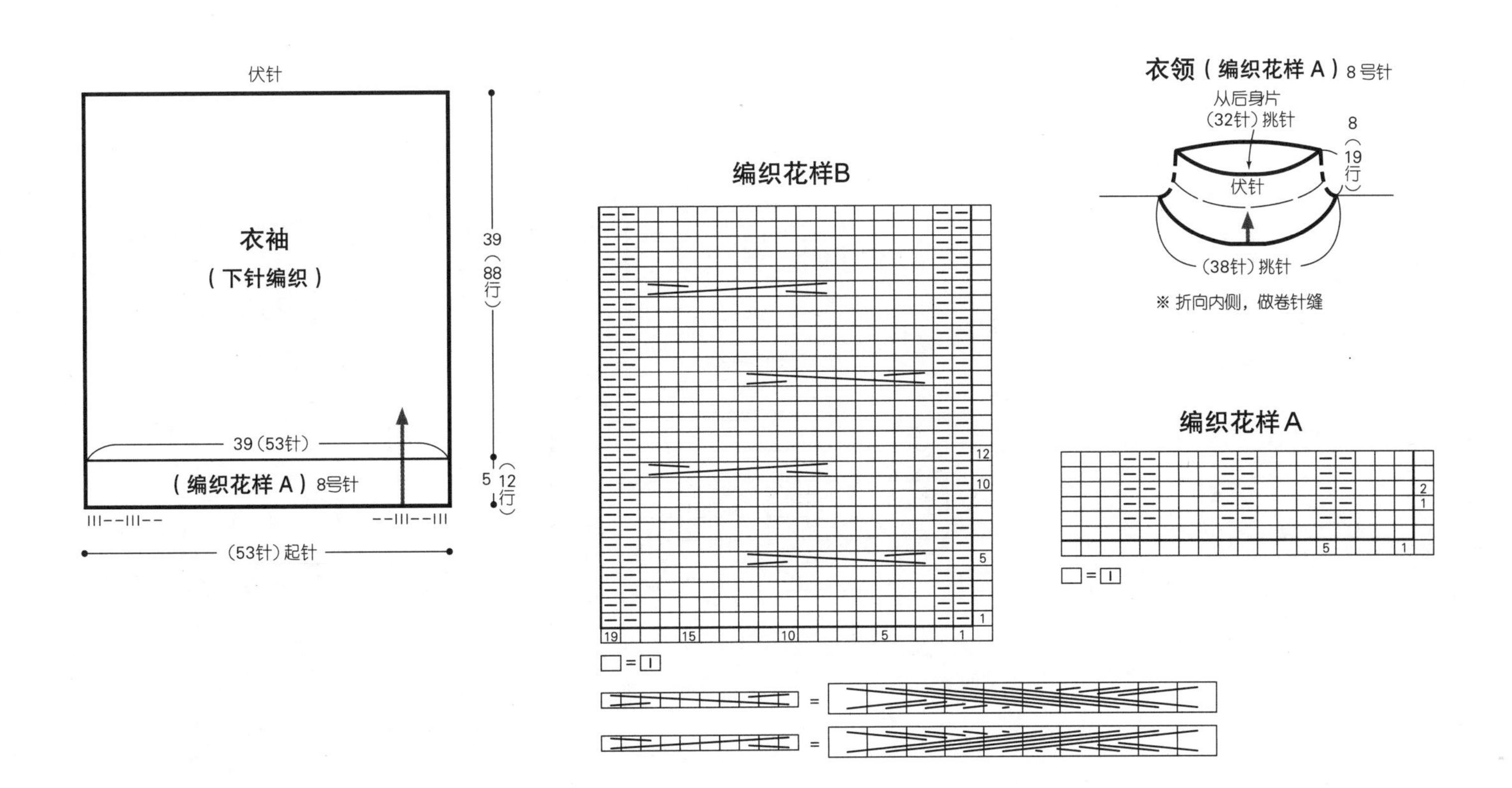

材料
钻石线Diaravenna 米色、水蓝色、红色、黄色、黄绿色混合(1501) 275g/10团

工具
棒针6号、4号、5号

成品尺寸
胸围100cm，衣长55cm，连肩袖长69cm

编织密度
10cm×10cm面积内：下针编织21针，28行

编织要点
●身片、衣袖…手指起针，编织双罗纹针、下针编织。插肩线参照图示减针。袖下加针时，在1针内侧编织扭针加针。
●组合…插肩线、胁部、袖下做挑针缝合，腋下针目做下针无缝缝合。衣领挑起指定数量的针目，环形编织双罗纹针。编织终点松松地做下针织下针、上针织上针的伏针收针。

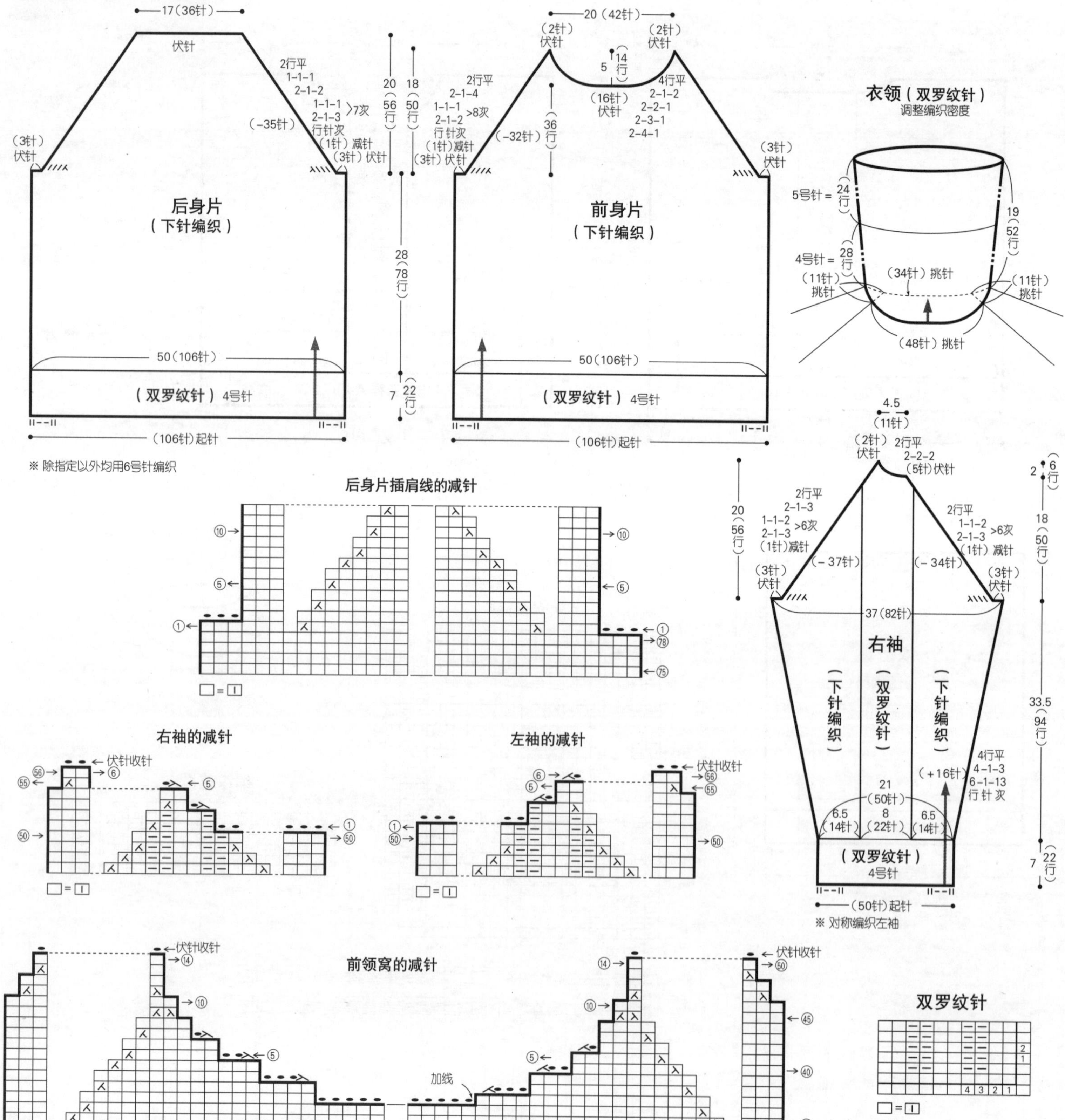

材料

手织屋 Sofia Wool 橙色(04) 125g，深粉色(05) 90g，黄色(03) 70g；Reina Silkmohair 奶油色(07) 115g

工具

棒针4号、2号

成品尺寸

胸围100cm，衣长57cm，连肩袖长72cm

编织密度

10cm×10cm面积内：编织花样A、B均为25针，36行；编织花样C 25针，37行

编织要点

●身片、衣袖…另线锁针起针，做编织花样A、B、C。减2针及以上时做伏针减针，减1针时立起侧边1针减针。袖下加针时，在1针内侧编织扭针加针。下摆、袖口解开起针时的锁针挑针，编织双罗纹针。编织终点做下针织下针、上针织上针的伏针收针。

●组合…肩部做盖针接合。衣领挑起指定数量的针目，环形编织双罗纹针。编织终点的收针方法和下摆相同。衣袖与身片做对齐针与行缝合。胁部、袖下做挑针缝合。

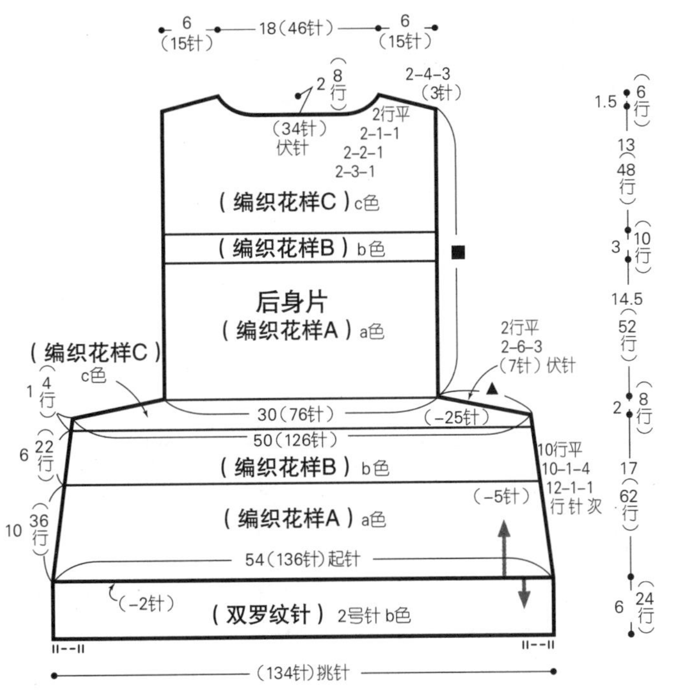

※ 除指定以外均用4号针编织

※ 取1根Sofia Wool线和1根Reina Silkmohair线并在一起编织

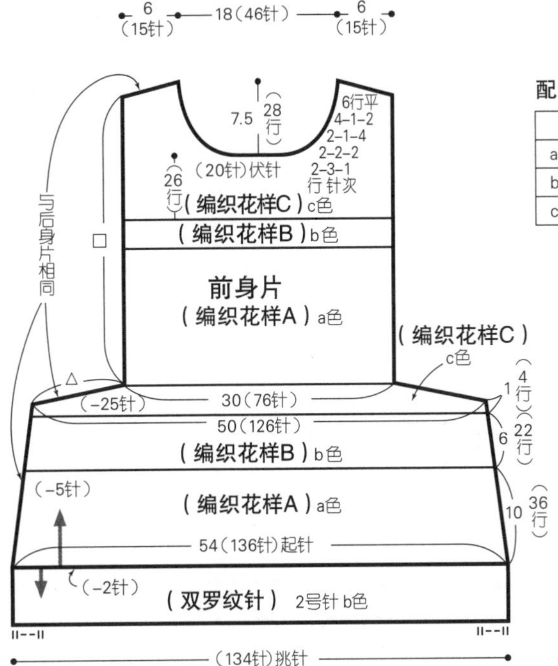

配色

	Sofia Wool	Reina Silkmohair
a色	深粉色	奶油色
b色	橙色	
c色	黄色	

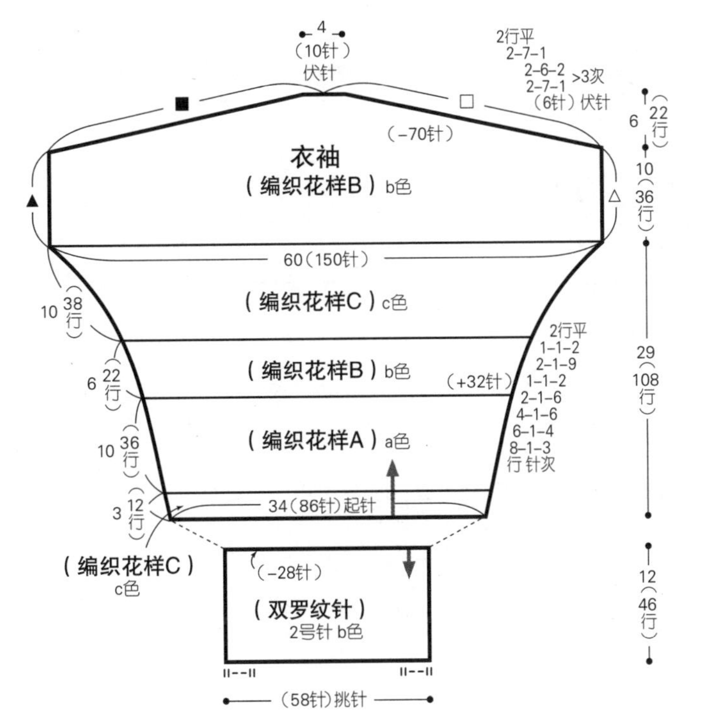

※ 对齐标记适用于右袖

编织花样A

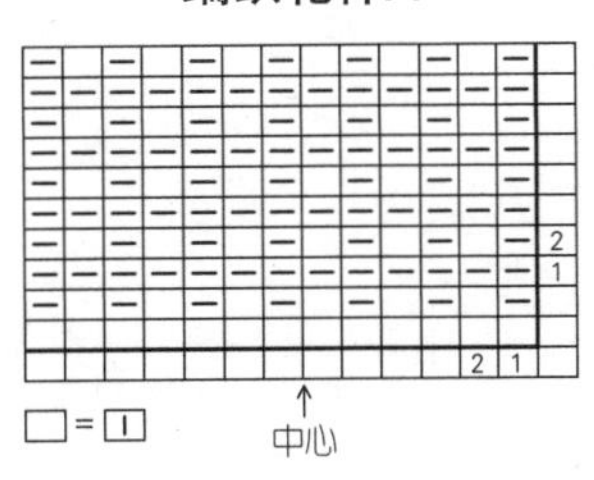

编织花样B

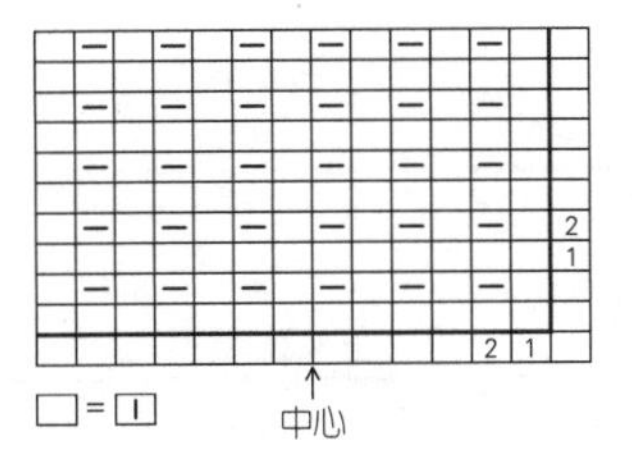

编织花样C

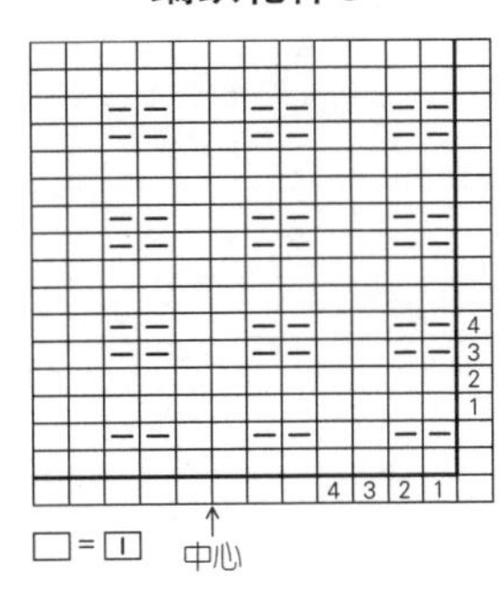

双罗纹针

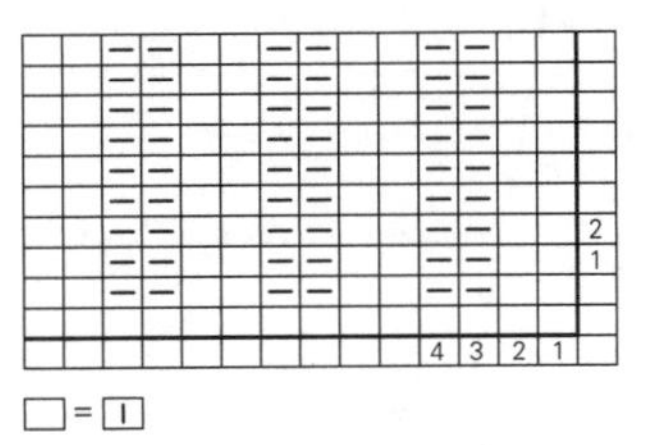

衣领（双罗纹针）

2号针 a色

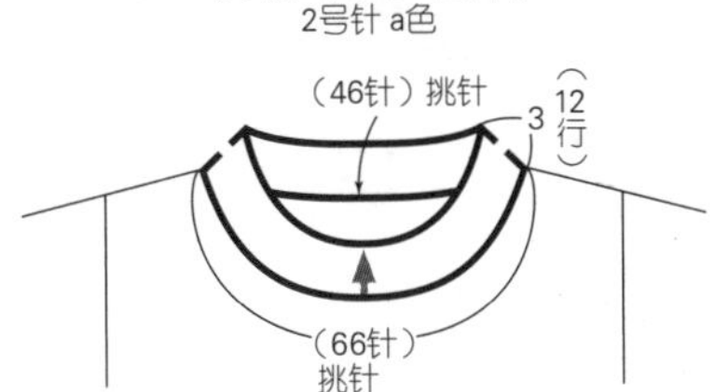

材料

手织屋 Wool N 原白色(29)255g，蓝色(34)165g，藏青色(36)150g

工具

棒针7号、6号

成品尺寸

胸围112cm，衣长64cm，连肩袖长78.5cm

编织密度

10cm×10cm面积内：下针条纹、下针编织均为21.5针，29.5行

编织要点

●身片、衣袖…手指起针，编织双罗纹针、下针条纹、下针编织。领窝减2针及以上时做伏针减针，减1针时立起侧边1针减针。袖下加针时，在1针内侧编织扭针加针。

●组合…肩部做盖针接合。衣领挑起指定数量的针目，环形编织双罗纹针，编织终点做双罗纹针收针。胁部、袖下做挑针缝合。衣袖与身片做对齐针与行缝合。

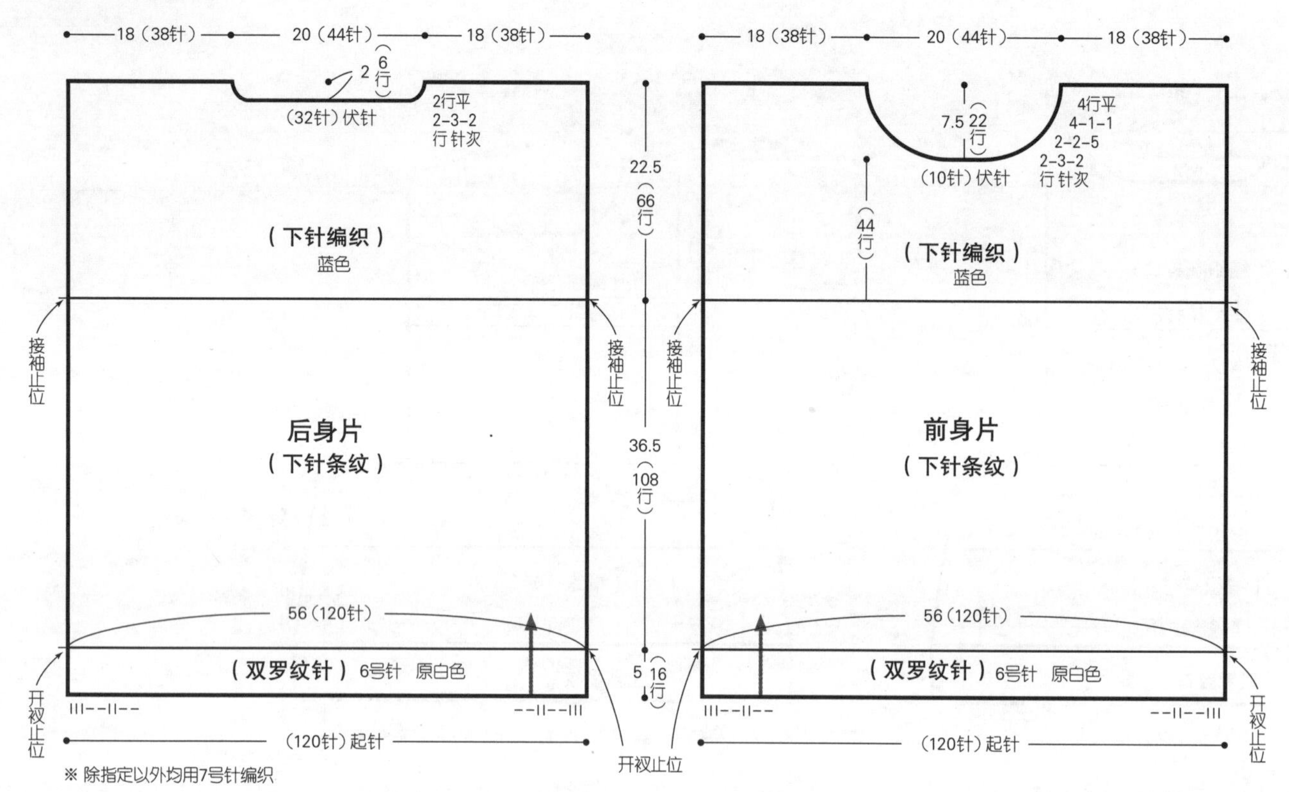

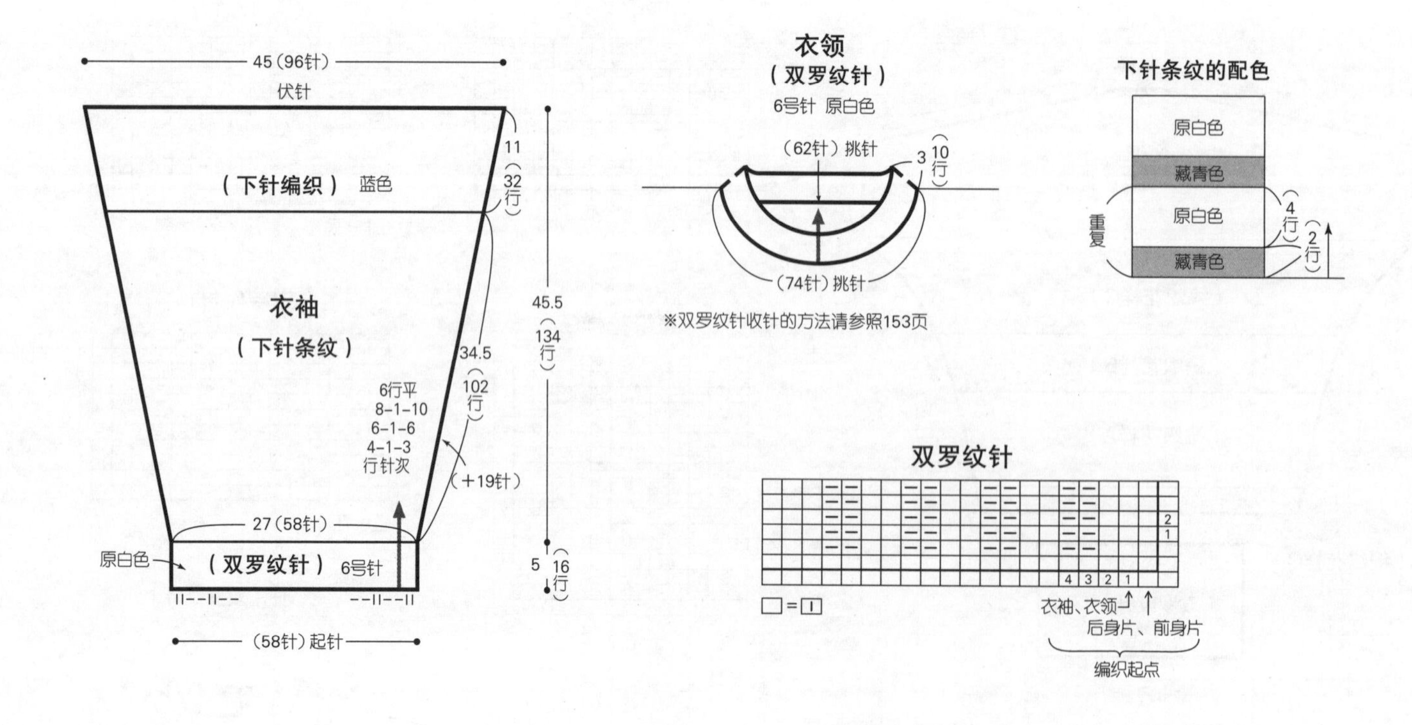

材料

手织屋 T Honey Wool 浅橙色(11) 330g

工具

棒针7号、5号

成品尺寸

胸围100cm，衣长61cm，连肩袖长24.5cm

编织密度

10cm×10cm面积内：下针编织16.5针，26行；编织花样A为1个花样9针4.5cm，编织花样B为1个花样16针6cm，编织花样C为1个花样20针8cm，编织花样A、B、C均为26行10cm

编织要点

●身片…另线锁针起针，搭配着做下针编织，编织花样A、B、C。领窝减2针及以上时做伏针减针，减1针时立起侧边1针减针。

●组合…肩部一边重叠指定数量的针目，一边做盖针接合。衣领、袖口挑起指定数量的针目，环形编织双罗纹针。编织终点做双罗纹针收针。胁部做挑针缝合。下摆解开起针时的锁针挑针，环形编织双罗纹针。编织终点的收针方法和衣领相同。参照图示，将衣领、袖口的胁部缝合于身片。

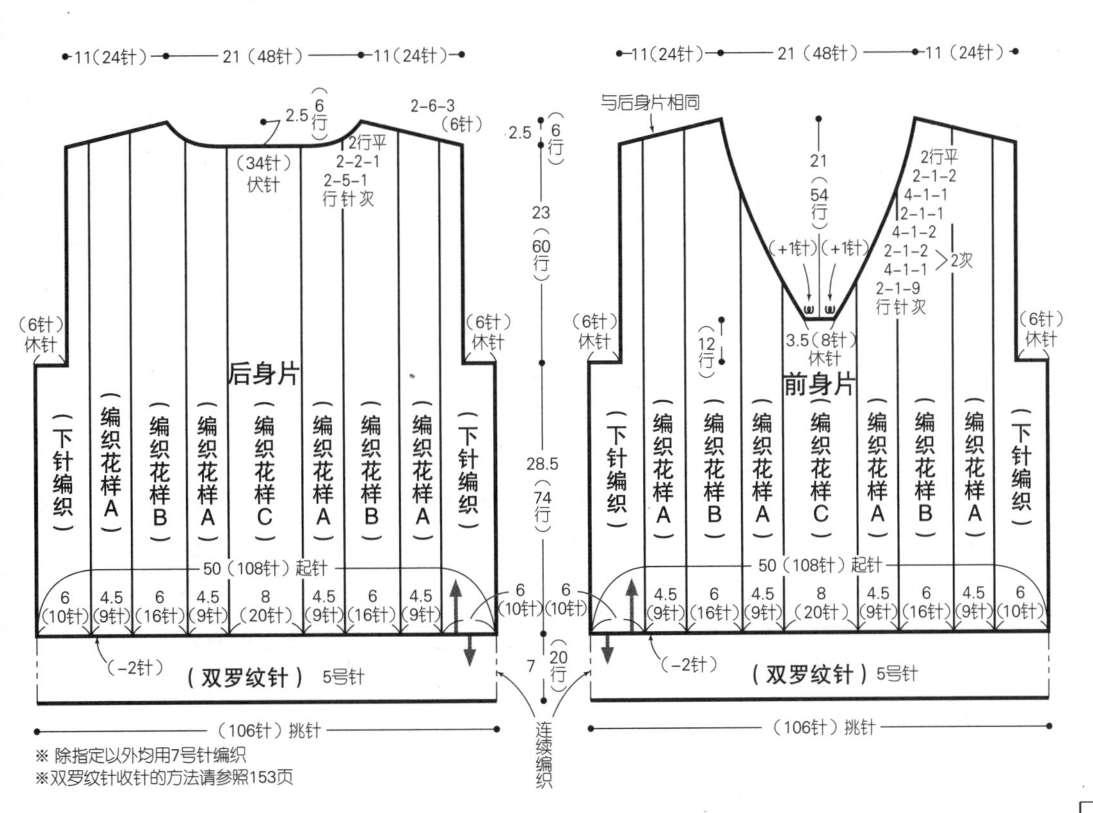

※ 除指定以外均用7号针编织

※双罗纹针收针的方法请参照153页

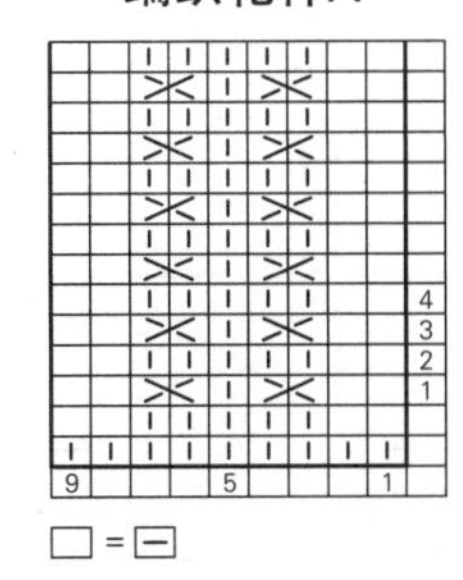

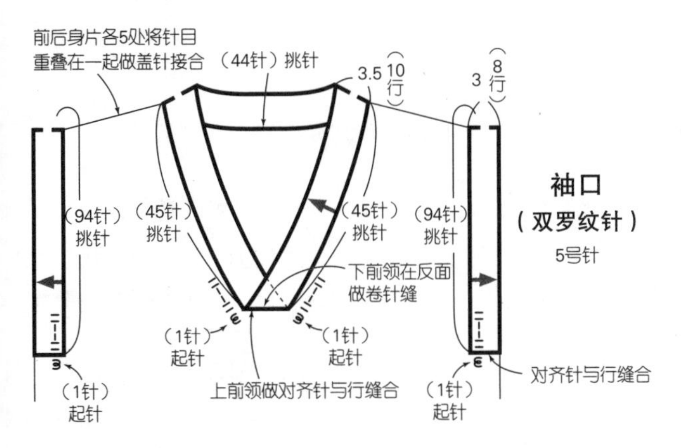

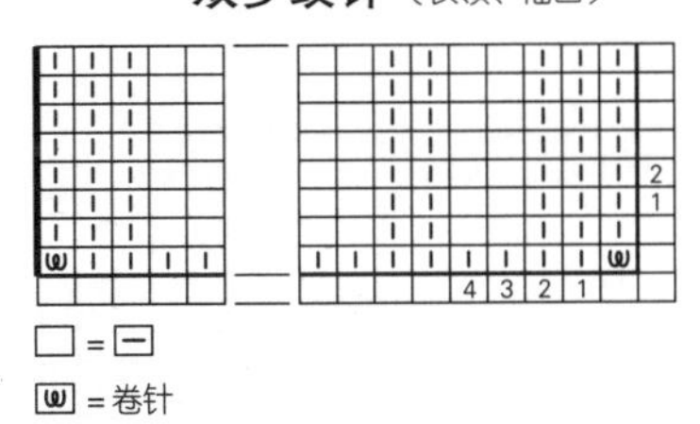

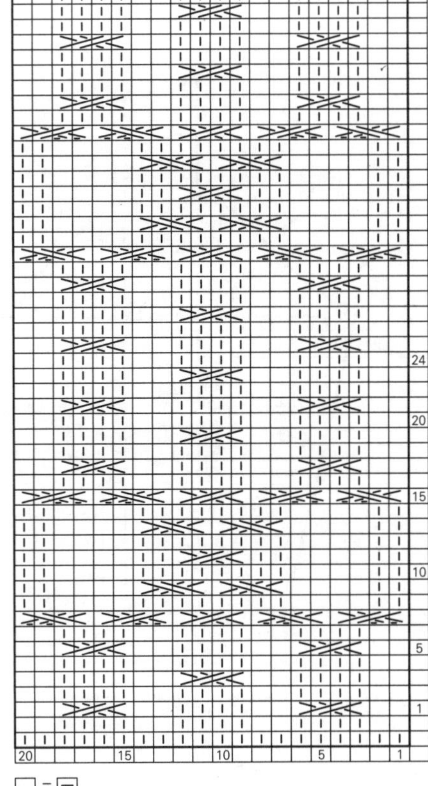

材料

手织屋 Moke Wool B 灰色(14) 360g，藏青色(27) 240g

工具

棒针8号、6号

成品尺寸

胸围104cm，衣长57cm，连肩袖长72cm

编织密度

10cm×10cm面积内：桂花针18针，26行；编织花样D 24针，26行；编织花样B为1个花样6针2.5cm，编织花样C为1个花样22针8cm，编织花样B、C均为26行10cm

编织要点

●身片、衣袖…手指起针，身片做编织花样A、B、C、D和桂花针，衣袖做编织花样A、B、C和桂花针。减2针及以上时做伏针减针，减1针时立起侧边1针减针。加针时，在1针内侧编织扭针加针。肩部一边减针，一边编织舍编（使用和作品用线相同粗细的另线做5~6行下针编织）。

●组合…肩部在舍编状态下分别对齐▲、△相同标记处做对齐针与行缝合。胁部、袖下做挑针缝合。衣袖用半回针缝的方法缝合于身片。衣领挑起指定数量的针目，环形编织单罗纹针。编织终点做单罗纹针收针。拆掉舍编部分。

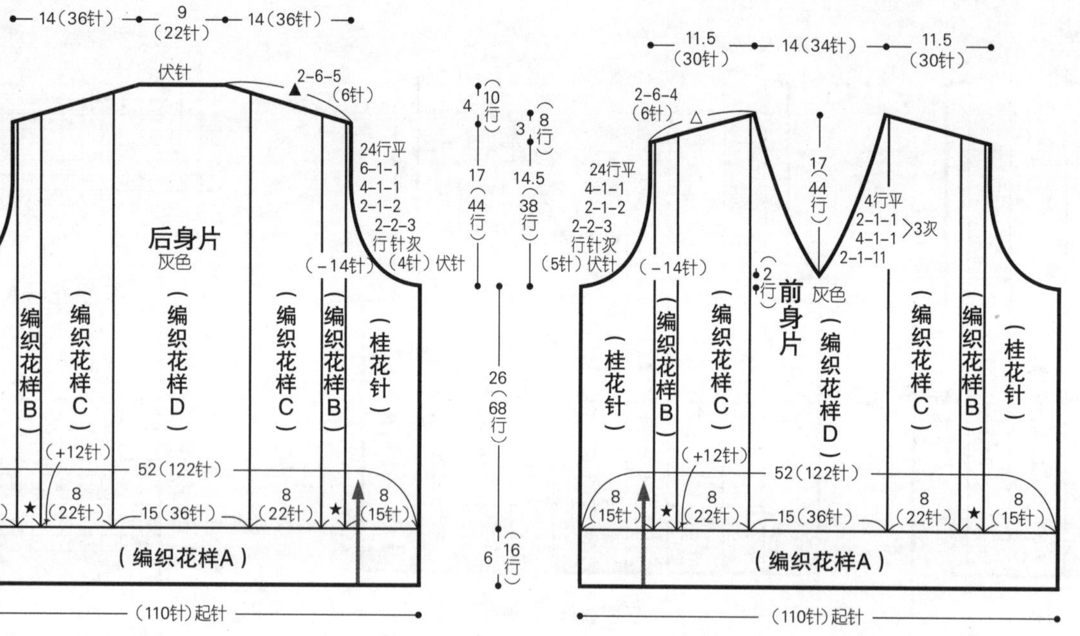

※ 除指定以外均用8号针编织

※ 分别对齐▲、△相同标记处做对齐针与行缝合

※ ★=2.5（6针）

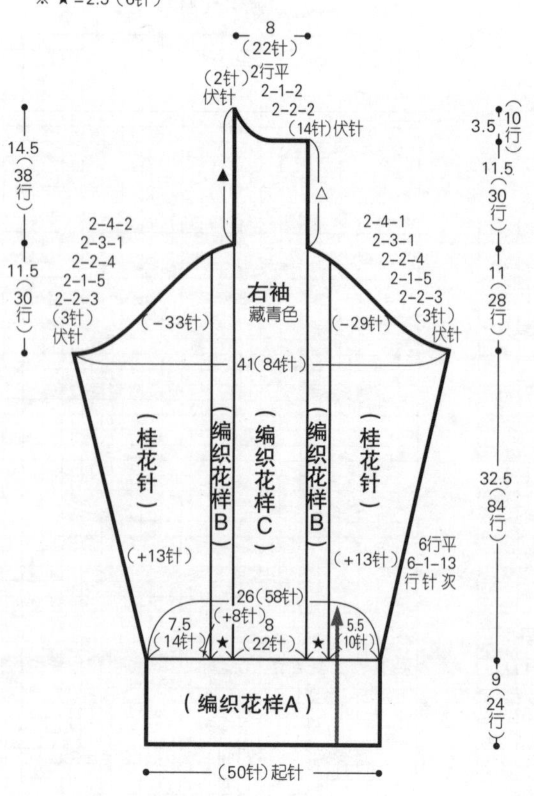

※ 对称编织左袖

衣领（单罗纹针） 6号针 藏青色

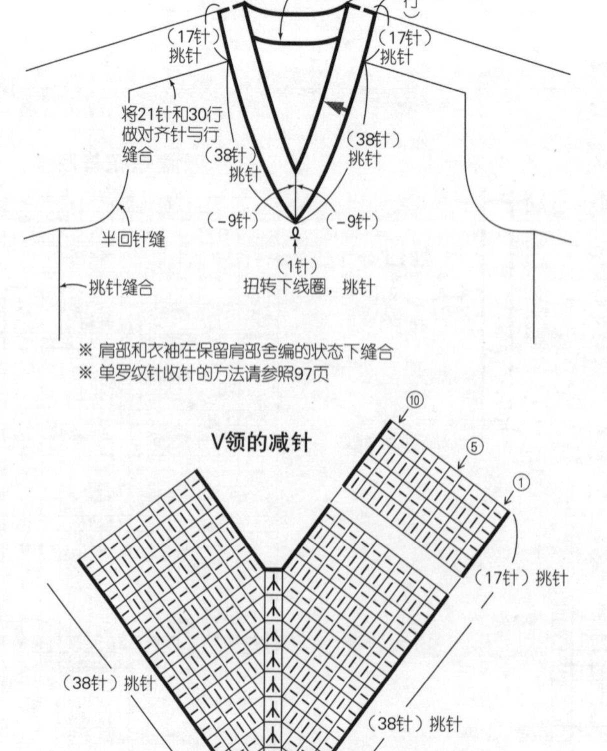

※ 肩部和衣袖在保留肩部舍编的状态下缝合

※ 单罗纹针收针的方法请参照97页

桂花针

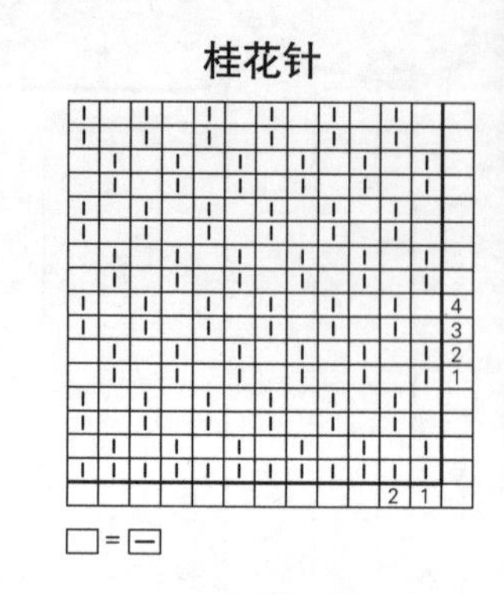

编织花样A

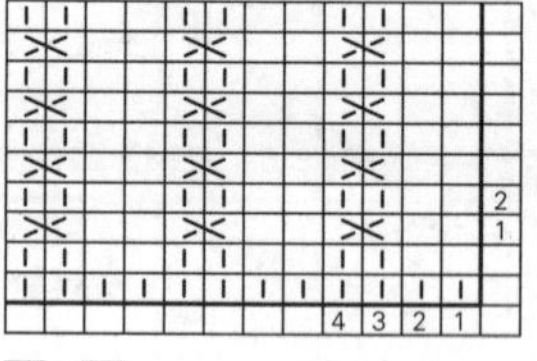

编织花样B

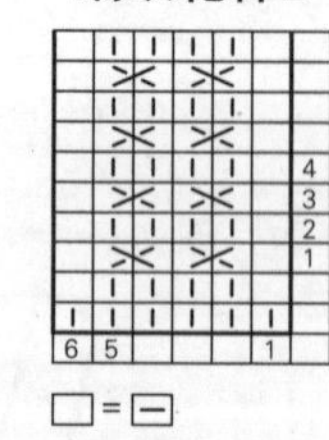

编织花样D

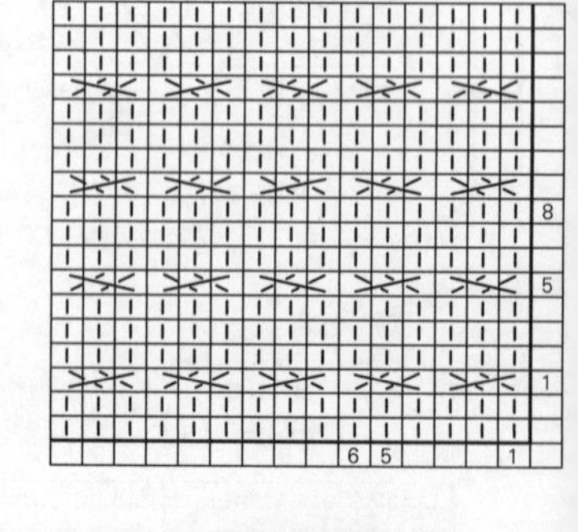

单罗纹针

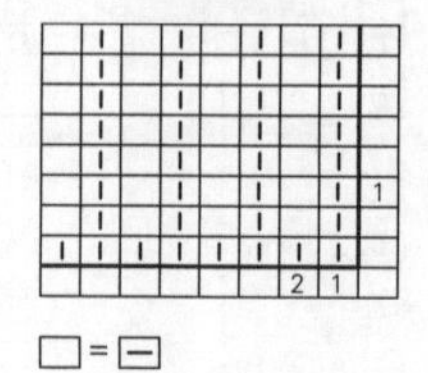

左前斜肩的减针

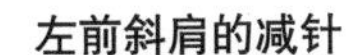

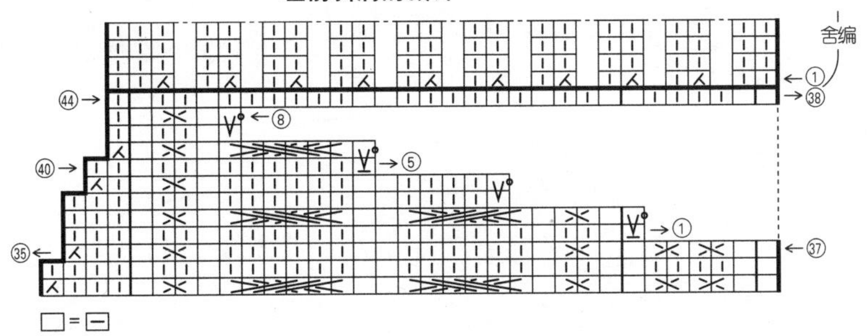

右前斜肩的减针

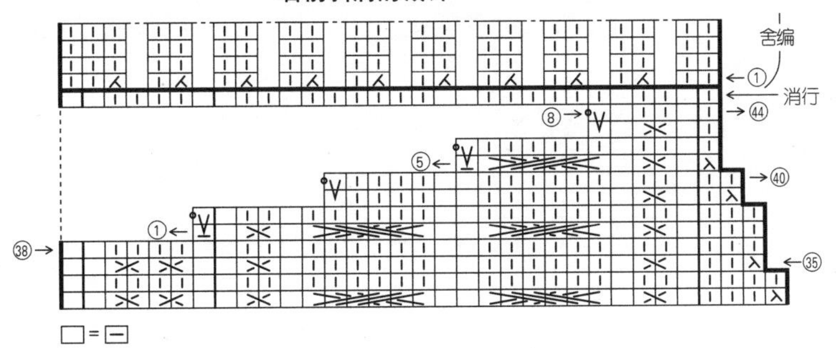

编织花样C

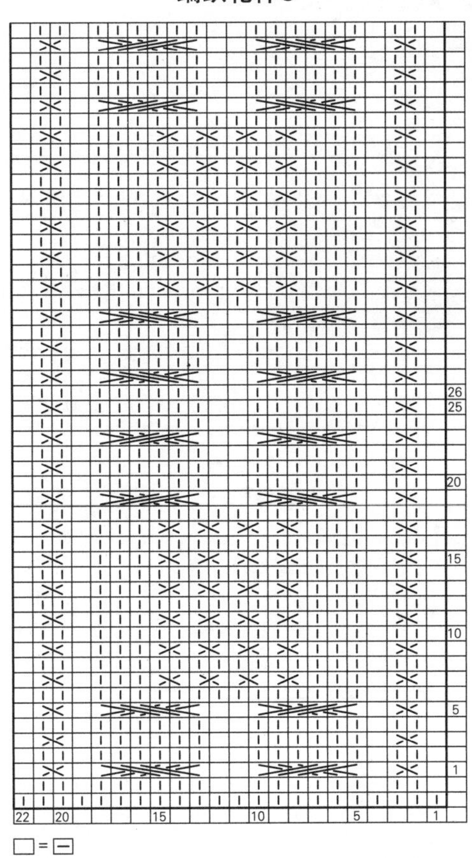

后身片领窝和斜肩的减针

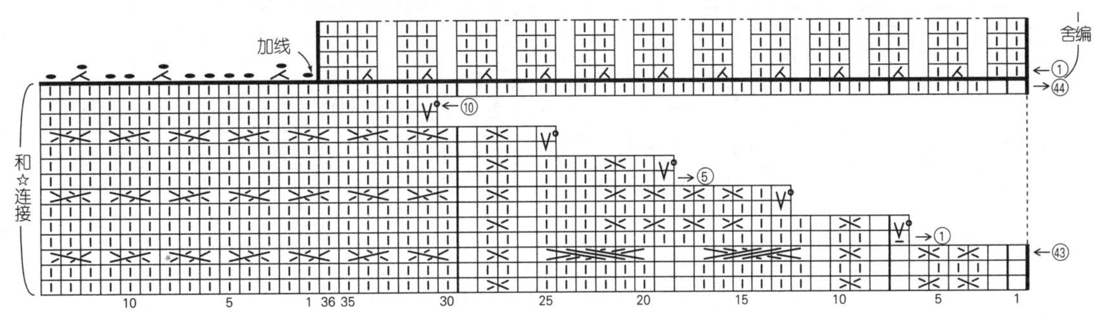

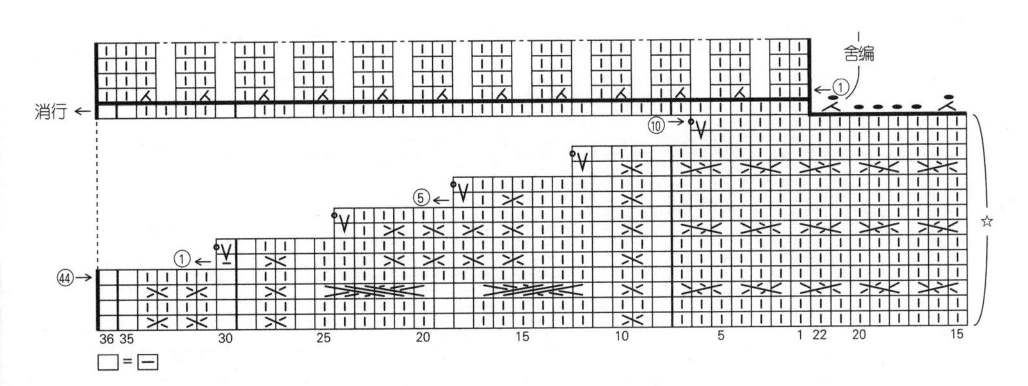

⋏ =编织左上2针并1针后做伏针收针

右袖的减针

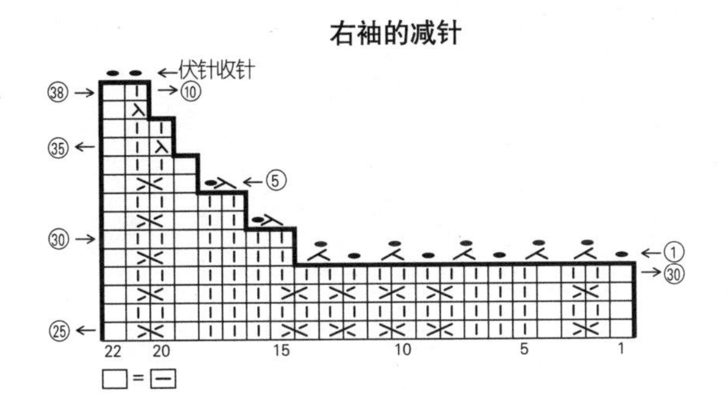

左袖的减针

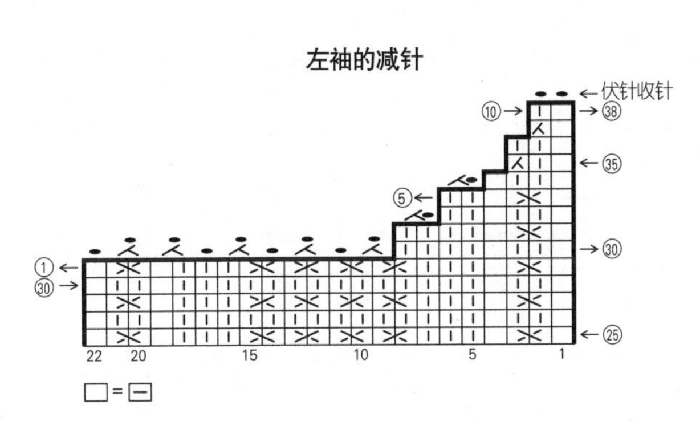

材料

[毛衫] 芭贝 Shetland 浅褐色(7) 340g/9团

[帽子] 芭贝 Shetland 浅褐色(7) 95g/3团

工具

棒针6号、4号

成品尺寸

[毛衫] 胸围92cm，衣长53.5cm，连肩袖长25.5cm

[帽子] 帽围45cm，帽深24cm

编织密度

10cm×10cm面积内：编织花样A、A' 均为23针，29行；编织花样C 27针，29行；编织花样C' 31针，29行；编织花样B为1个花样10针4cm，29行10cm

编织要点

●毛衫…另线锁针起针，搭配着做编织花样A、A'、B、C。领窝参照图示编织。下摆解开起针时的锁针挑针，做编织花样D。编织终点做双罗纹针收针。肩部做盖针接合，胁部做挑针缝合。外领挑起指定数量的针目，环形做编织花样D，编织终点的收针方法和下摆相同。内领在和外领相同的地方挑针，编织单罗纹针，编织终点做单罗纹针收针。袖口挑起指定数量的针目，环形编织单罗纹针。编织终点的收针方法和内领相同。

●帽子…另线锁针起针，环形做编织花样C'。参照图示分散减针。编织终点在最终行穿线并收紧。解开起针的锁针挑针，看着反面做编织花样D。编织终点做双罗纹针收针。

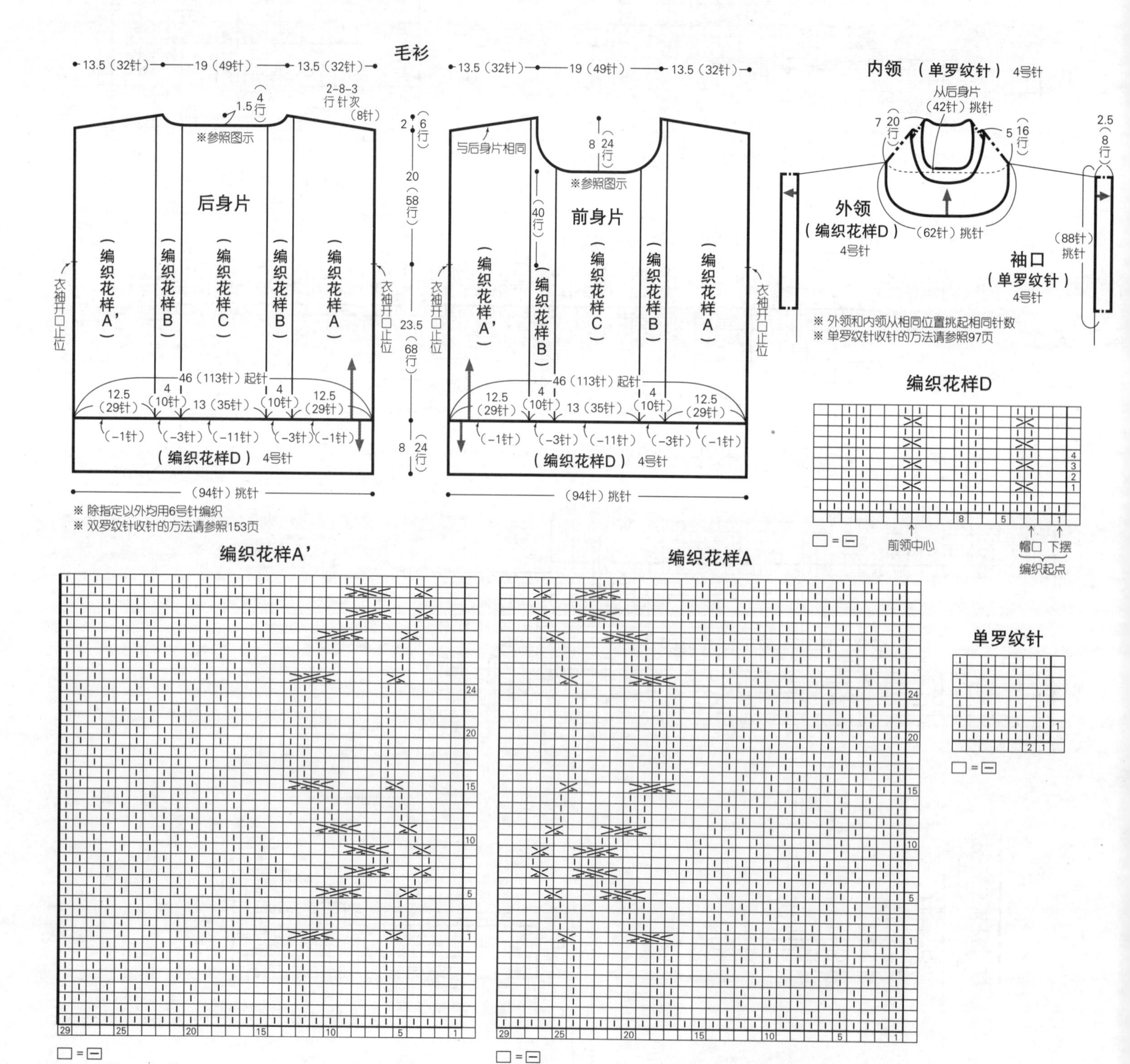

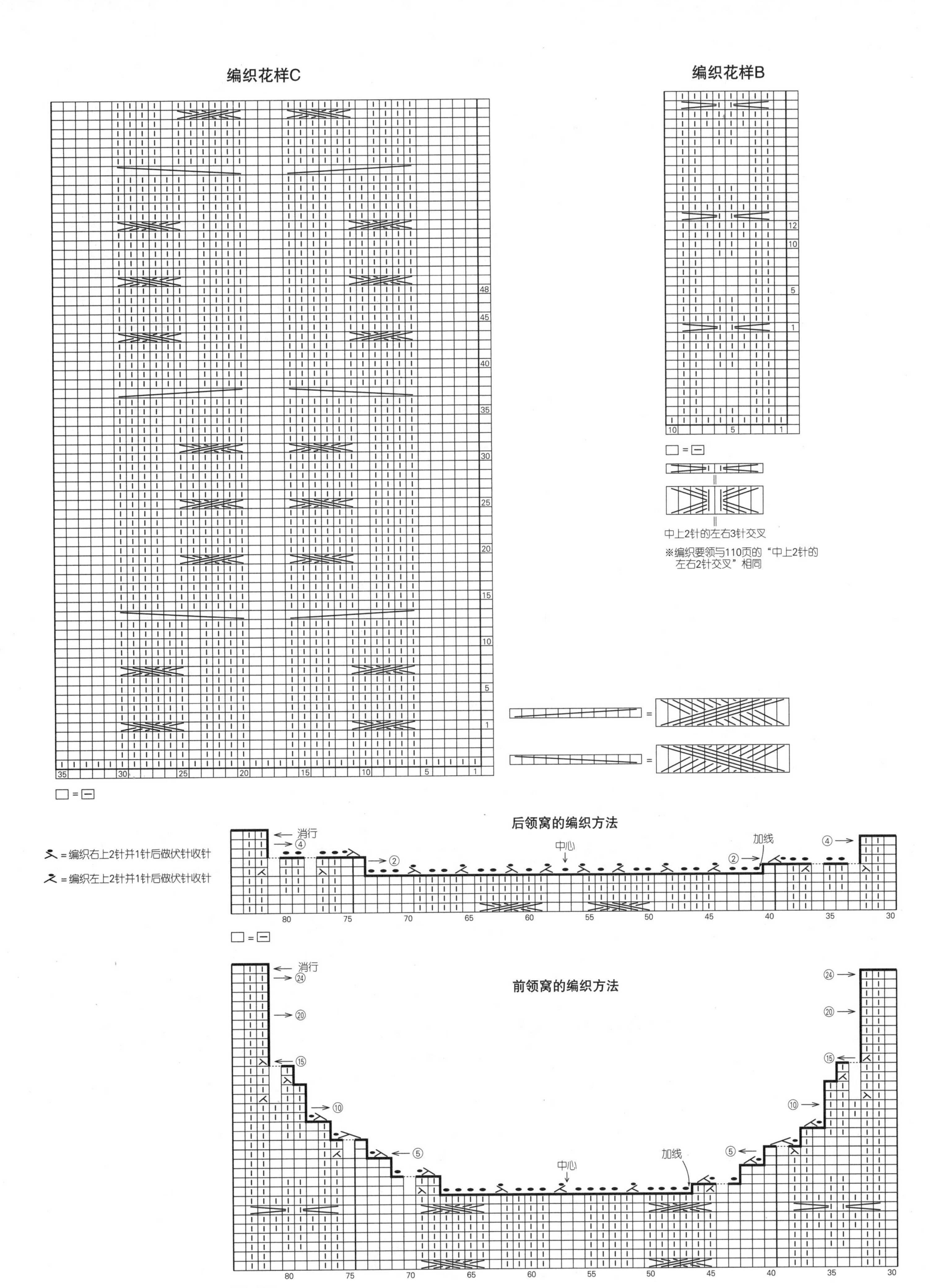

编织花样C
编织花样B
□ = ⊟
中上2针的左右3针交叉
※编织要领与110页的“中上2针的左右2针交叉”相同
后领窝的编织方法
消行
中心
加线
= 编织右上2针并1针后做伏针收针
= 编织左上2针并1针后做伏针收针
前领窝的编织方法

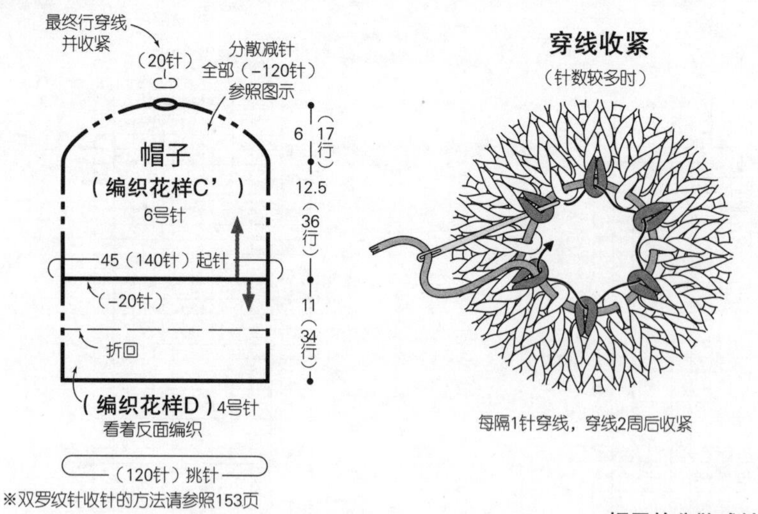

※双罗纹针收针的方法请参照153页

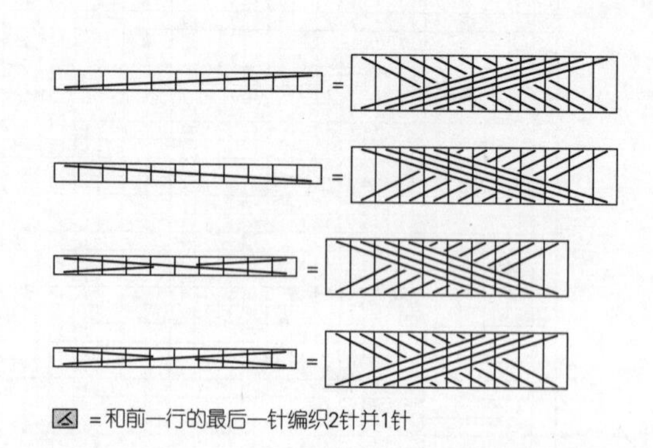

帽子的分散减针

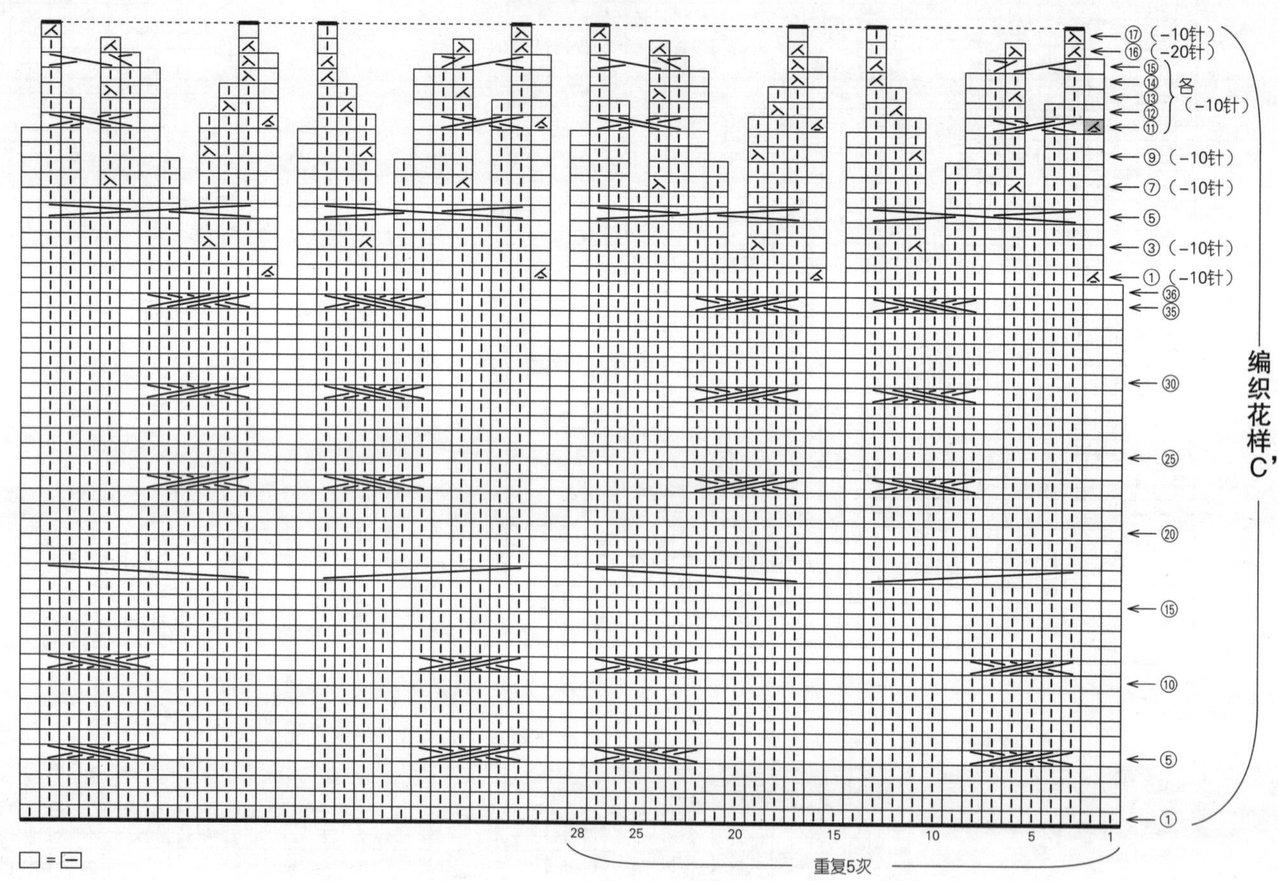

中上2针的左右2针交叉

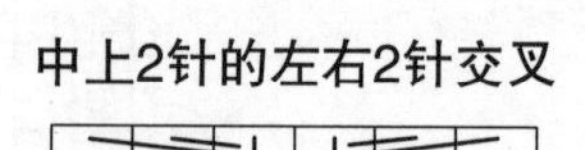

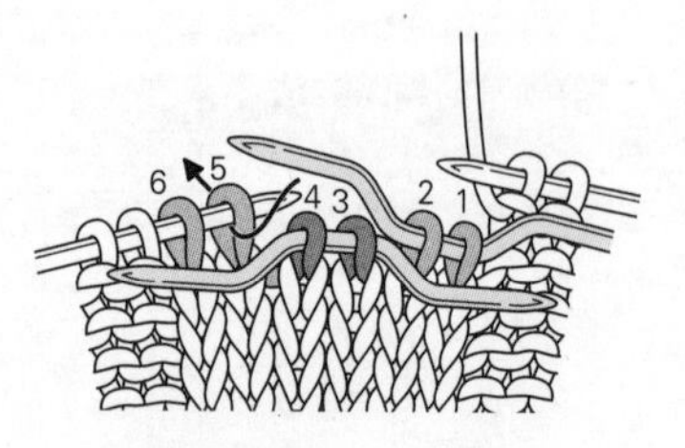

1 针目1、2和针目3、4分别移至麻花针上，放在织片前面。

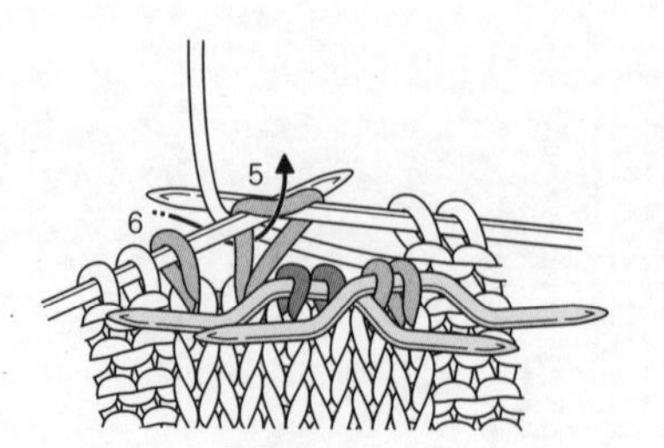

2 针目5、6编织下针。

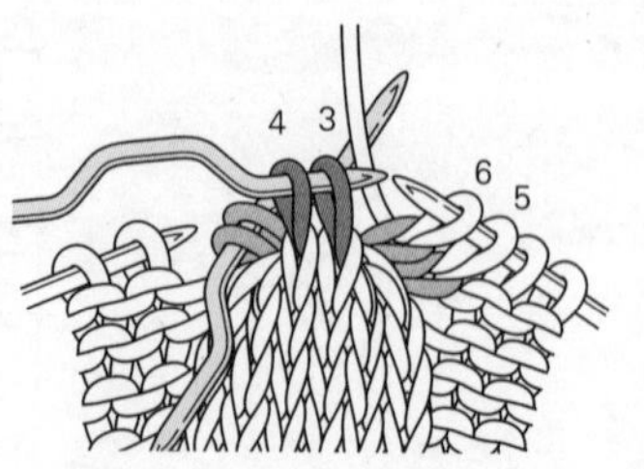

3 针目1、2从针目3、4后侧移向左边。

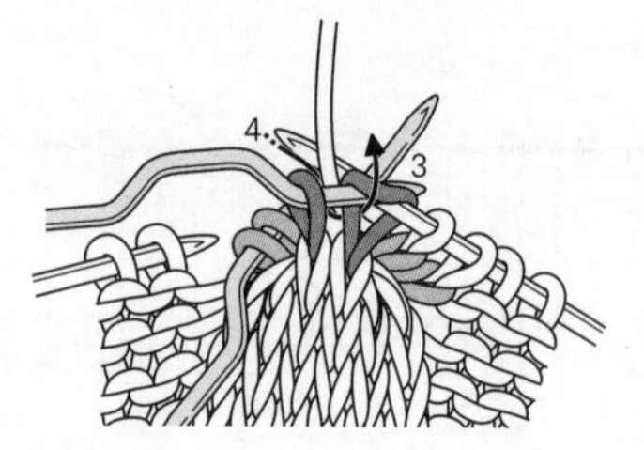

4 针目3、4编织下针。

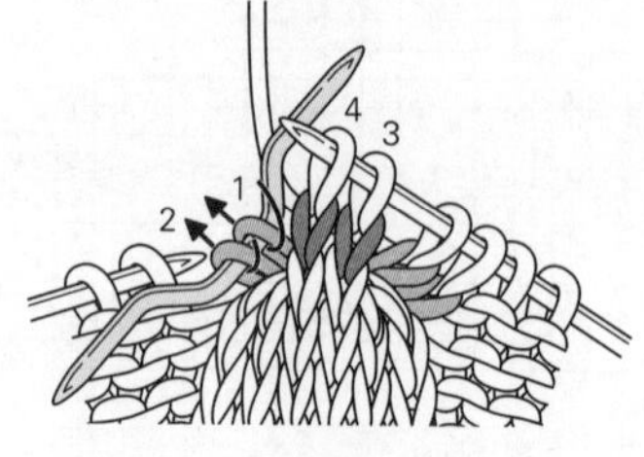

5 针目1、2也编织下针。

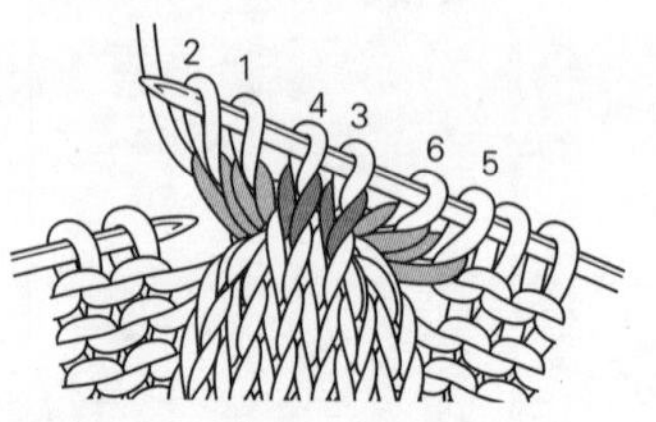

6 中上2针的左右2针交叉完成。

材料

芭贝 Queen Anny 红色(109) 605g/13团

工具

棒针6号

成品尺寸

胸围88cm，衣长61cm，连肩袖长78cm(实际尺寸)

编织密度

10cm×10cm面积内：下针编织20针，28行；编织花样A为1个花样11针4cm，编织花样B为1个花样23针7cm，编织花样A、B均为28行10cm

编织要点

●育克手指起针，环形做下针编织和编织花样A、B。注意，第1行会成为反面行。参照图示分散加针。后身片、前身片从腋下起针针目和育克挑针，环形做编织花样A、B。编织终点做下针织下针、上针织上针的伏针收针。衣袖从腋下起针针目和育克休针挑针，环形做下针编织、编织花样C。参照图示减针。编织终点的收针方法和下摆相同。

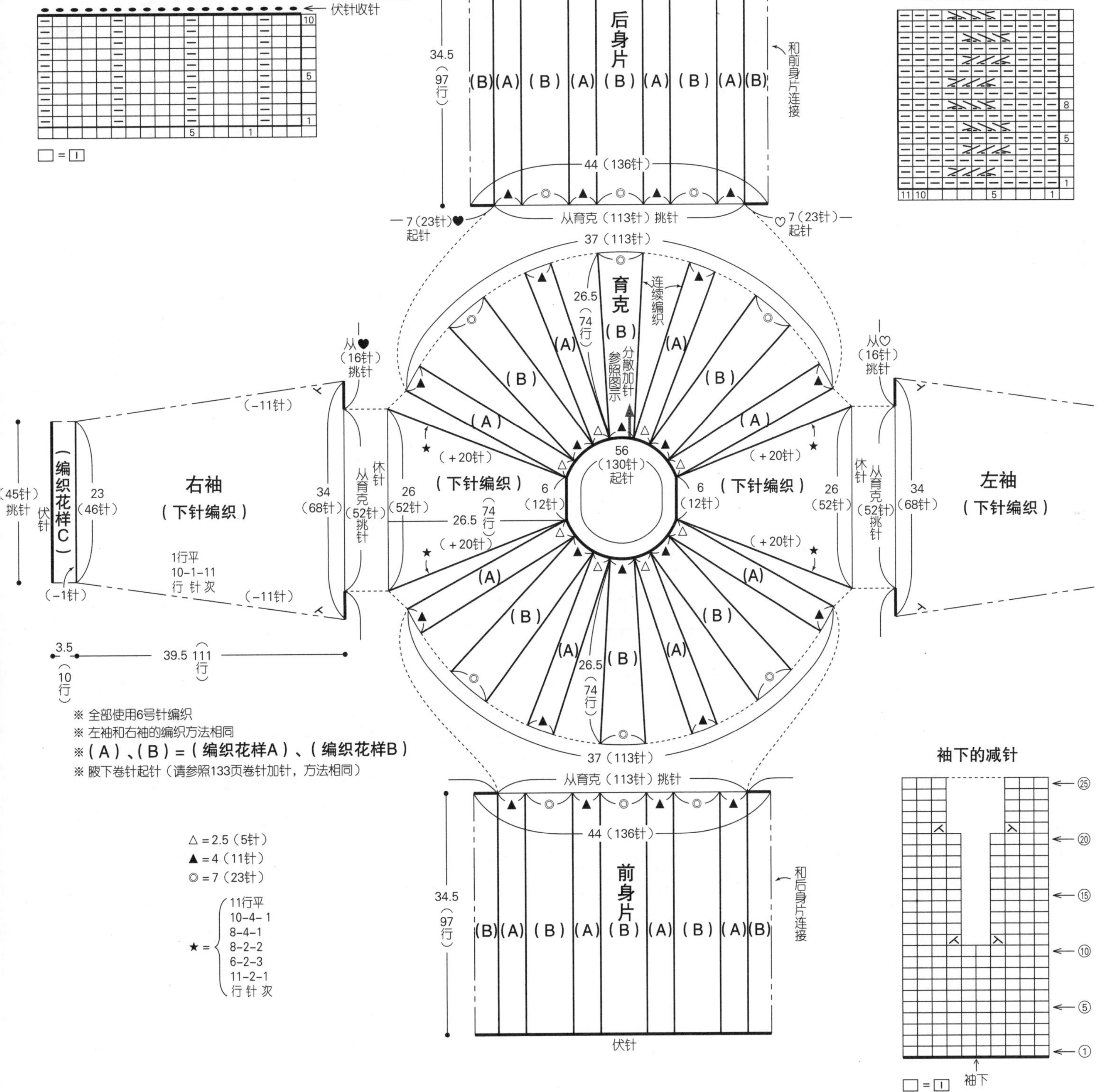

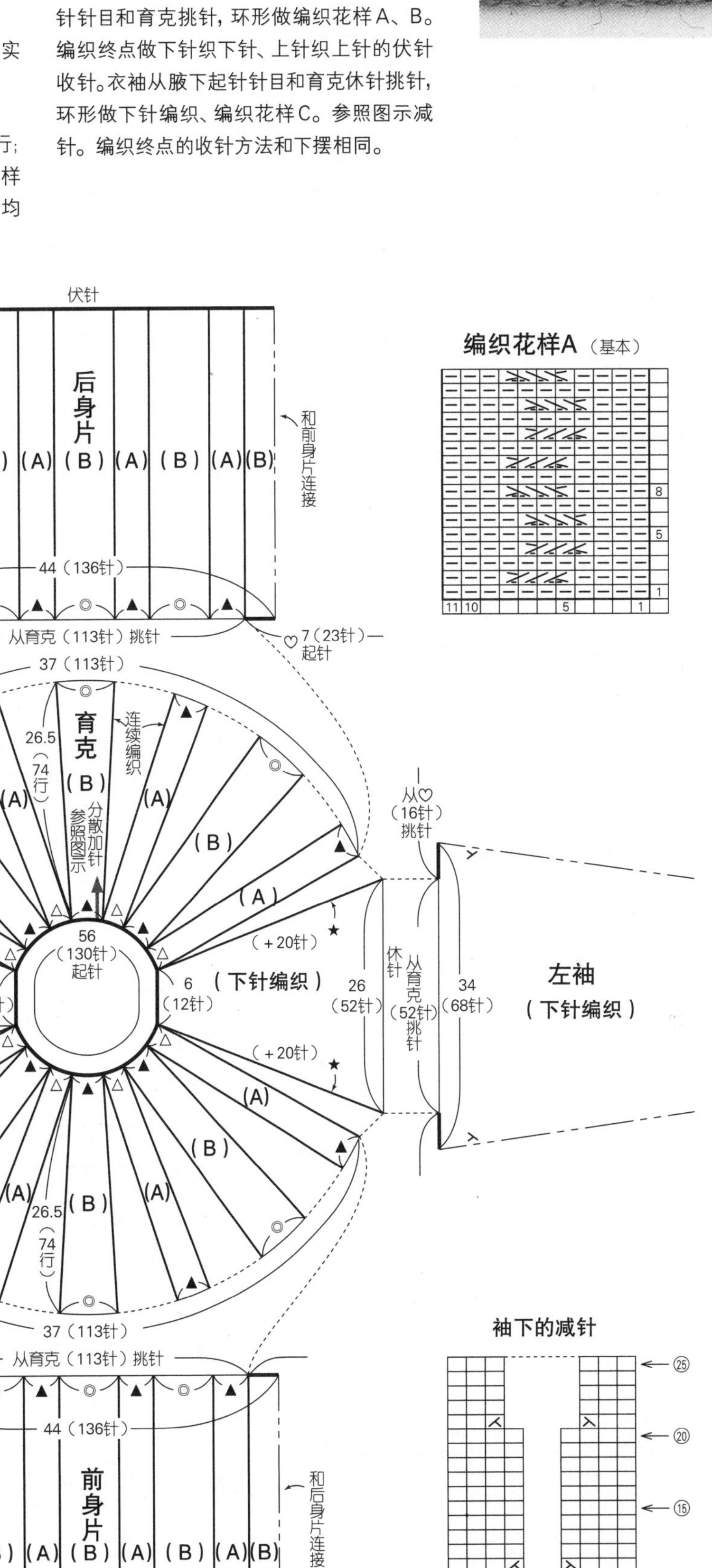

育克的分散加针

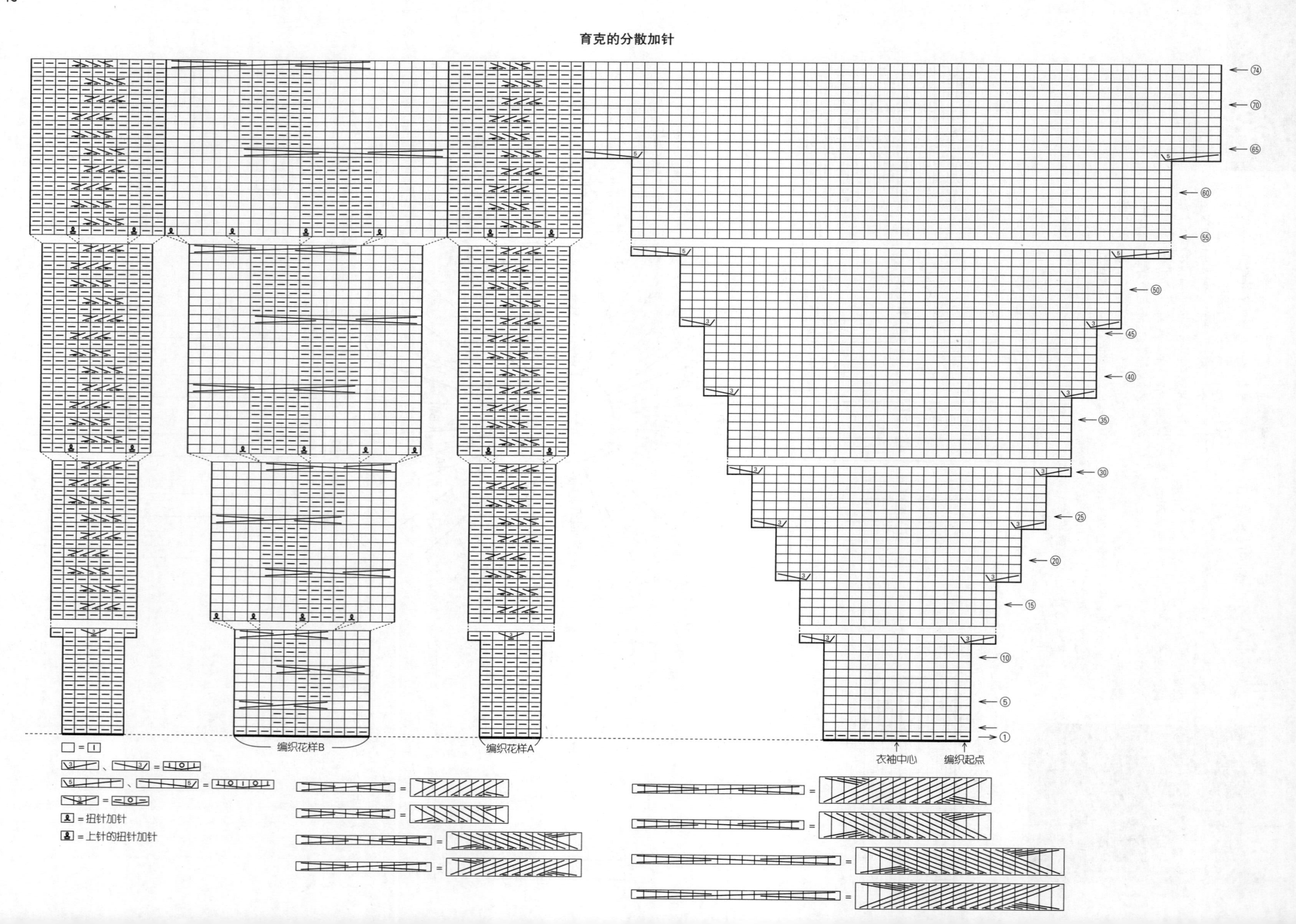
74
70
65
60
55
50
45
40
35
30
25
20
15
10
5
1
5
3
衣袖中心
编织起点
编织花样B
编织花样A
= 扭针加针
= 上针的扭针加针

编织花样B（基本）

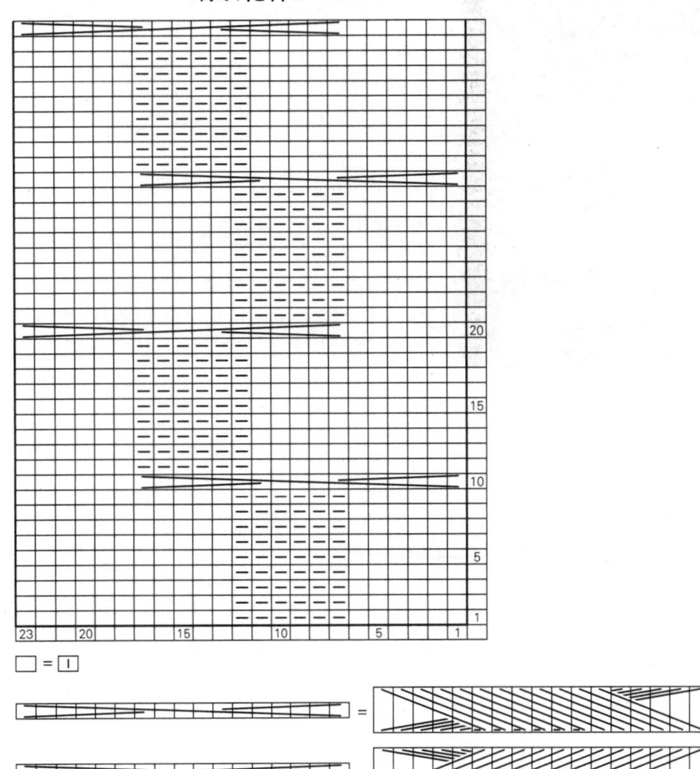

长针的反拉针

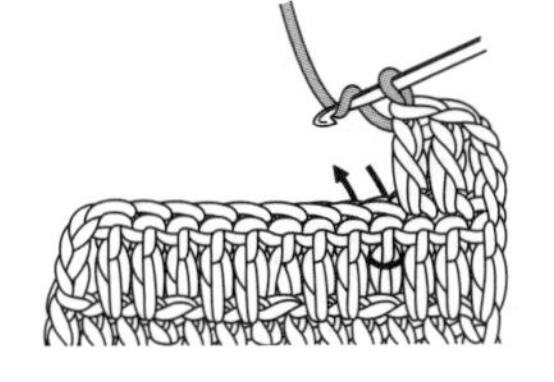

1 钩针挂线，如箭头所示，从后侧将钩针插入前一行长针的根部，将线拉出来。

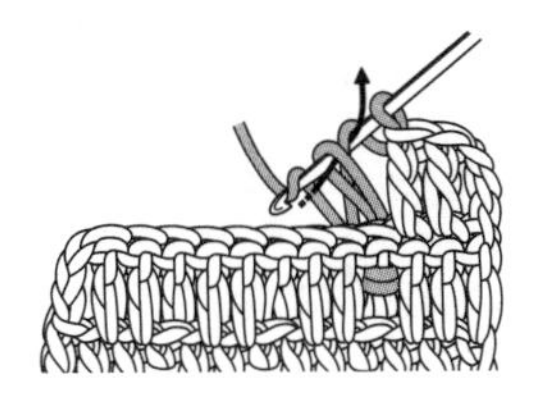

2 挂线，从钩针上的2个线圈中引拔出。

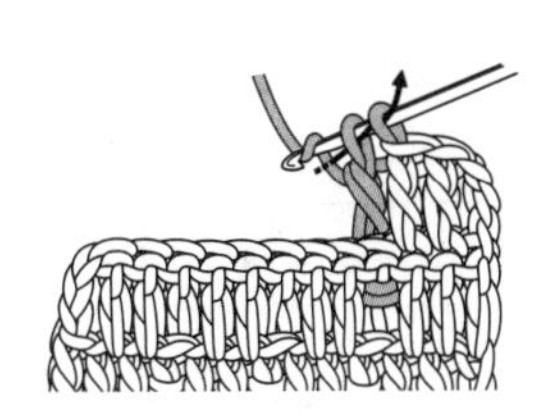

3 再次挂线，从钩针上的2个线圈中引拔出。

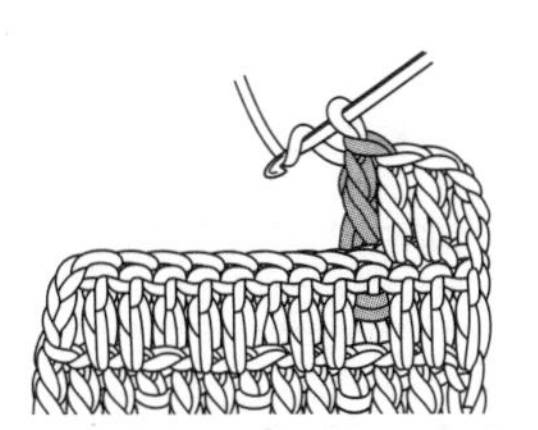

4 长针的反拉针完成了。

罗纹绳

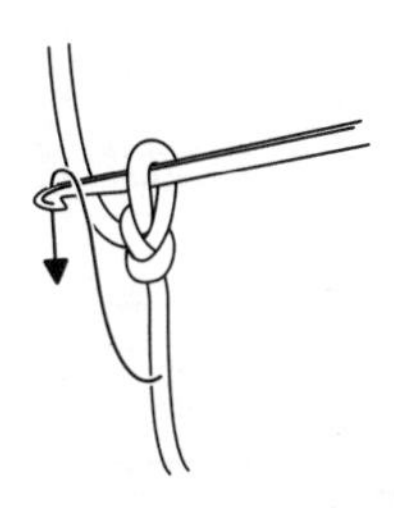

1 线头留所需长度的3倍长，锁针起针钩织端头的针目。将线头从前向后挂在钩针上。

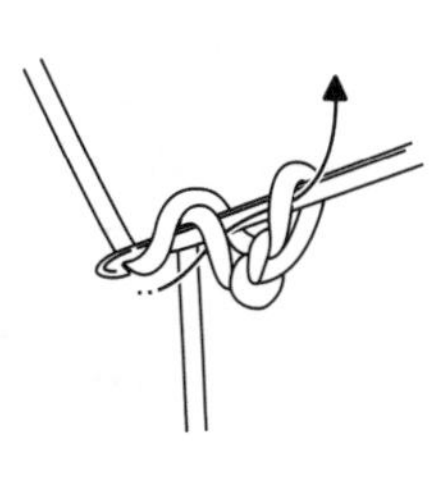

2 挂线，从钩针上的线头和1个线圈中引拔出。第1针完成了。

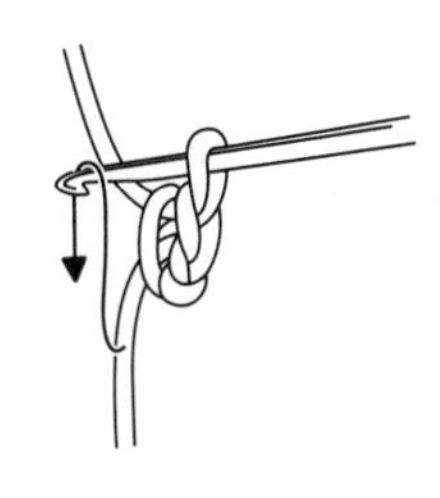

3 下一针将线头从前向后挂在钩针上。

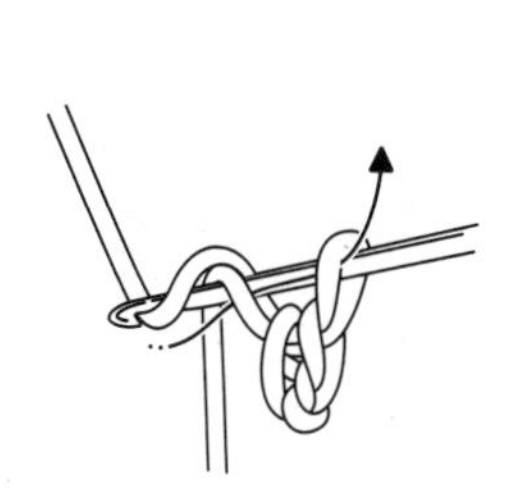

4 从钩针上的线头和1个线圈中引拔出。

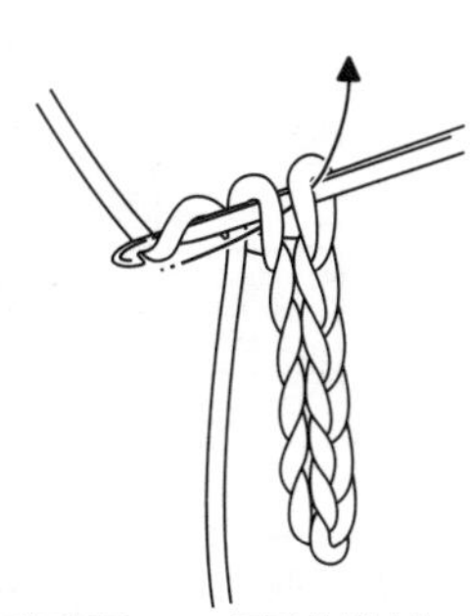

5 重复步骤3、4，最后从锁针中将线引拔出。

材料

Ski毛线 Ski Fraulein 芥末黄色(2938) 670g/17团

工具

棒针8号、6号、7号

成品尺寸

胸围108cm，衣长63.5cm，连肩袖长67.5cm

编织密度

10cm×10cm面积内：编织花样A 20针，27行；编织花样B 26针，27行；编织花样C 25针，27行；编织花样D 18.5针，28.5行

编织要点

●身片、衣袖…身片另线锁针起针后，按编织花样A、B、C开始编织。接着按编织花样D编织，注意要在第1行减针，请参照图示编织。减2针及以上时做伏针减针，减1针时立起侧边1针减针。下摆解开起针时的锁针挑针后编织双罗纹针，结束时做下针织下针、上针织上针的伏针收针。肩部做盖针接合。衣袖挑取指定针数后，按编织花样A、B编织。请参照图示做引返编织。接着编织双罗纹针，结束时与下摆一样收针。

●组合…衣领挑取指定针数后环形编织双罗纹针，结束时与下摆一样收针。肋部、袖下做挑针缝合。

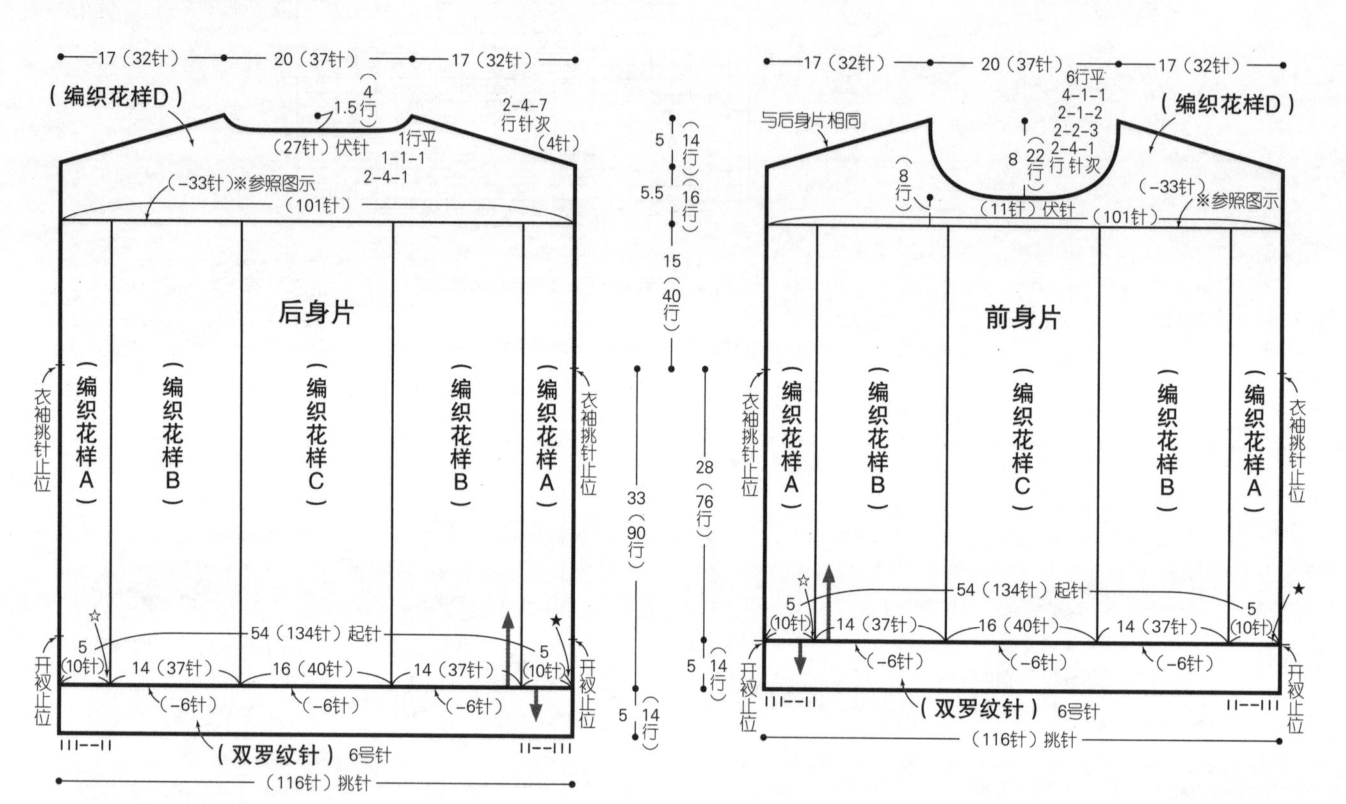

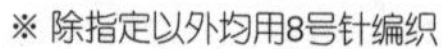
※ 除指定以外均用8号针编织

衣袖

（46针）挑针
（双罗纹针）6号针
（-19针）※参照图示
28（65针）
编织花样A
编织花样B
4行平
6-1-13
（-13针）
13.5（27针）
14（37针）
（21针）
2-7-5 行针次 ※参照图示
41（91针）挑针
6.5（18行）
30（82行）
4（10行）

编织花样A

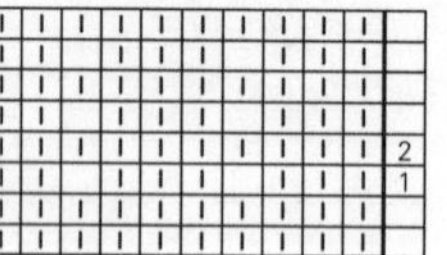

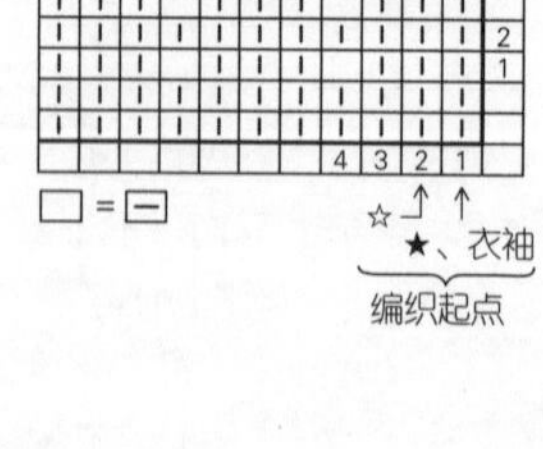

编织花样D

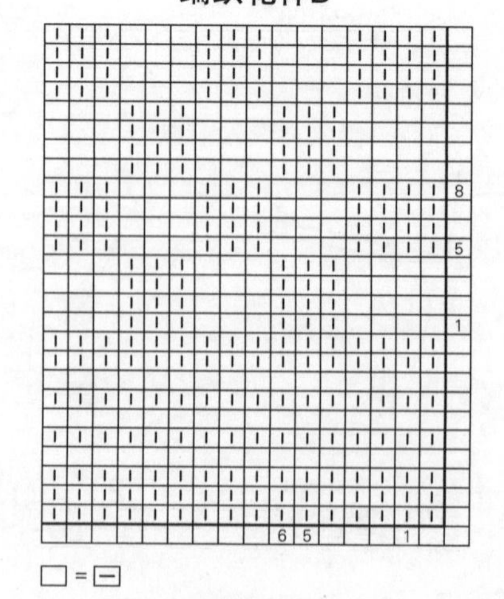

衣领（双罗纹针）

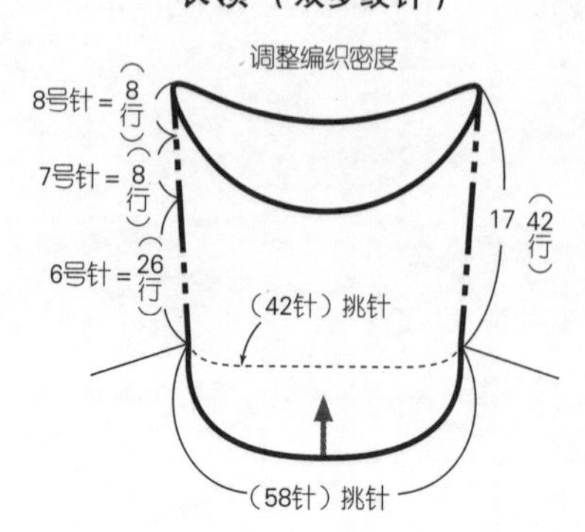

双罗纹针

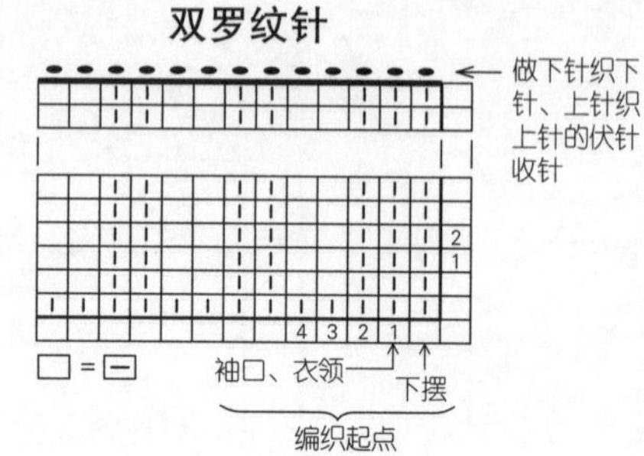

编织花样B

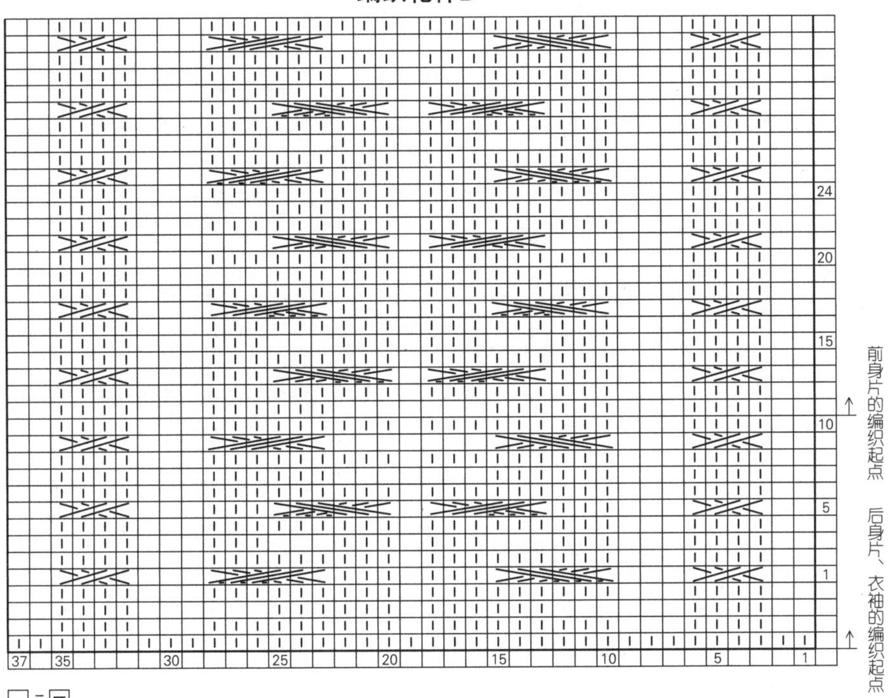

□ = ⊟

※ 注意交叉花样中上针的位置

编织花样C

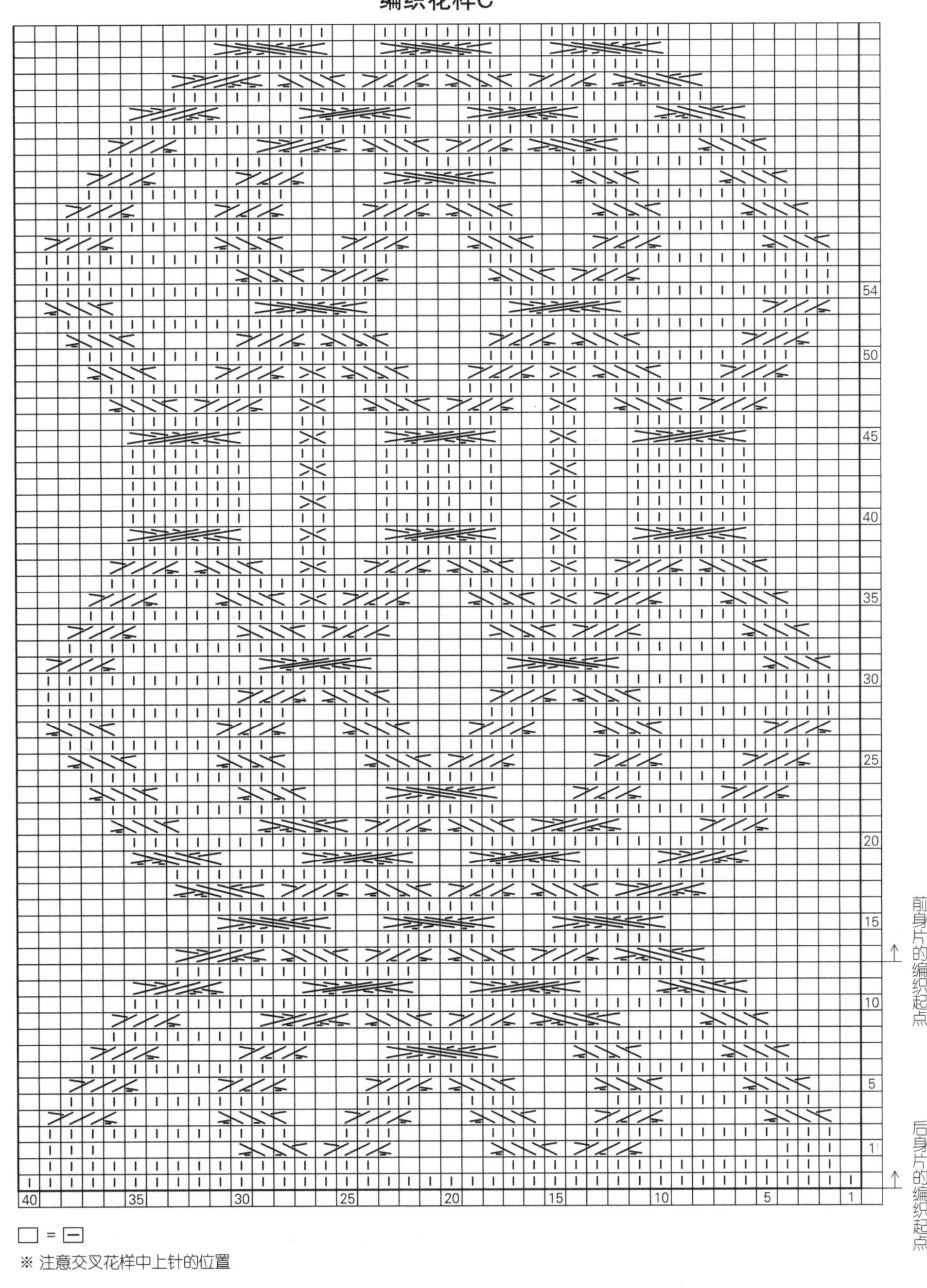

□ = ⊟

※ 注意交叉花样中上针的位置

编织花样D 第1行的减针

接着编织☆处

编织花样D

① ←

→ ㊵

编织花样C

编织花样B

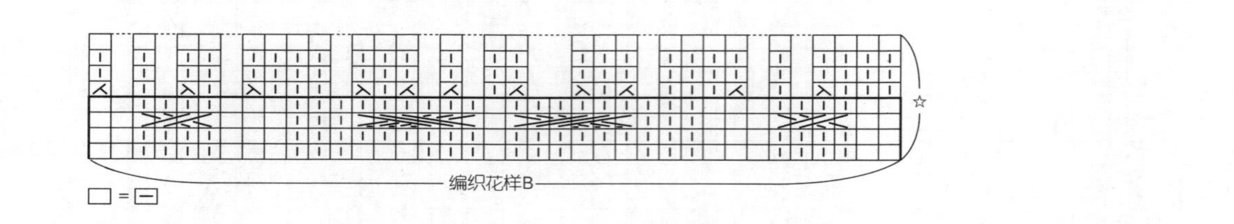

袖口的减针

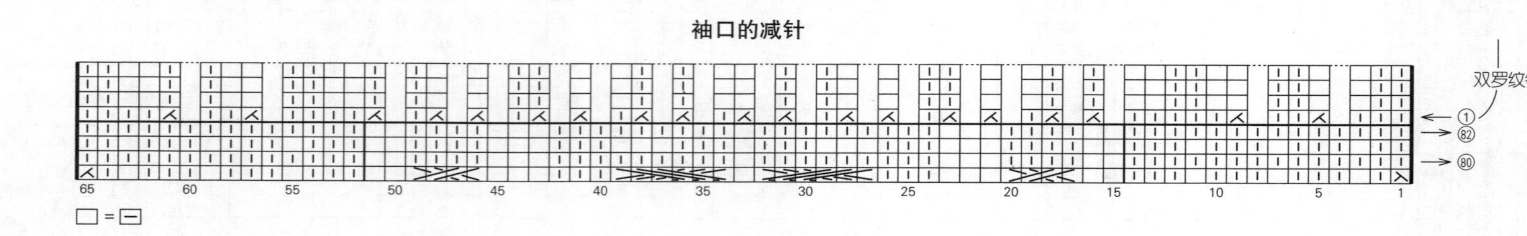

衣袖的引返编织

③ ←

⑩ →

⑤ ←

① ←

② →

① ←

→ ①

→ ⑤

← ⑩

→ ②

← ⑤

← ①

91 90 85 80 75 70 65 60 55 50 45 40 35 30 25 20 15 10 5 1

中心

□ = ⊟

材料

Ski 毛线 Ski Fraulein 粉红色(2934) 550g/14团

工具

棒针9号、7号

成品尺寸

胸围104cm，衣长54cm，连肩袖长68cm

编织密度

10cm×10cm面积内：上针编织20针，25行；编织花样A 25.5针，25行；编织花样D 19针，27行

编织要点

●身片、衣袖…身片另线锁针起针后，做上针编织和编织花样A、B、B'。插肩线的减针请参照图示。编织结束时，一边减针一边做伏针收针。下摆解开起针时的锁针挑针后编织起伏针和双罗纹针，结束时做双罗纹针收针。袖口用身片的方法起针后按编织花样C编织，结束时休针处理。衣袖从袖口挑针，按编织花样D、E、E'编织。加针是在1针内侧做扭针加针，减针请参照图示。

●组合…袖口一边重叠针目一边做盖针接合。胁部、袖下、插肩线做挑针缝合，腋下的针目做上针无缝缝合。衣领挑取指定针数后环形编织边缘，结束时与下摆一样收针。

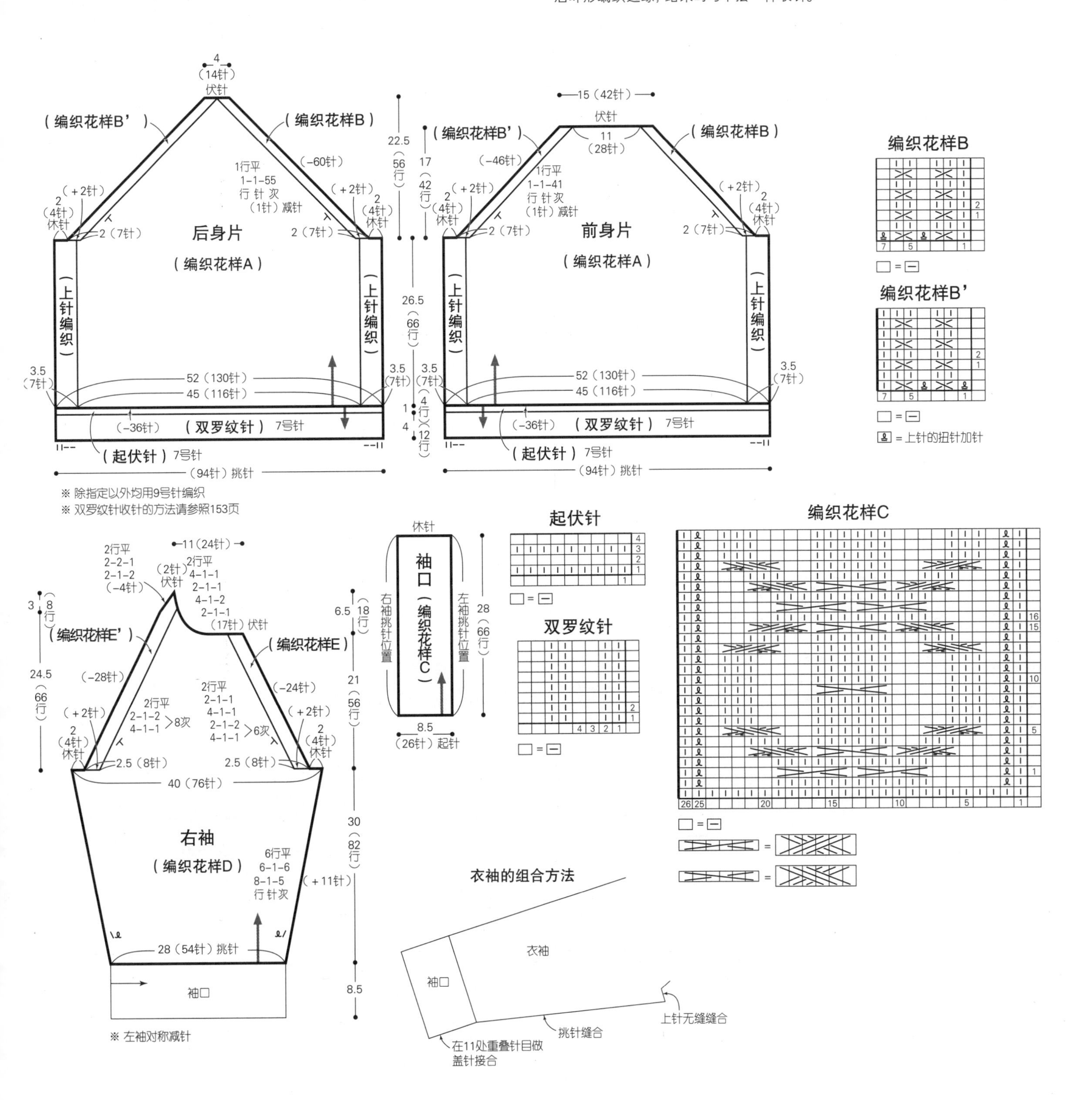

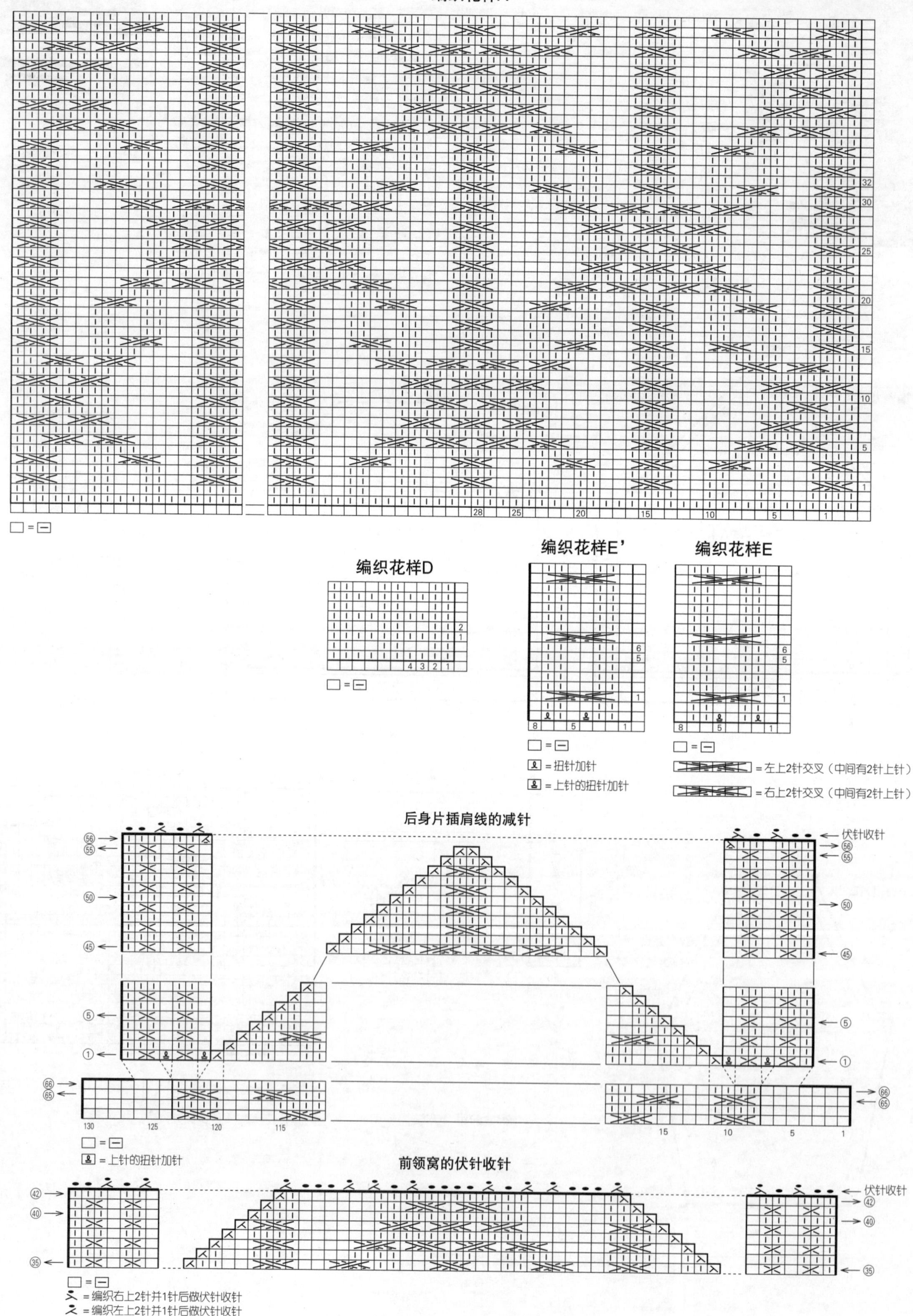

编织花样A
□ = ⊟
编织花样D
□ = ⊟
编织花样E'
□ = ⊟
= 扭针加针
= 上针的扭针加针
编织花样E
□ = ⊟
= 左上2针交叉（中间有2针上针）
= 右上2针交叉（中间有2针上针）
后身片插肩线的减针
伏针收针
□ = ⊟
= 上针的扭针加针
前领窝的伏针收针
伏针收针
□ = ⊟
= 编织右上2针并1针后做伏针收针
= 编织左上2针并1针后做伏针收针

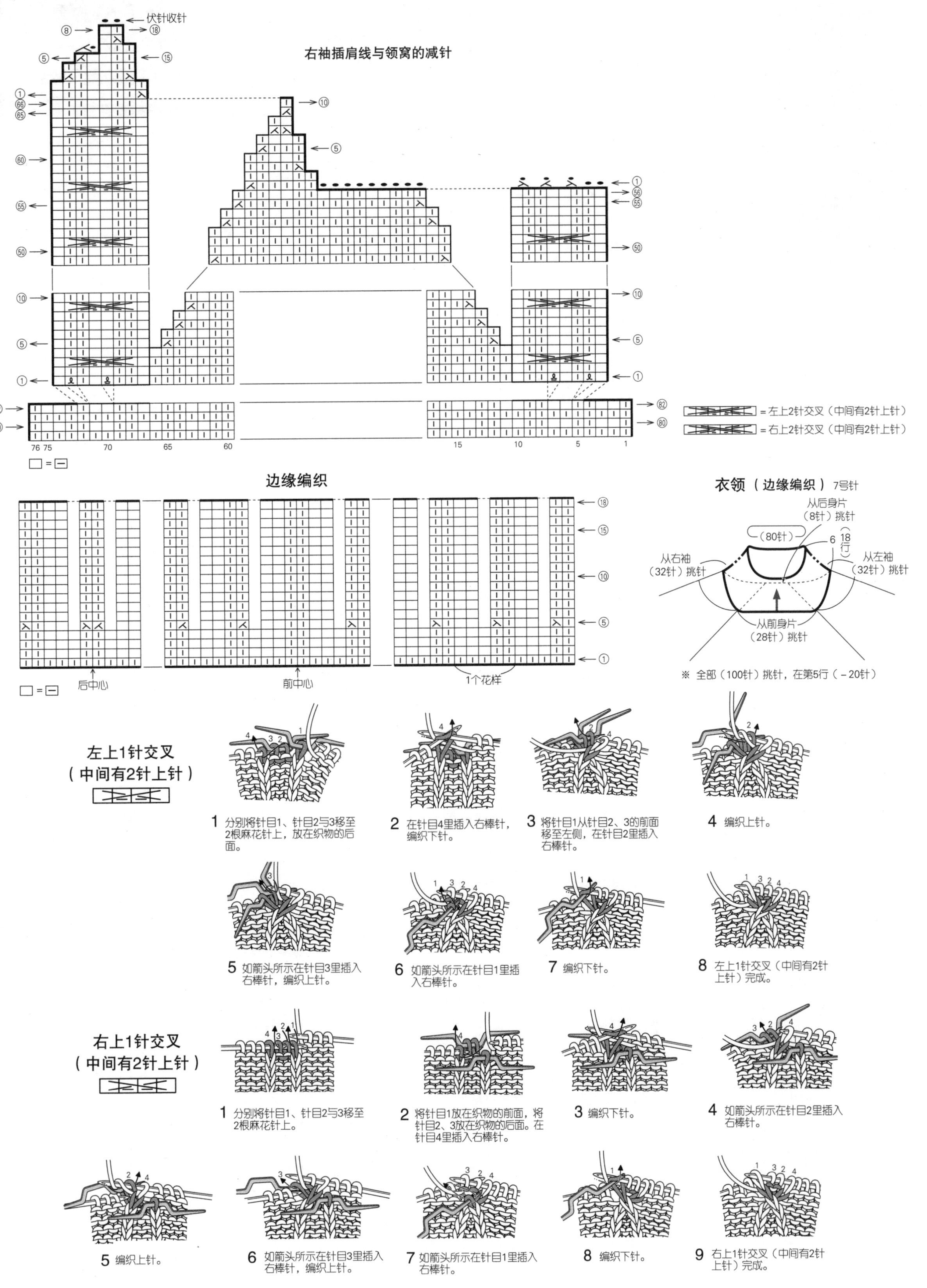

右袖插肩线与领窝的减针
伏针收针
= 左上2针交叉（中间有2针上针）
= 右上2针交叉（中间有2针上针）
边缘编织
后中心
前中心
1个花样
衣领（边缘编织）7号针
从后身片（8针）挑针
（80针）
18行
从右袖（32针）挑针
从左袖（32针）挑针
从前身片（28针）挑针
※ 全部（100针）挑针，在第5行（－20针）
左上1针交叉（中间有2针上针）
1 分别将针目1、针目2与3移至2根麻花针上，放在织物的后面。
2 在针目4里插入右棒针，编织下针。
3 将针目1从针目2、3的前面移至左侧，在针目2里插入右棒针。
4 编织上针。
5 如箭头所示在针目3里插入右棒针，编织上针。
6 如箭头所示在针目1里插入右棒针。
7 编织下针。
8 左上1针交叉（中间有2针上针）完成。
右上1针交叉（中间有2针上针）
1 分别将针目1、针目2与3移至2根麻花针上。
2 将针目1放在织物的前面，将针目2、3放在织物的后面。在针目4里插入右棒针。
3 编织下针。
4 如箭头所示在针目2里插入右棒针。
5 编织上针。
6 如箭头所示在针目3里插入右棒针，编织上针。
7 如箭头所示在针目1里插入右棒针。
8 编织下针。
9 右上1针交叉（中间有2针上针）完成。

材料

内藤商事 Brando 浅茶色(117) 380g/10团，米色(116) 100g/3团

工具

棒针6号、4号

成品尺寸

胸围98cm，衣长64cm，连肩袖长69.5cm

编织密度

10cm×10cm面积内：上针条纹、上针编织均为19针，27行；条纹花样C、编织花样C均为25针，27行；条纹花样B、B'均为1个花样12针4.5cm，27行10cm

编织要点

●身片、衣袖…单罗纹针起针后，按条纹花样A开始编织。接下来，身片按上针条纹、条纹花样B、B'、C编织，衣袖做上针编织和编织花样C。领窝减2针及以上时做伏针减针，减1针时立起侧边1针减针。袖下的加针是在1针内侧做扭针加针。

●组合…肩部做盖针接合。领口挑取指定针数后编织单罗纹针，结束时做单罗纹针收针。衣袖与身片之间做对齐针与行缝合。胁部、袖下做挑针缝合。

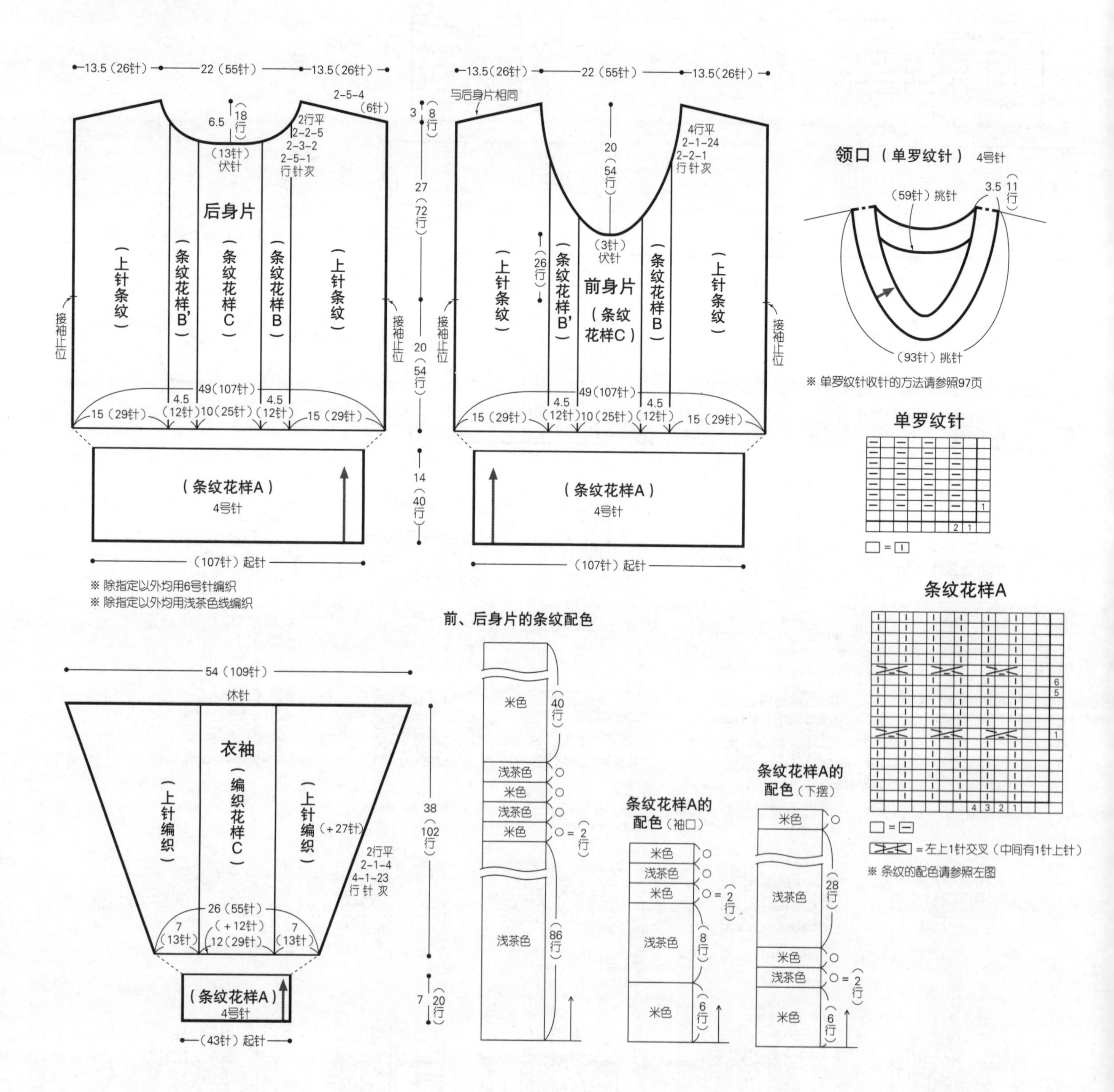

条纹花样C、编织花样C

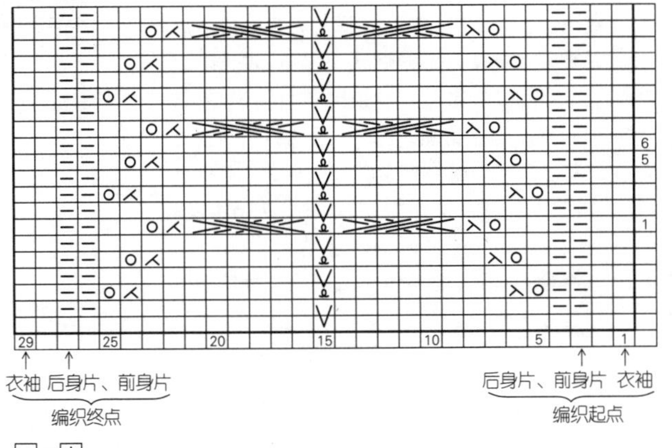

□ = 丨

= 编织扭针，在下一行将该针目滑过不织

※ 条纹花样B、B'、C的配色请参照120页

条纹花样B'

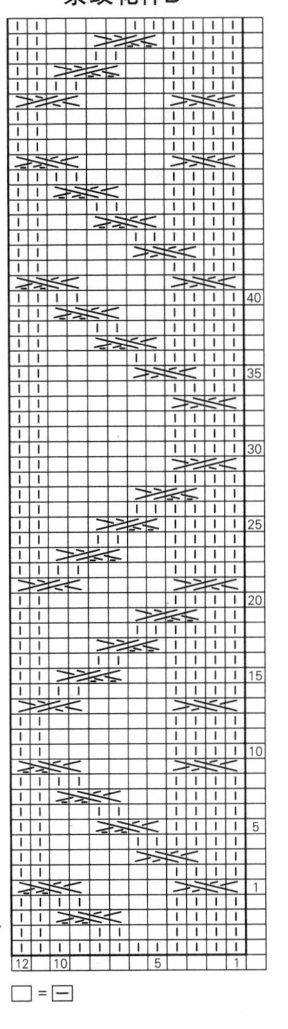

□ = −

条纹花样B

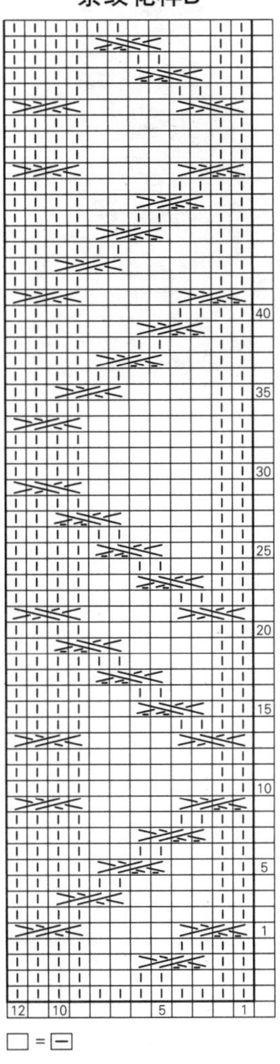

□ = −

左上1针交叉（中间有1针上针）

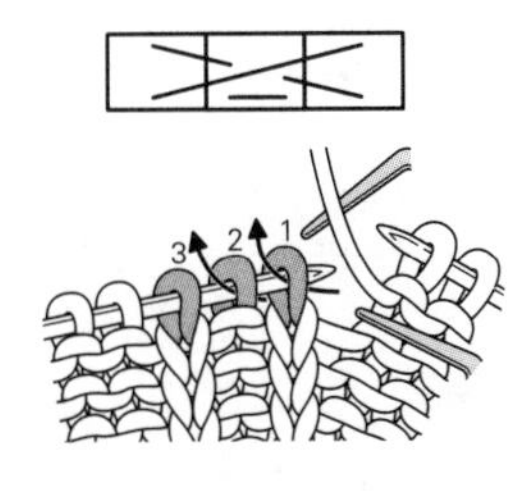

1 分别将针目1、2移至2根麻花针上，放在织物的后面。

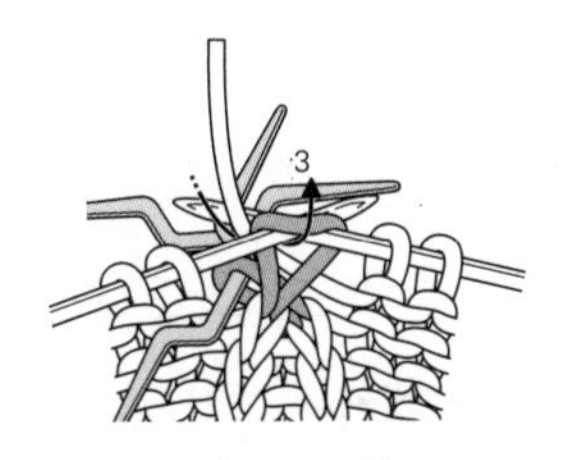

2 在针目3里插入右棒针，编织下针。

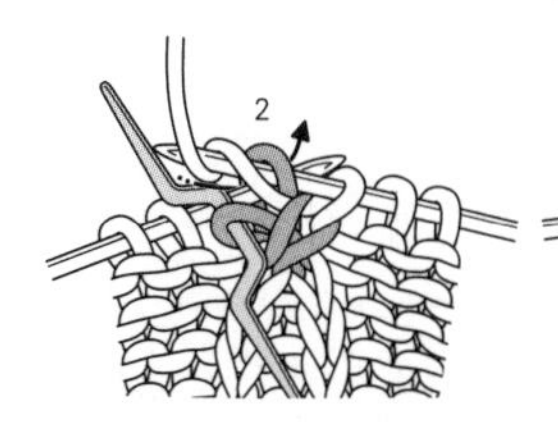

3 将针目2放在最后面，从后往前插入右棒针，编织上针。

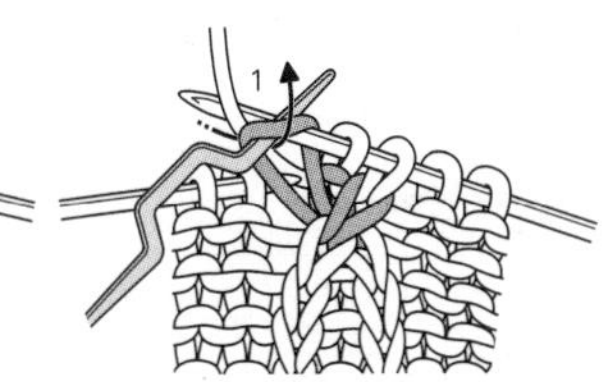

4 在针目1里插入右棒针，编织下针。

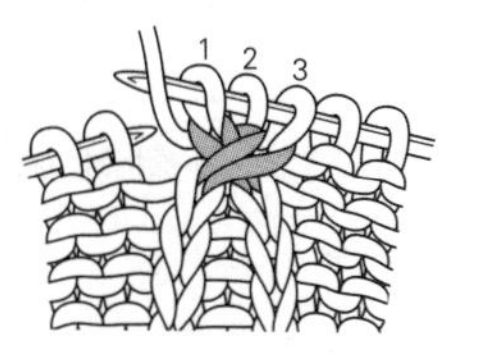

5 左上1针交叉（中间有1针上针）完成。

材料

内藤商事 Everyday Norwegia 水蓝色（447）465g/5团

工具

棒针6号、4号

成品尺寸

胸围102cm，衣长59.5cm，连肩袖长70cm

编织密度

10cm×10cm面积内：上针编织20针，30行；编织花样A 29针，30行；编织花样B 24.5针，30行

编织要点

●身片、衣袖…身片单罗纹针起针后，按单罗纹针、上针编织、编织花样A和B编织。后领窝减2针及以上时做伏针减针，减1针时立起侧边1针减针。前领窝参照图示减针，前领完成后接着编织后领，后领编织结束时休针。肩部做盖针接合。衣袖从身片上挑针后，做上针编织和单罗纹针。袖下立起侧边1针减针。编织结束时，做单罗纹针收针。

●组合…胁部、袖下做挑针缝合。领口参照组合方法接合。

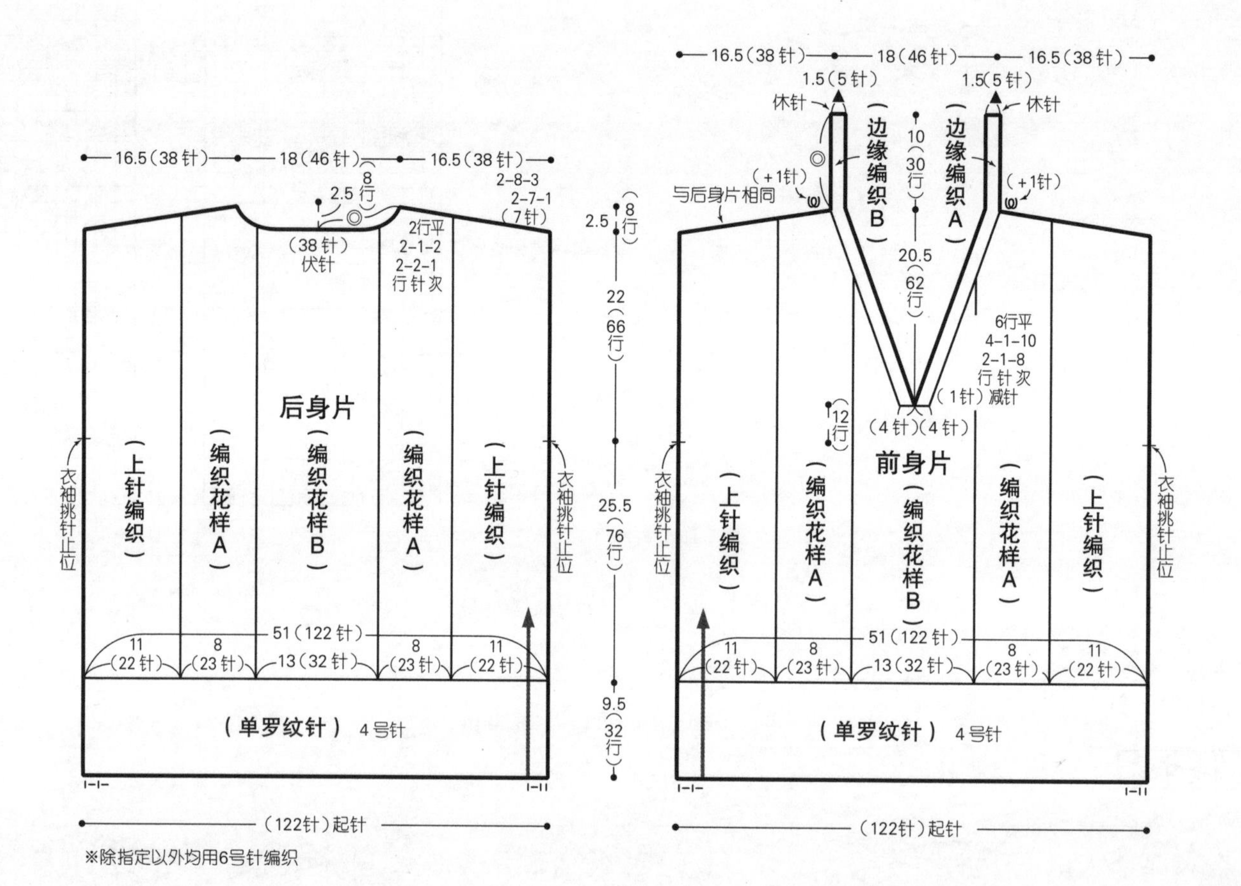

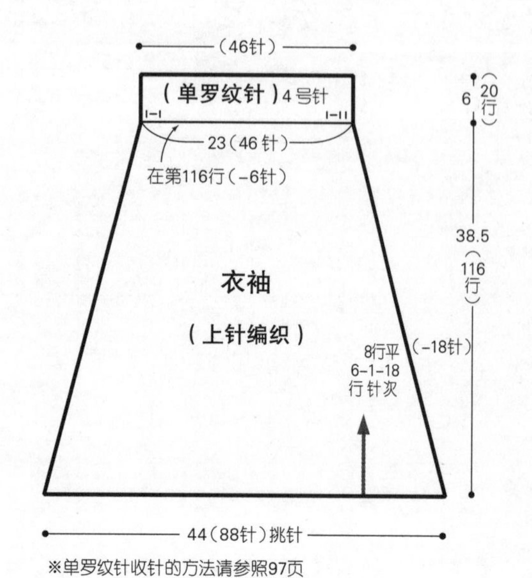

※单罗纹针收针的方法请参照97页

单罗纹针

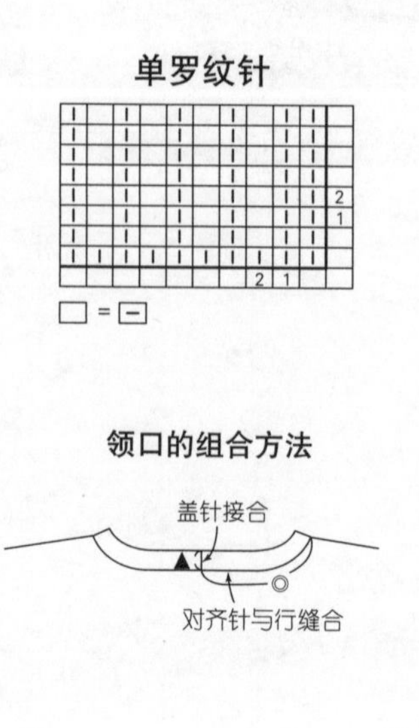

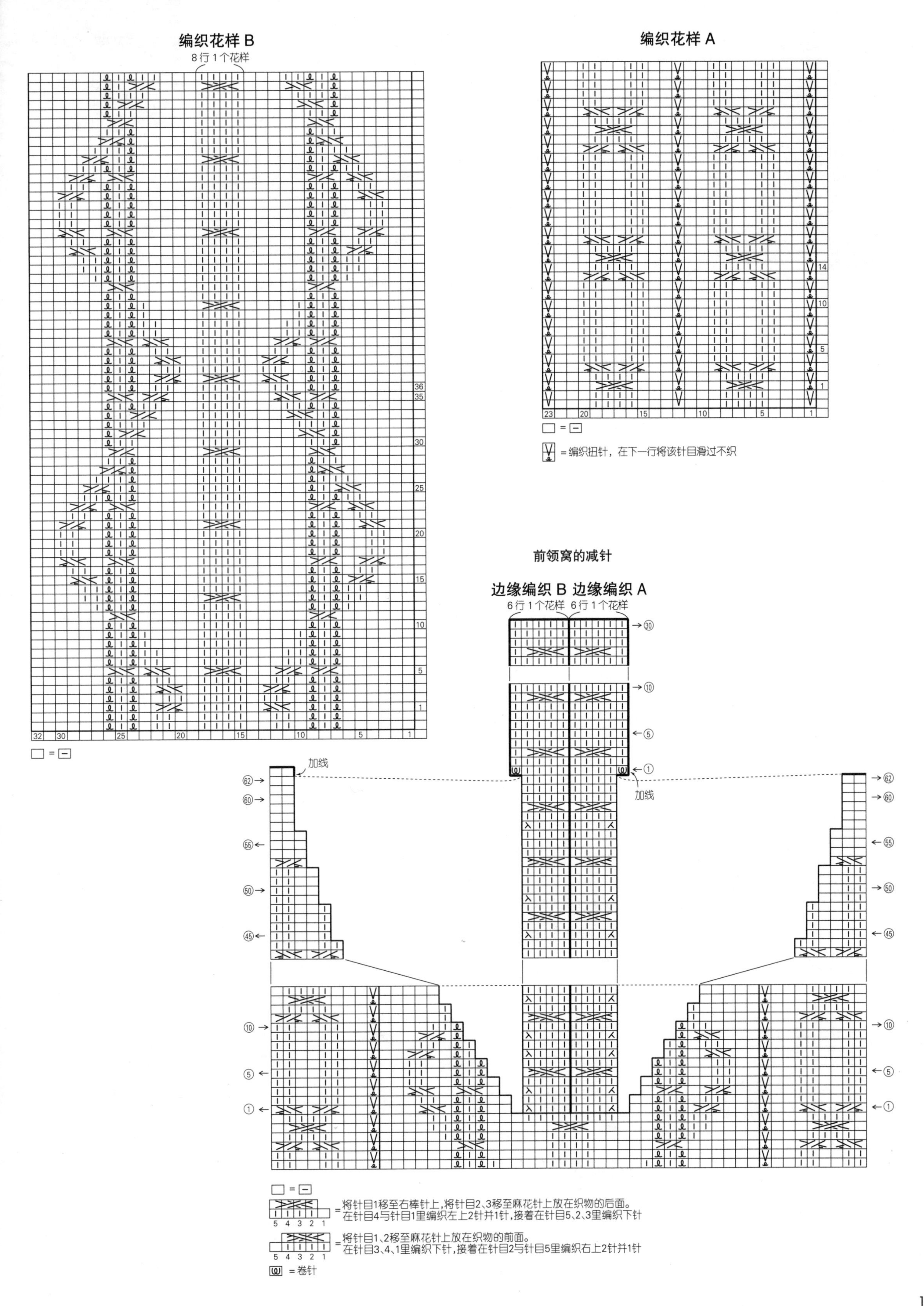

编织花样 B
8行 1个花样
□ = ⊟
编织花样 A
□ = ⊟
= 编织扭针，在下一行将该针目滑过不织
前领窝的减针
边缘编织 B 边缘编织 A
6行 1个花样 6行 1个花样
加线
加线
□ = ⊟
= 将针目1移至右棒针上，将针目2、3移至麻花针上放在织物的后面。在针目4与针目1里编织左上2针并1针，接着在针目5、2、3里编织下针
= 将针目1、2移至麻花针上放在织物的前面。在针目3、4、1里编织下针，接着在针目2与针目5里编织右上2针并1针
= 卷针

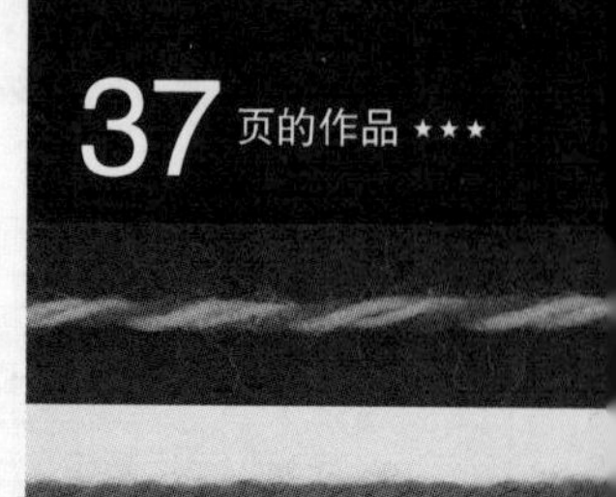

材料

钻石线 Diaravenna 粉红色、蓝色、黄绿色与茶色系段染(1502) 455g/16团，Diaepoca 深粉色(367) 20g/1团；50cm的开尾拉链1条

工具

钩针6/0号

成品尺寸

胸围111cm，衣长56cm，连肩袖长73cm

编织密度

10cm×10cm面积内：编织花样23针，9行

编织要点

●身片、衣袖、风帽…身片、衣袖锁针起针后，按编织花样开始钩织。肩部钩织引拔针和锁针接合。风帽从身片挑针后按编织花样钩织，减针请参照图示。

●组合…胁部、袖下钩织引拔针和锁针接合。风帽的顶部钩织引拔针和锁针接合，再钩织锁针接合。下摆、袖口按边缘编织A钩织。前门襟、风帽口按边缘编织B'钩织。口袋用身片的方法起针后，按编织花样、边缘编织B和短针钩织。参照组合方法，将口袋缝在指定位置，再缝上开尾拉链。衣袖与身片之间钩织引拔针和锁针接合。钩织细绳，穿在指定位置。再制作流苏，缝在细绳的末端。

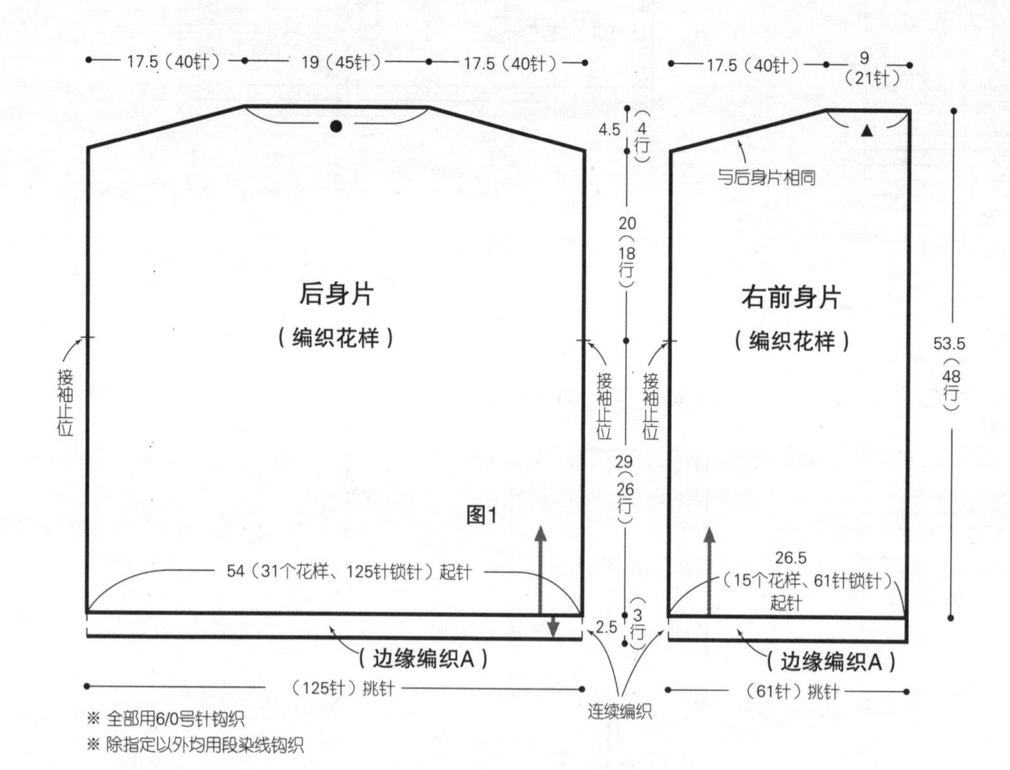

※ 全部用6/0号针钩织

※ 除指定以外均用段染线钩织

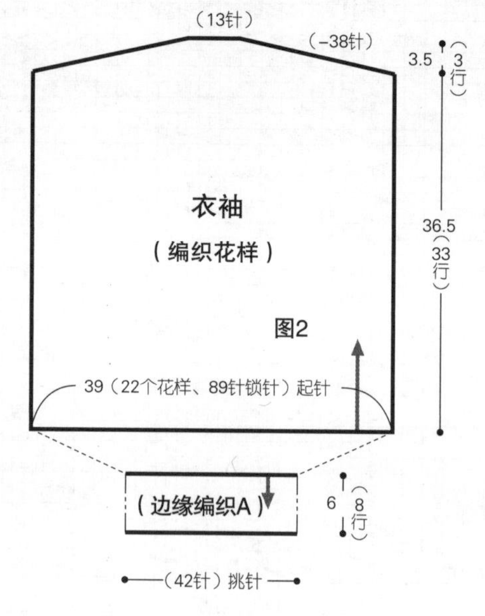

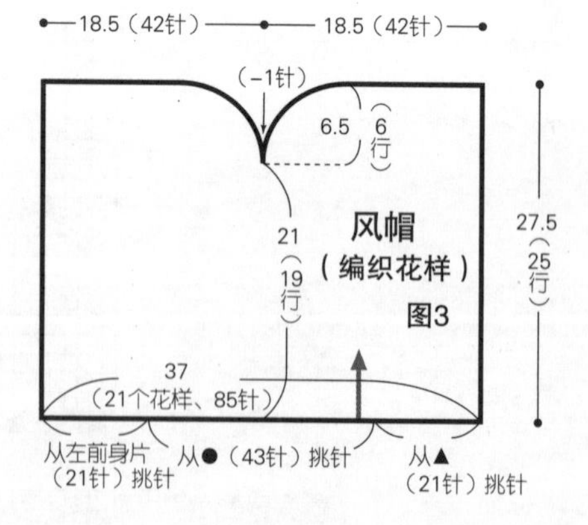

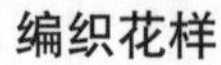

编织花样

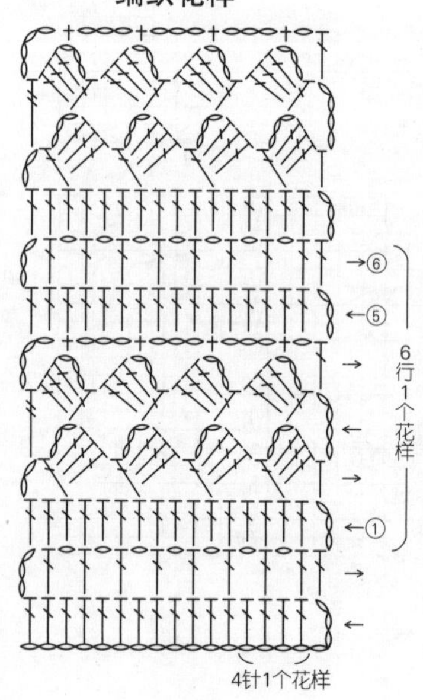

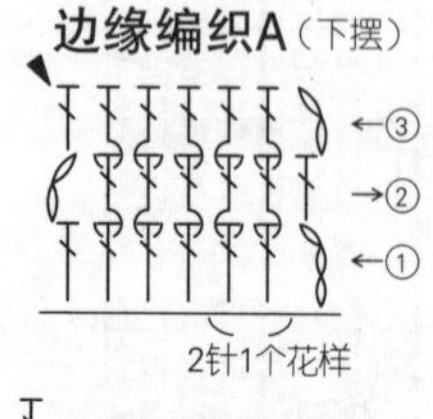

= 长针的正拉针
※ 钩织方法请参照161页

= 长针的反拉针
※ 钩织方法请参照113页

▶ = 剪线

边缘编织A（袖口）

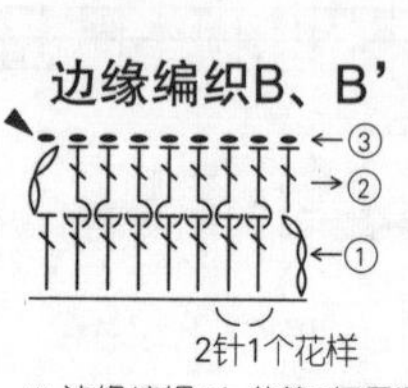

※ 边缘编织B'的第3行用深粉色线钩织

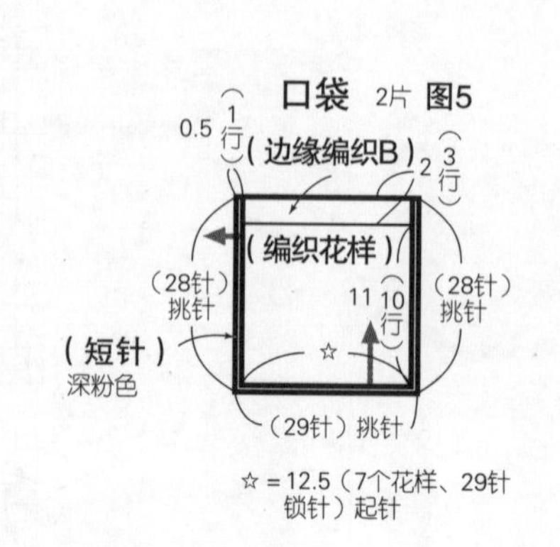

☆ = 12.5（7个花样、29针锁针）起针

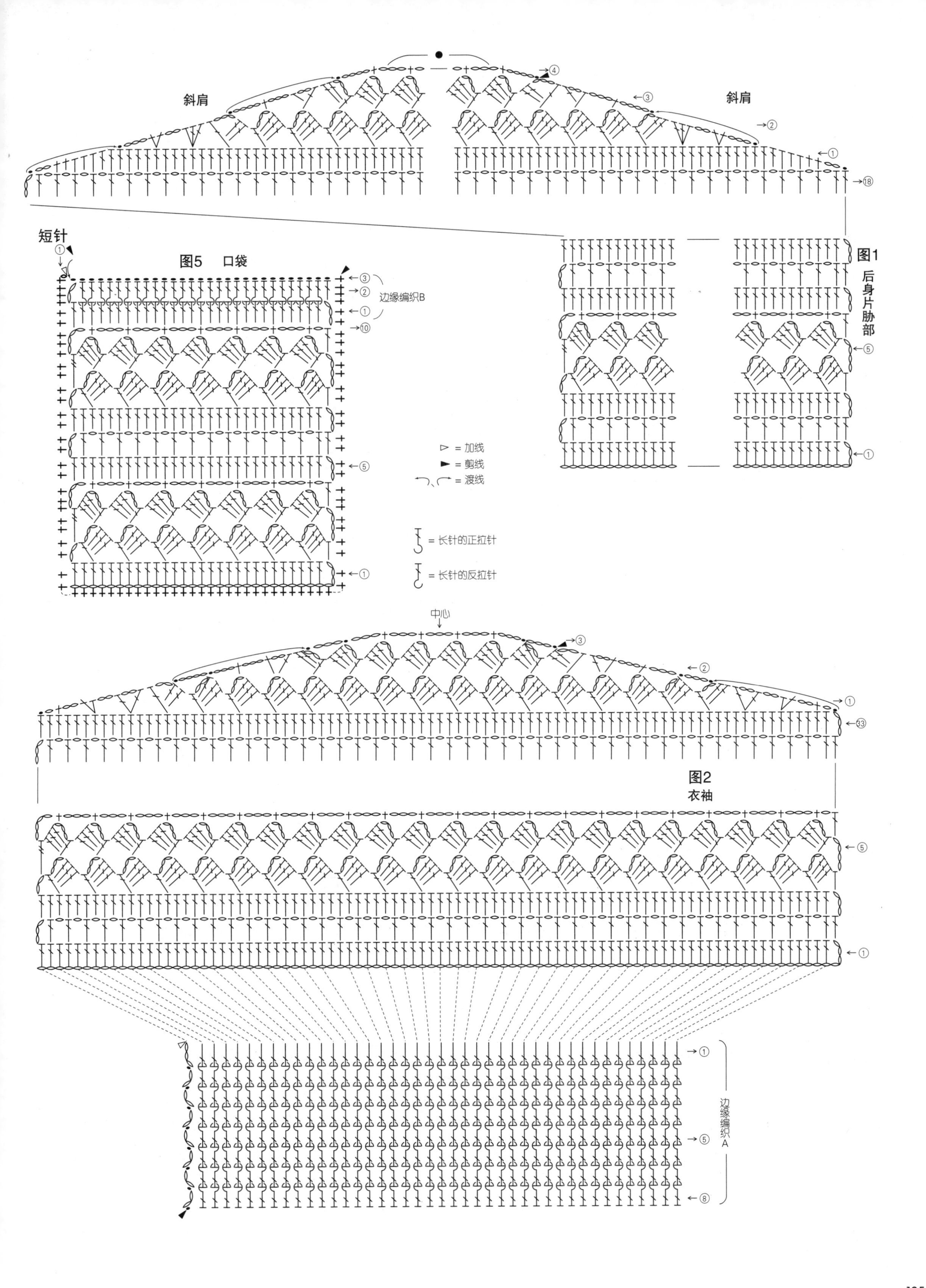
斜肩
斜肩
短针
图5 口袋
边缘编织B
图1
后身片肋部
▷ = 加线
▶ = 剪线
= 渡线
= 长针的正拉针
= 长针的反拉针
中心
图2
衣袖
边缘编织A

图3
风帽

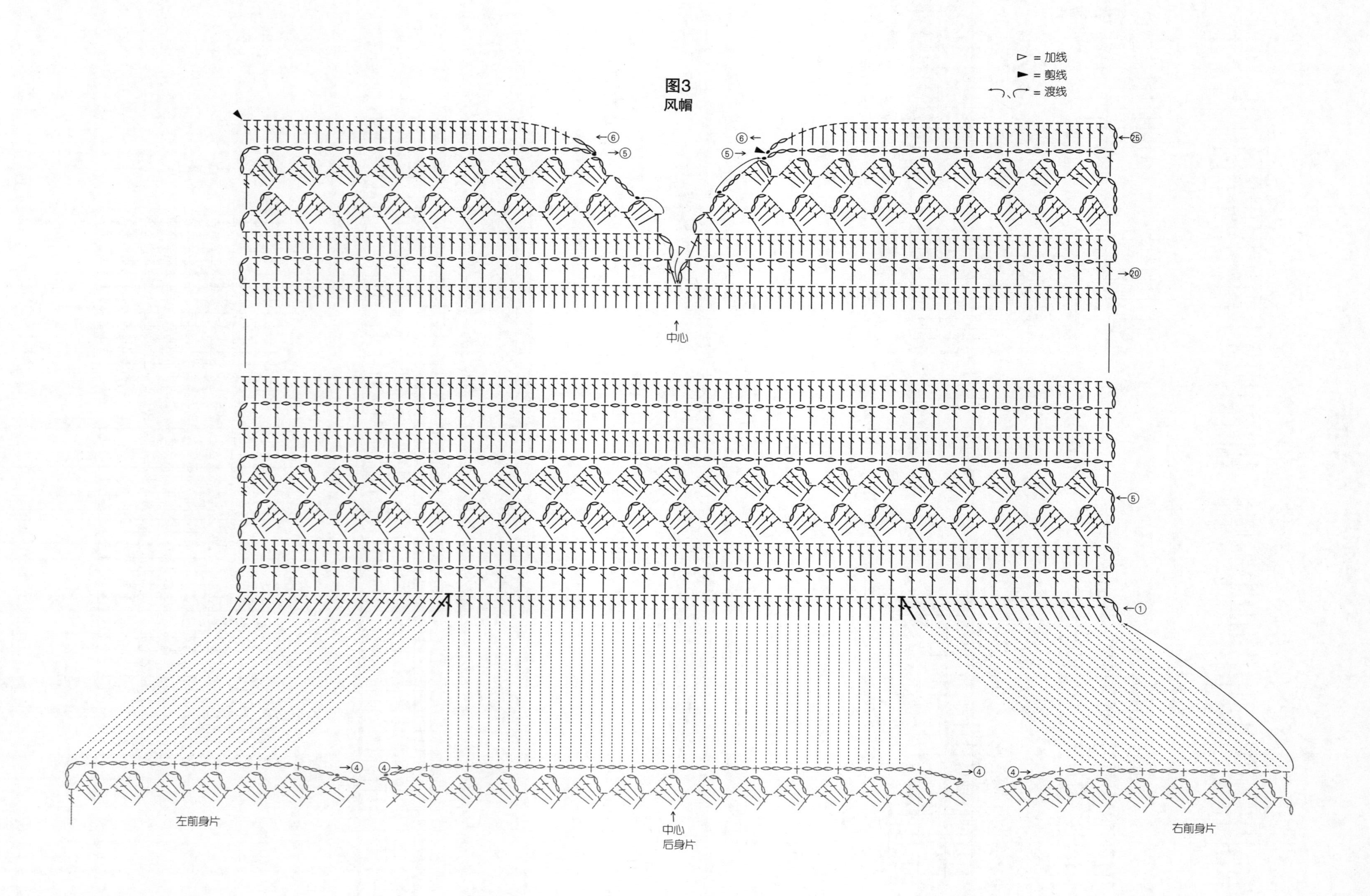

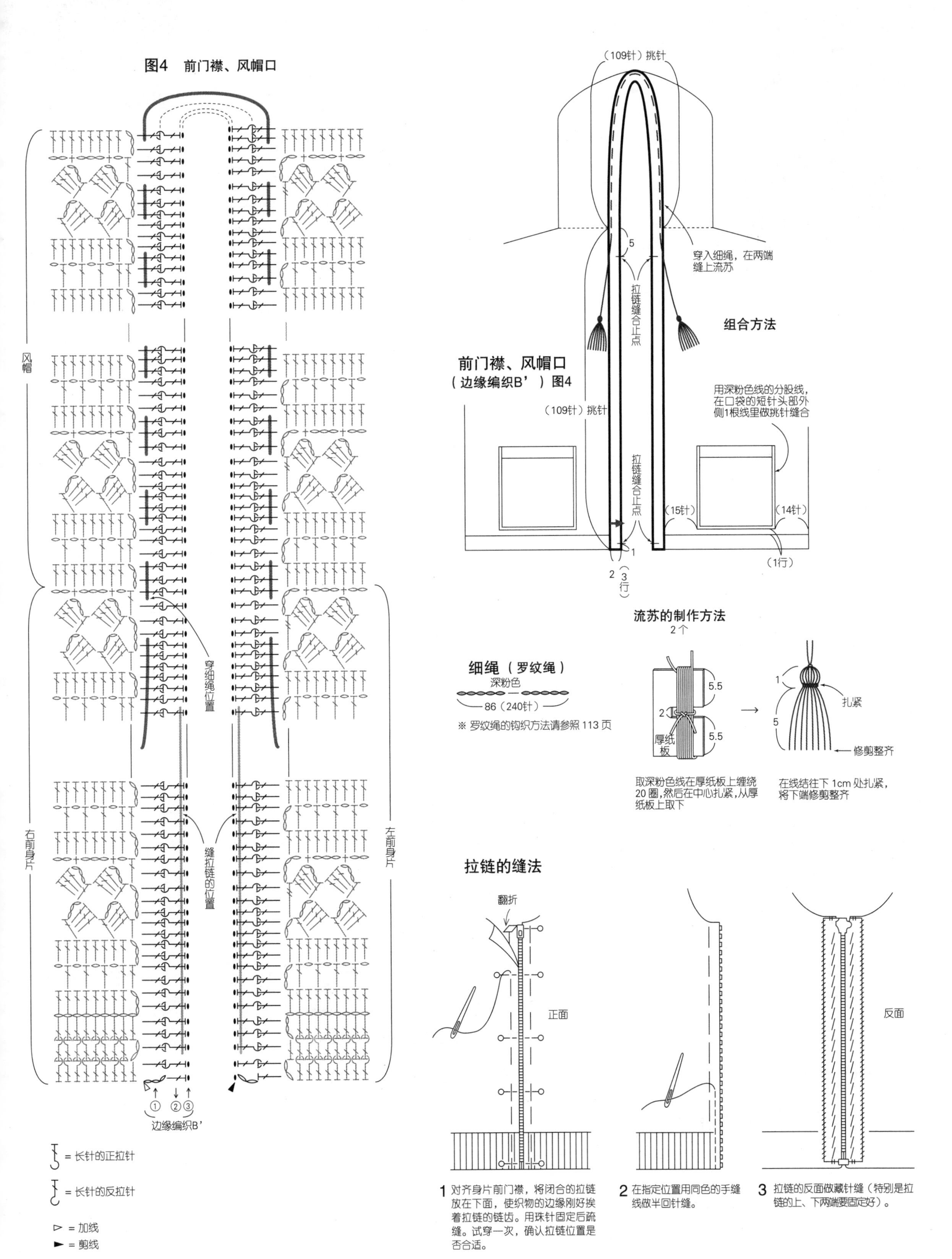
图4 前门襟、风帽口
风帽
右前身片
左前身片
穿细绳位置
缝拉链的位置
① ②③
边缘编织B'
= 长针的正拉针
= 长针的反拉针
= 加线
= 剪线
（109针）挑针
5
穿入细绳，在两端缝上流苏
拉链缝合止点
组合方法
前门襟、风帽口
（边缘编织B'）图4
（109针）挑针
用深粉色线的分股线，在口袋的短针头部外侧1根线里做挑针缝合
拉链缝合止点
（15针）
（14针）
1
2
（3行）
（1行）
流苏的制作方法
2个
细绳（罗纹绳）
深粉色
86（240针）
※ 罗纹绳的钩织方法请参照113页
5.5
2
5.5
厚纸板
取深粉色线在厚纸板上缠绕20圈，然后在中心扎紧，从厚纸板上取下
1
扎紧
5
修剪整齐
在线结往下1cm处扎紧，将下端修剪整齐
拉链的缝法
翻折
正面
反面
1 对齐身片前门襟，将闭合的拉链放在下面，使织物的边缘刚好挨着拉链的链齿。用珠针固定后疏缝。试穿一次，确认拉链位置是否合适。
2 在指定位置用同色的手缝线做半回针缝。
3 拉链的反面做藏针缝（特别是拉链的上、下两端要固定好）。

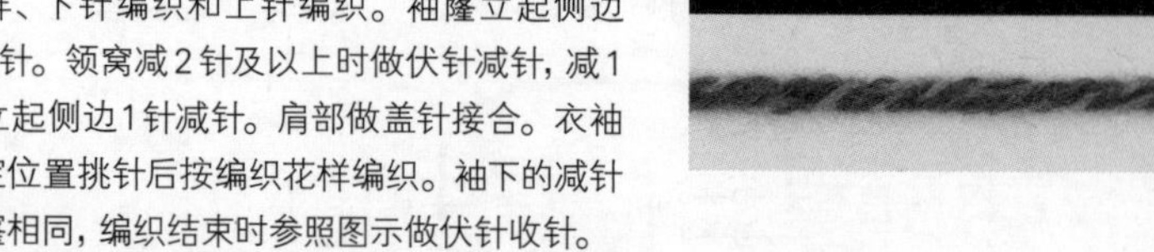

材料

奥林巴斯 Tree House Bless 深蓝色与茶色系混染(808) 320g/8团，紫红色系混染(804) 205g/6团；直径20mm的纽扣6颗

工具

棒针6号、4号

成品尺寸

胸围114cm，肩宽45cm，衣长67cm，袖长58cm

编织密度

10cm×10cm面积内：下针编织、上针编织均为22针，31行；编织花样22.5针，33行（衣袖）

编织要点

●身片、衣袖…身片手指挂线起针后，开始做编织花样、下针编织和上针编织。袖窿立起侧边2针减针。领窝减2针及以上时做伏针减针，减1针时立起侧边1针减针。肩部做盖针接合。衣袖从指定位置挑针后按编织花样编织。袖下的减针与袖窿相同，编织结束时参照图示做伏针收针。

●组合…口袋用身片的方法起针后做下针编织和编织花样。结束时与衣袖一样收针，然后在指定位置做挑针缝合和下针无缝缝合。胁部、袖下做挑针缝合。前门襟挑取指定针数后按编织花样编织，在左前门襟留出扣眼，结束时与衣袖一样收针。衣领挑取指定针数后按单罗纹针和编织花样编织，结束时与衣袖一样收针。最后缝上纽扣。

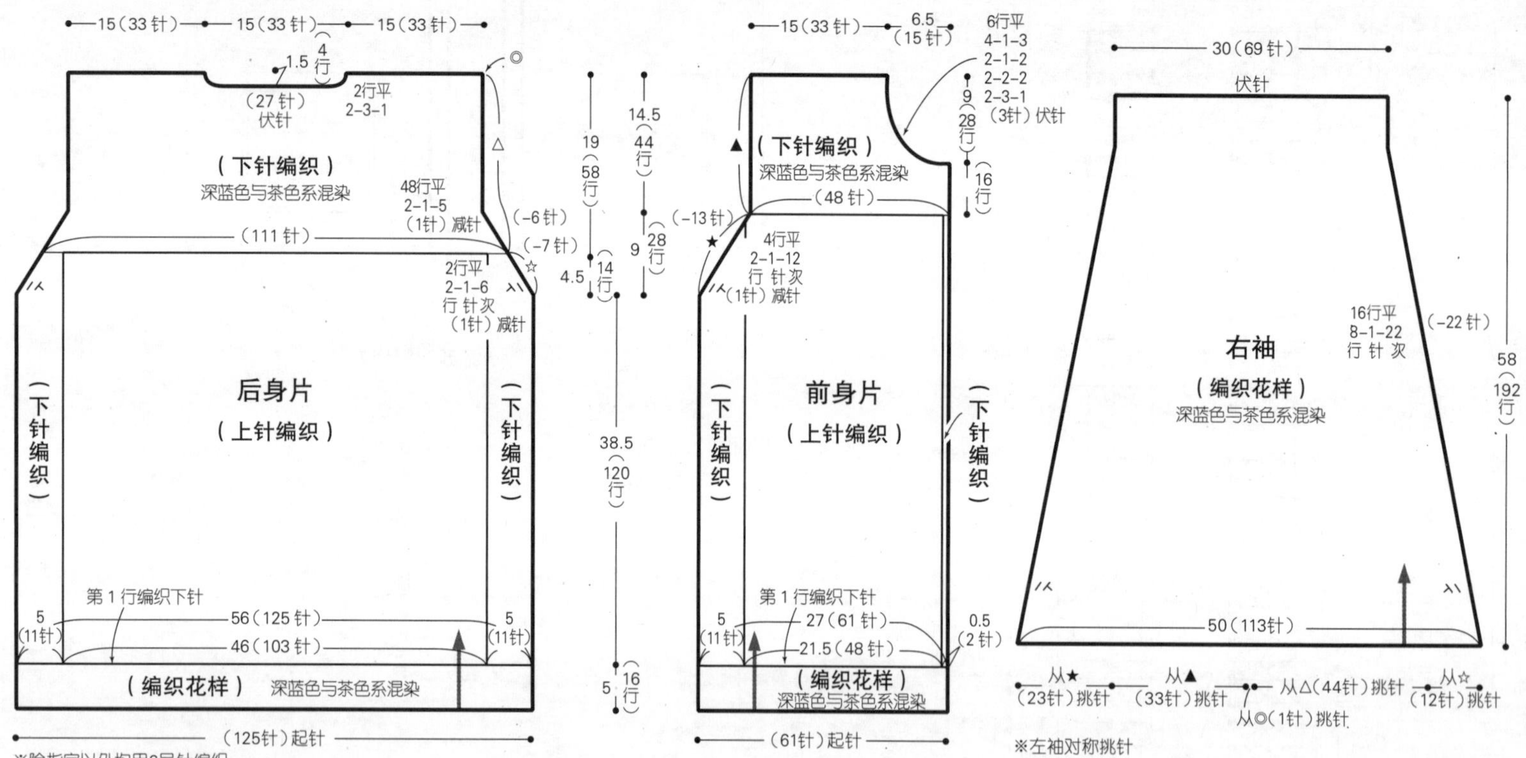

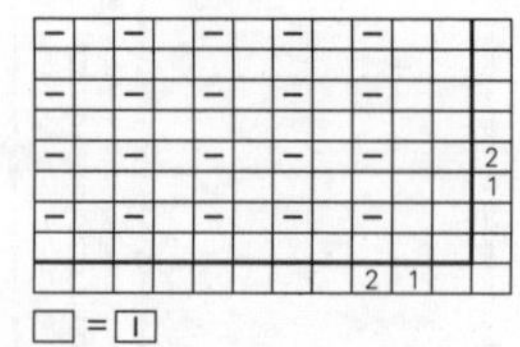

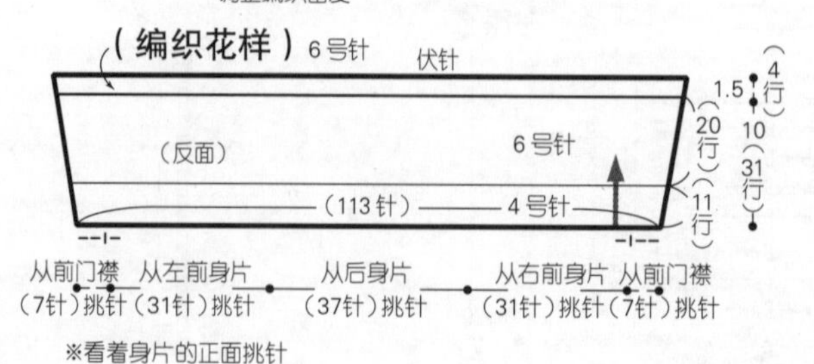

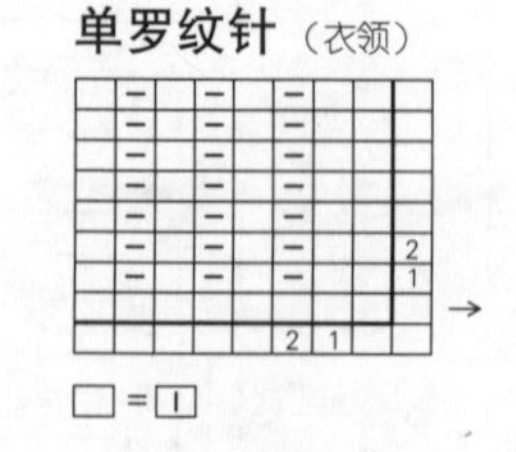

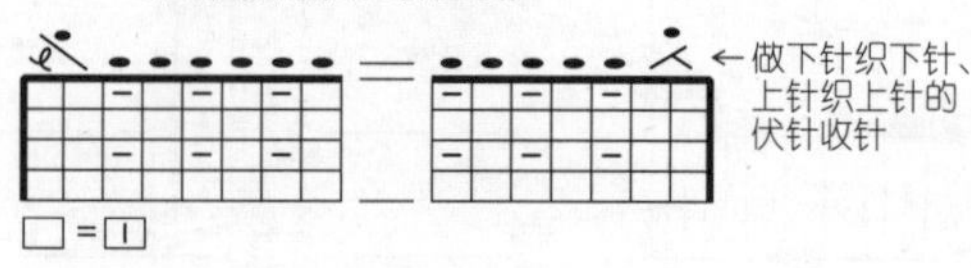

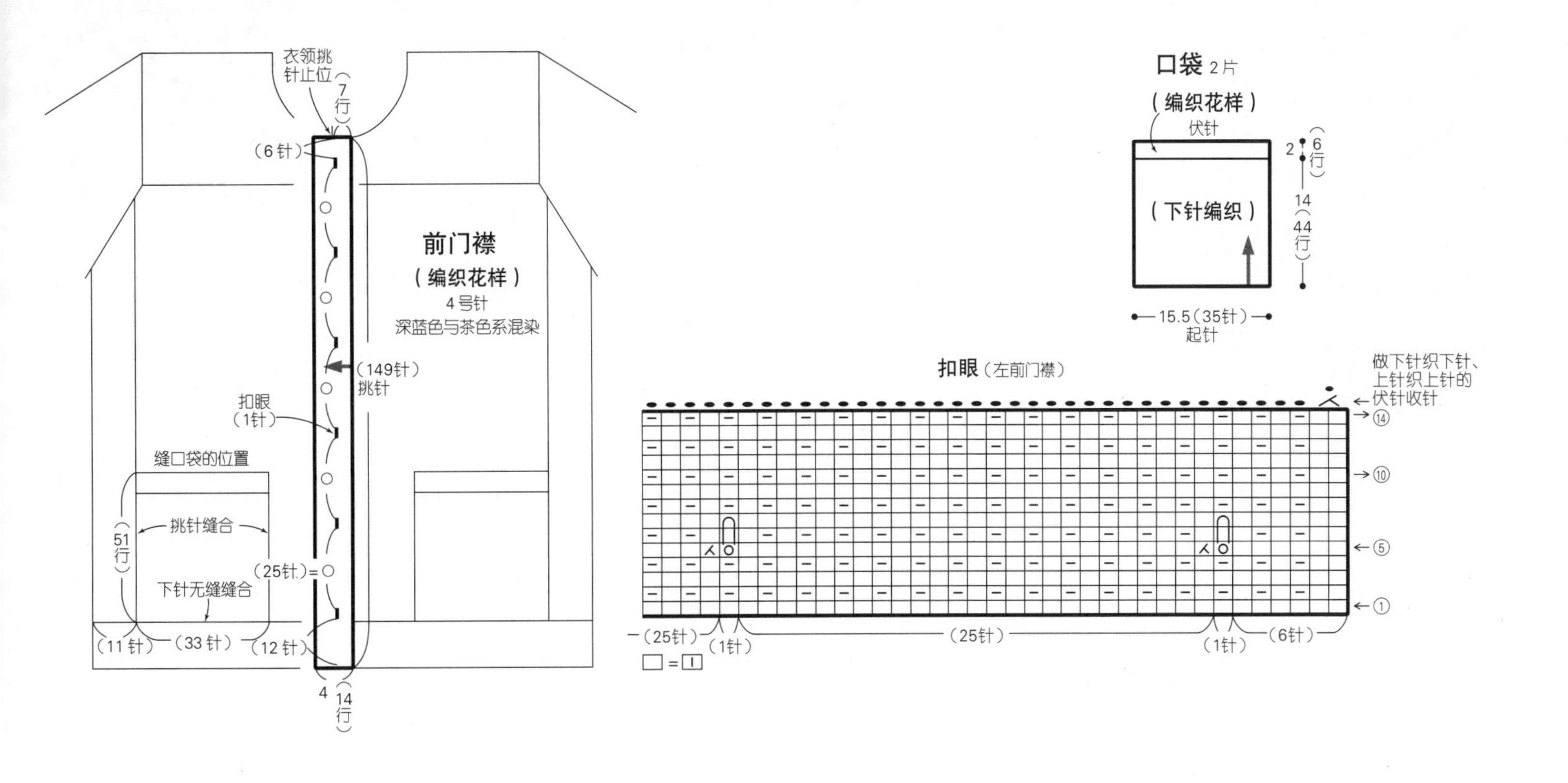

扣眼的编织方法

(单罗纹针的情况)

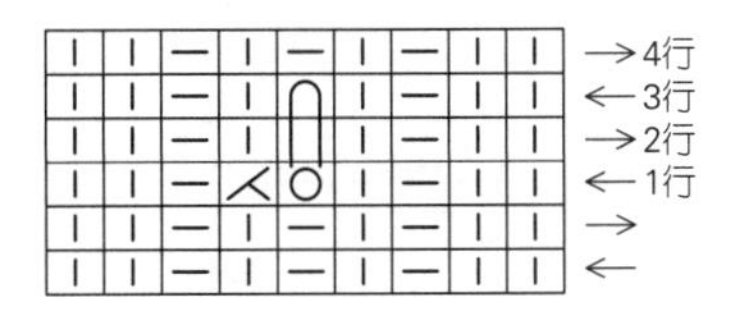

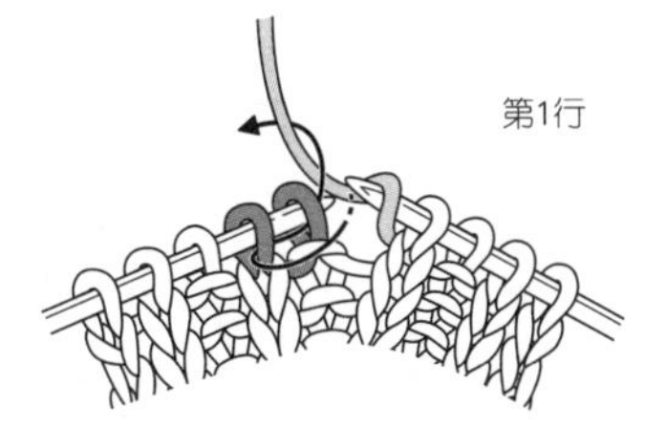

1 在扣眼位置的上针前面先挂针，在接下来的2针里编织左上2针并1针。

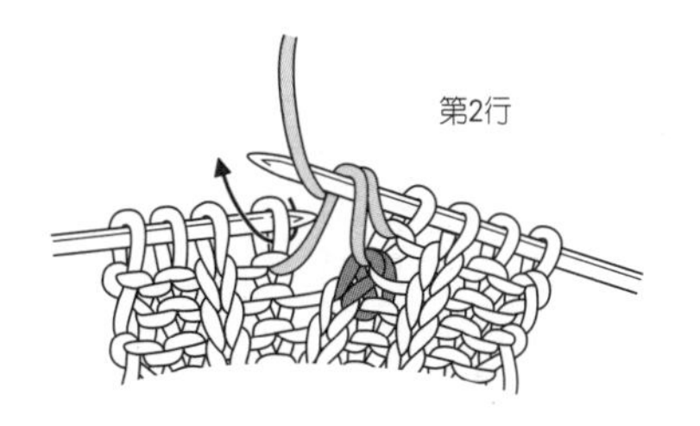

2 将前一行的挂针移至右棒针上，接着在针上挂线，在下一针里编织上针。

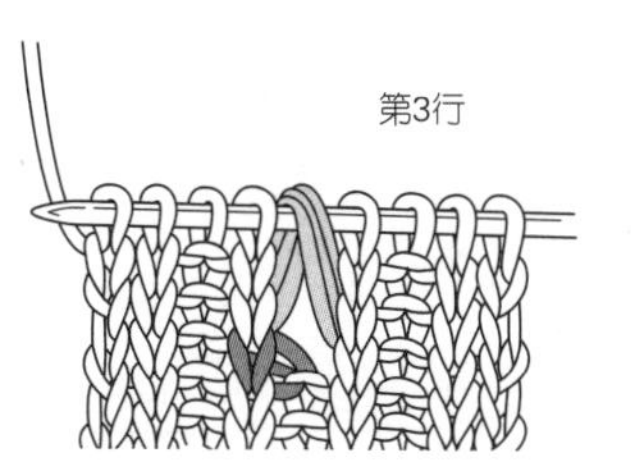

3 下一行也一样，将前面的挂针移至右棒针上，然后在针上挂线，从下一针开始编织罗纹针。

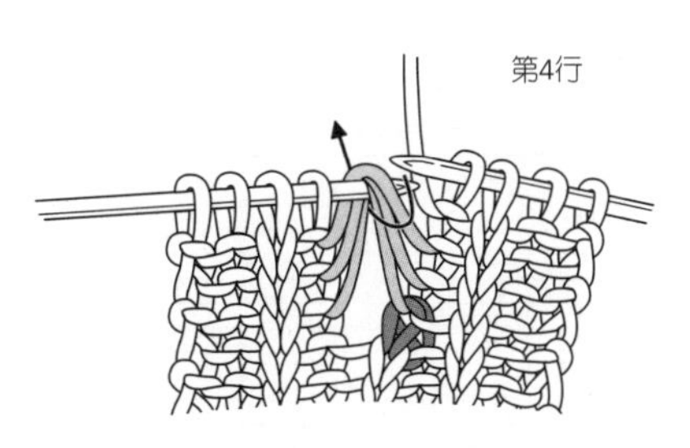

4 将挂针与挂线全部挑起编织下针。

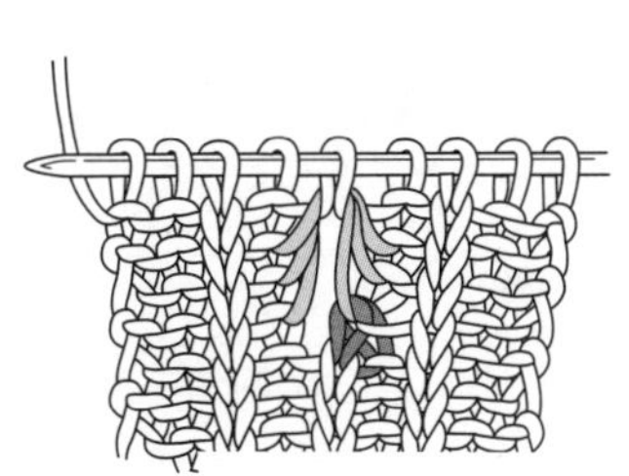

5 第4行编织完成后的状态。

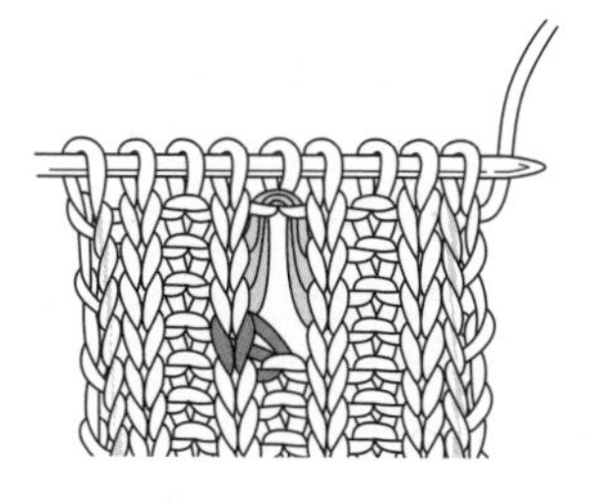

6 从正面看到的状态。

材料

钻石线 Diaadele 深红色(412) 485g/13团

工具

棒针5号、4号

成品尺寸

胸围110cm，肩宽45cm，衣长65cm，袖长57.5cm

编织密度

10cm×10cm面积内：编织花样22针，32行

编织要点

●身片、衣袖…手指挂线起针后，按单罗纹针和编织花样编织。减2针及以上时做伏针减针，减1针时立起侧边1针减针。加针是在1针内侧做扭针加针。

● 组合…肩部做盖针接合，胁部、袖下做挑针缝合。衣领挑取指定针数后环形编织单罗纹针，结束时做伏针收针，然后翻折至内侧做藏针缝。衣袖与身片之间做引拔接合。

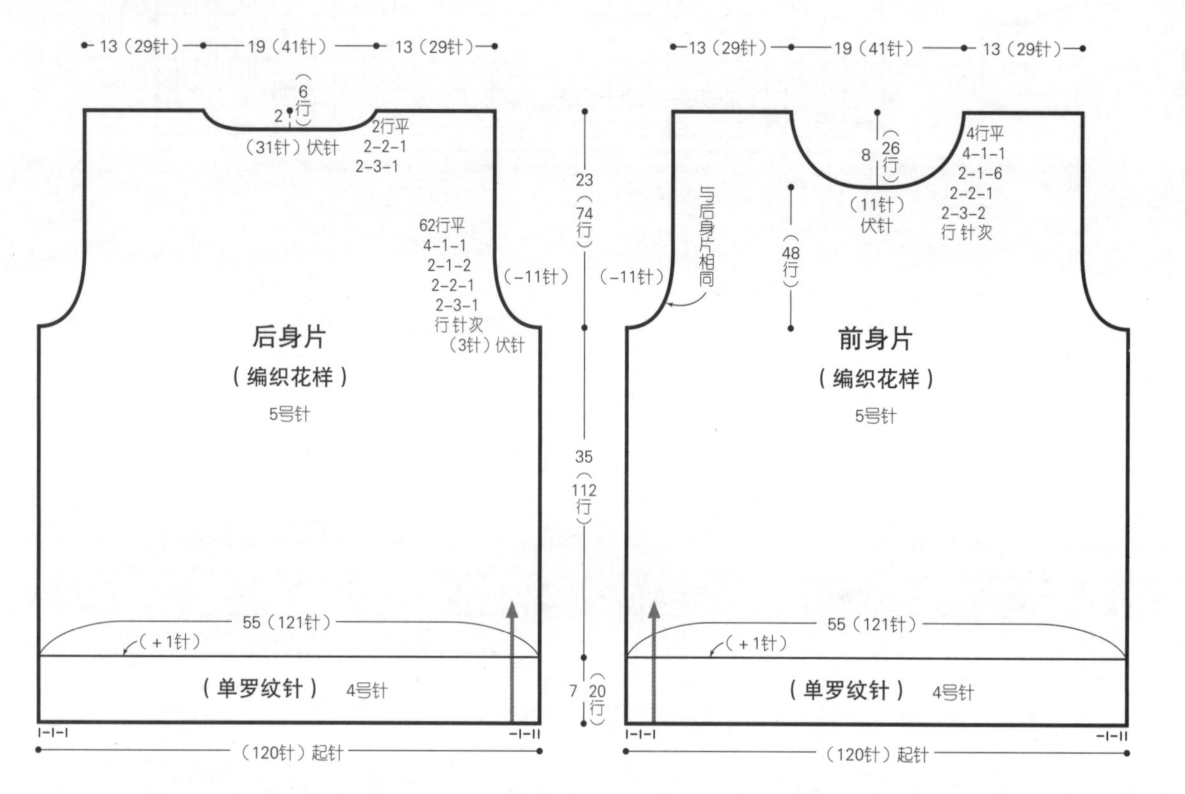

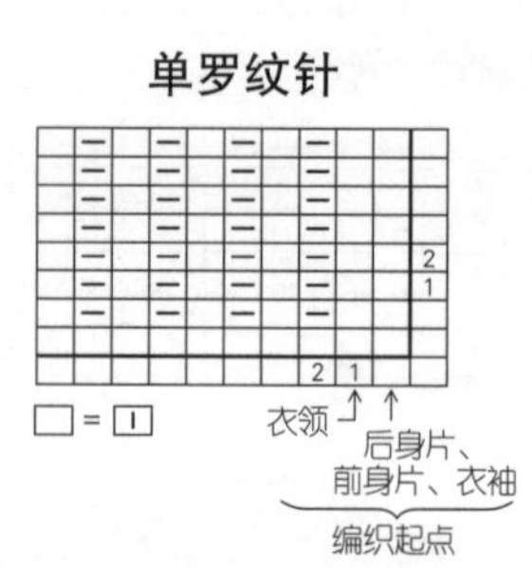

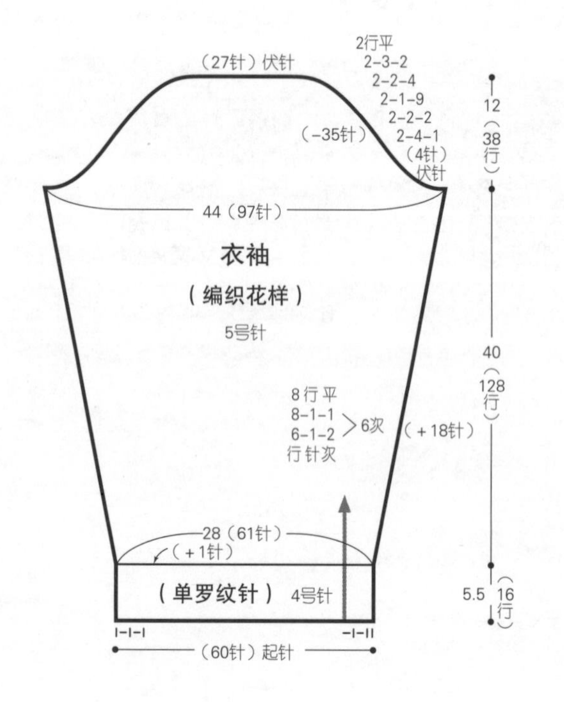

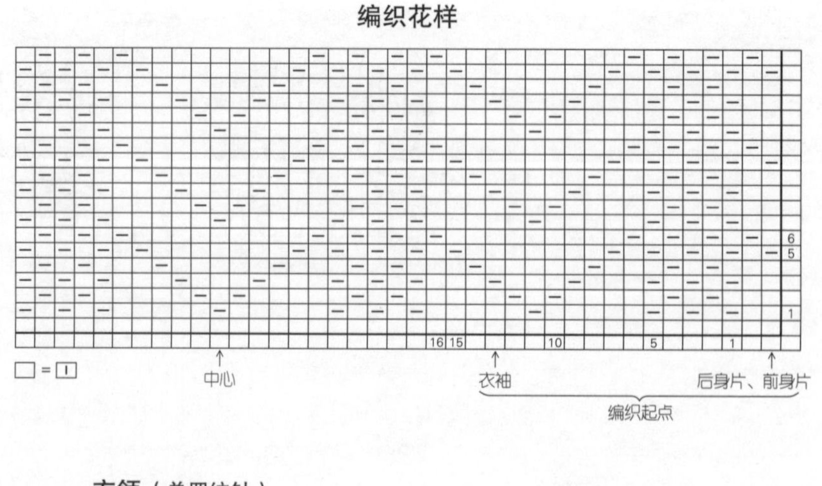

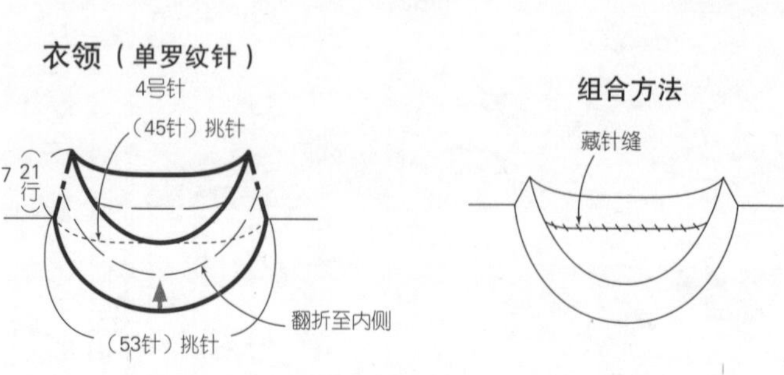

材料

Ski毛线 Ski Fraulein 炭灰色(2944) 585g/15团

工具

棒针9号、7号、6号

成品尺寸

胸围108cm，衣长61.5cm，连肩袖长76.5cm

编织密度

10cm×10cm面积内：编织花样20针，23行；下针编织18针，23行

编织要点

●身片、衣袖…手指挂线起针后开始编织双罗纹针。接下来，身片做下针编织和编织花样，衣袖按编织花样编织。插肩线立起侧边4针减针。领窝减2针及以上时做伏针减针，减1针时立起侧边1针减针。袖下的加针是在1针内侧做扭针加针。风帽用身片的方法起针后开始编织，左右分开做下针编织，在指定位置留出穿绳孔。加减针请参照图示。编织12行后，在下一行做卷针加针，将左右两边连起来编织。编织结束时休针。

●组合…胁部、袖下、插肩线做挑针缝合，风帽的顶部做引拔接合，腋下的针目做卷针缝。编织细绳i-cord。身片与风帽之间对齐相同标记做引拔接合。风帽口的折边部分夹住细绳翻折至内侧做藏针缝。最后将细绳穿入穿绳孔，再将绳子末端打结。

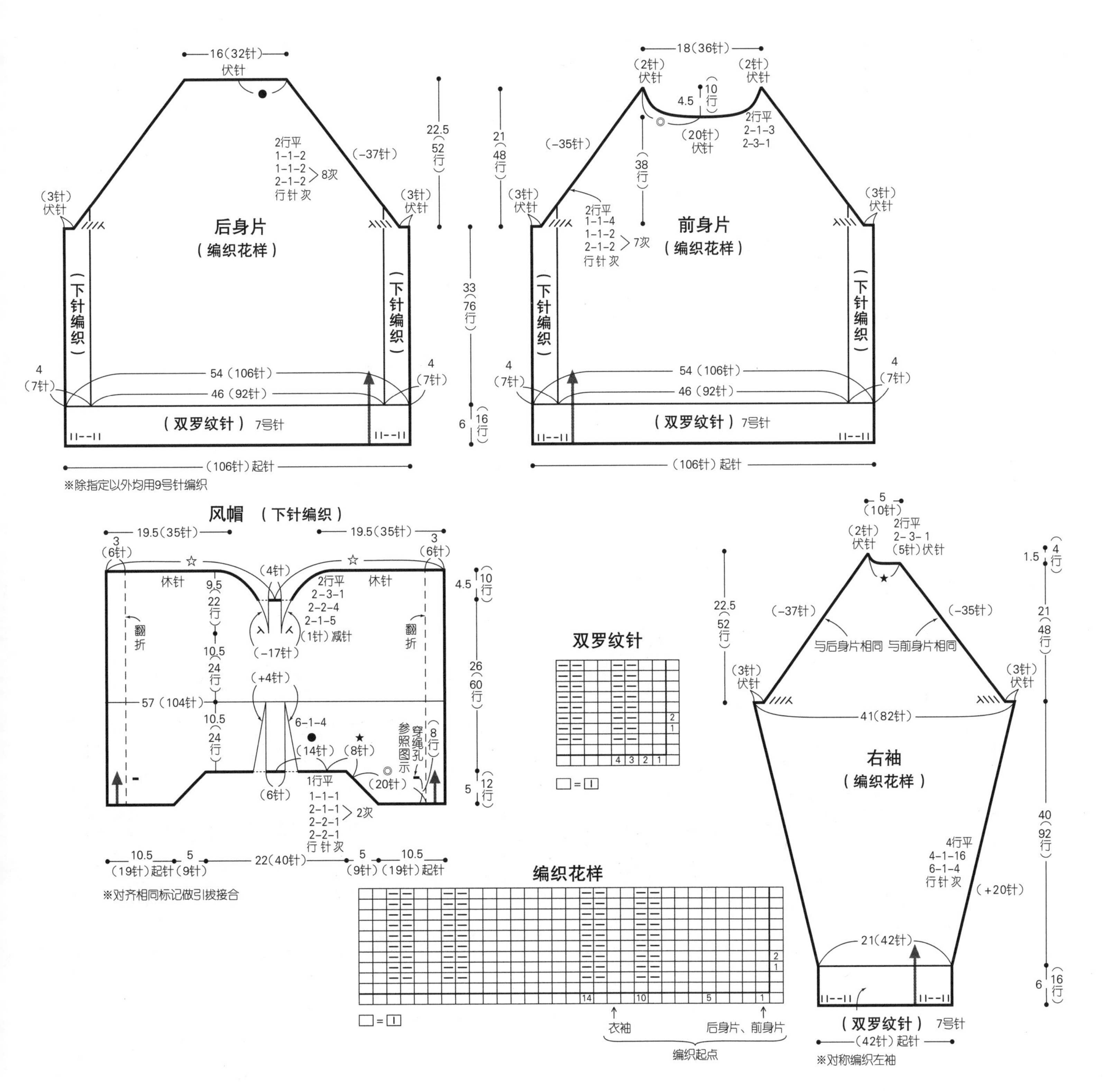

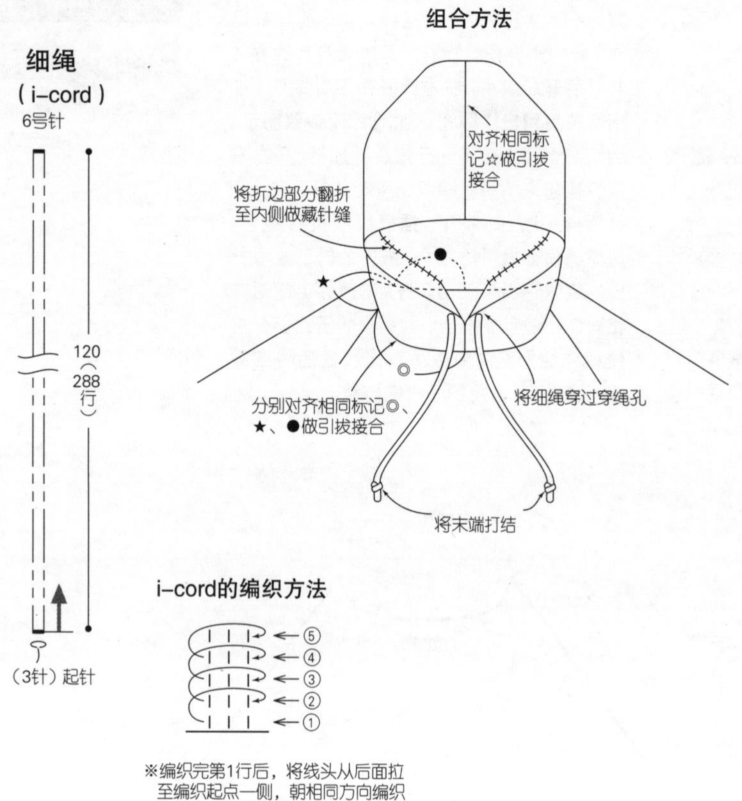

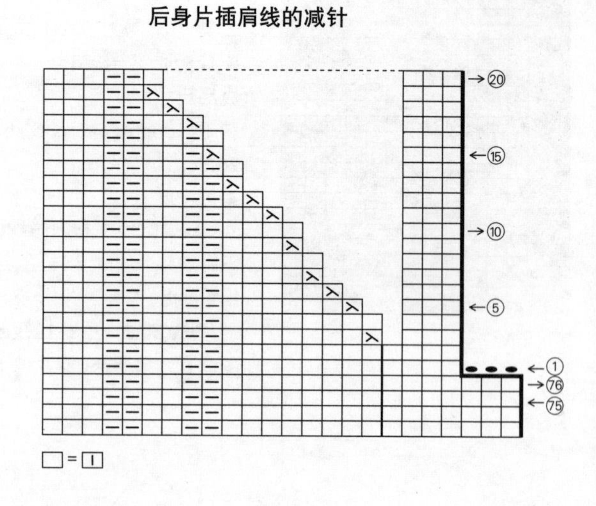

i-cord的编织方法

※编织完第1行后，将线头从后面拉至编织起点一侧，朝相同方向编织第2行。重复以上操作

※使用无堵头的棒针

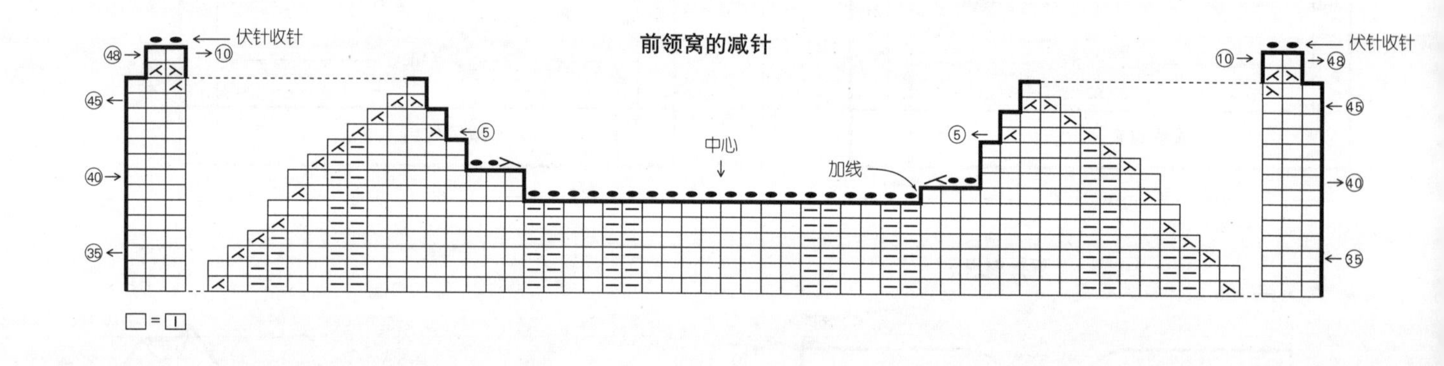

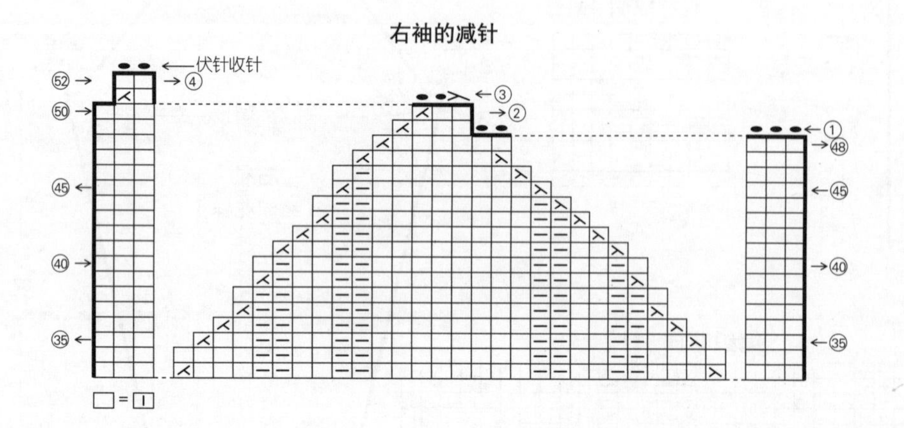

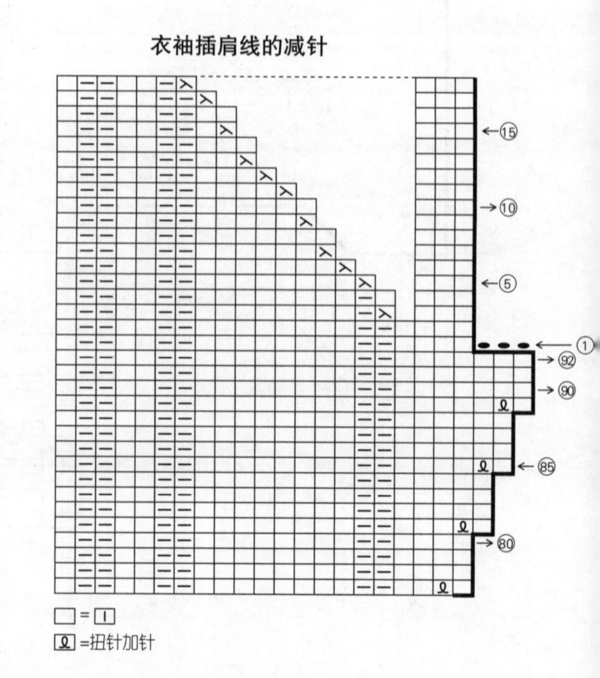

风帽的减针

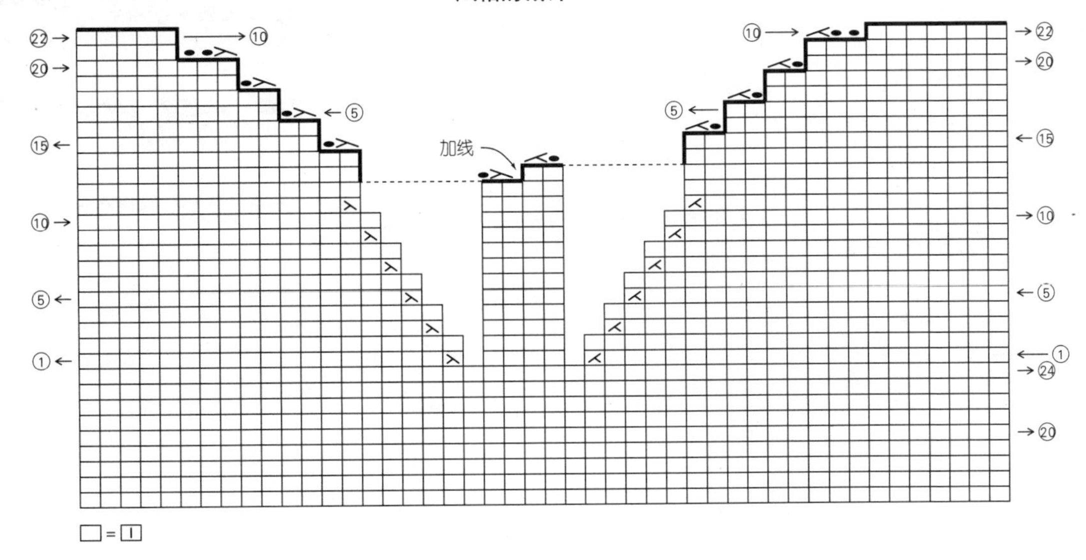

风帽的加针

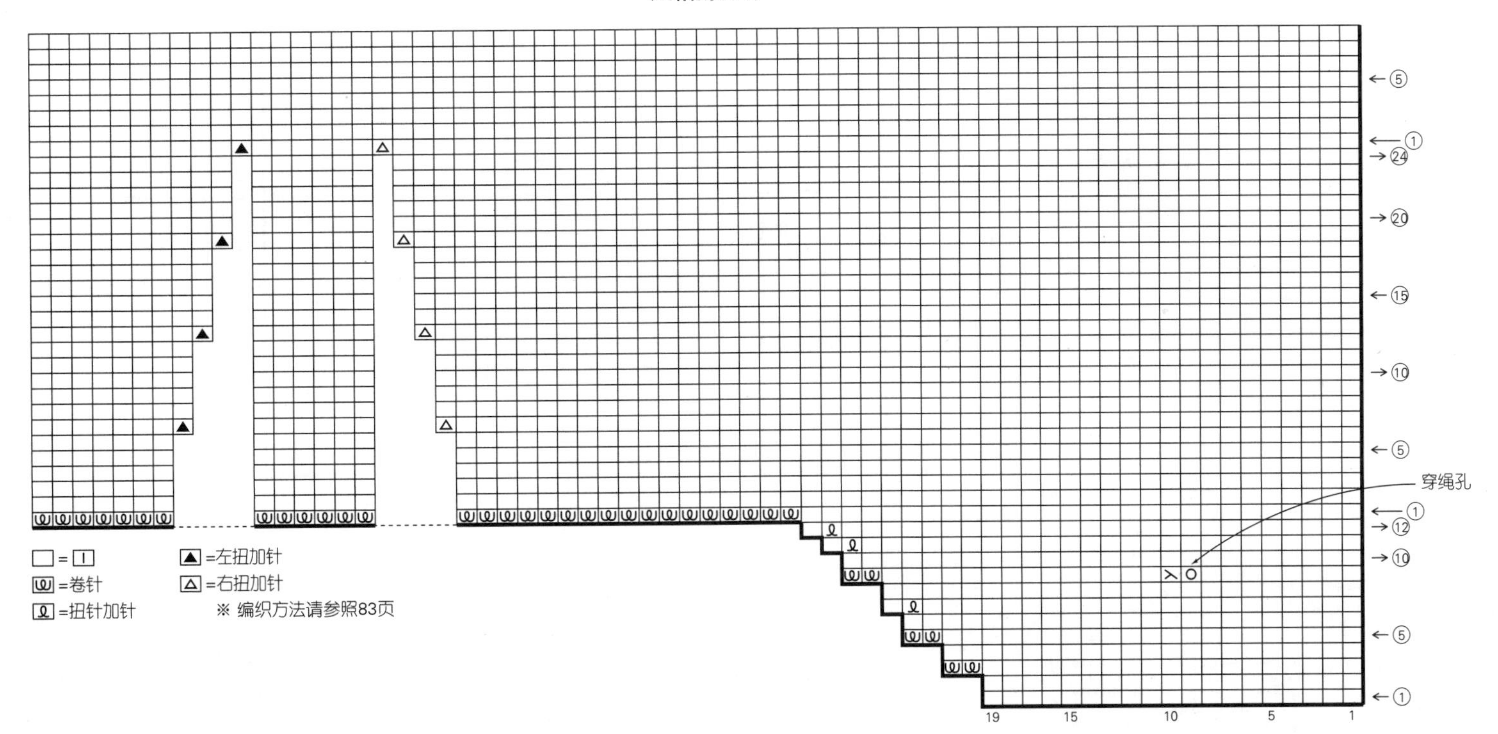

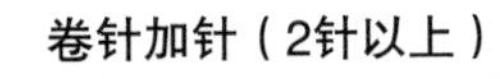

1 “在食指所绕线圈里插入棒针，然后退出手指”，重复加针至所需针数。

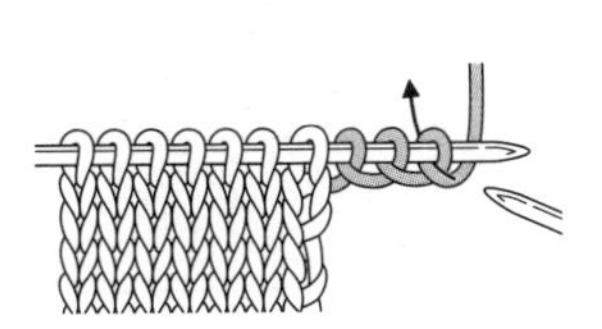

2 翻回正面，如箭头所示插入棒针编织下针。剩下的2针也用相同方法编织，继续编织至行末。

3 与步骤1一样，在食指所绕线圈里插入棒针加针。

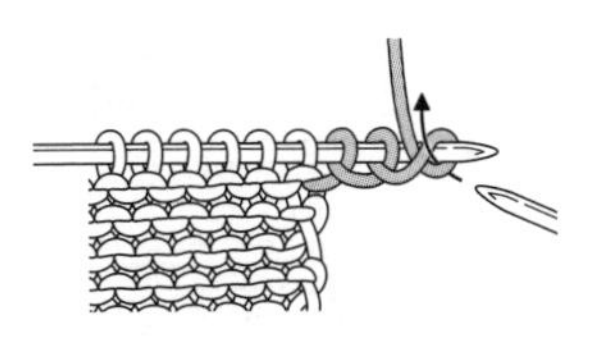

4 翻至反面，如箭头所示插入棒针编织上针。剩下的2针也用相同方法编织。

材料

Ski毛线 Ski Le Bois 红色与黄色系段染(2346) 225g/8团；Ski Tasmanian Polwarth 炭灰色(7027) 110g/3团，黑色(7028) 85g/3团，茶色(7022) 55g/2团

工具

棒针6号、4号

成品尺寸

胸围108cm，衣长64cm，连肩袖长77cm

编织密度

10cm×10cm面积内：条纹花样A、B、A'均为20.5针，42行；起伏针条纹A、B均为18.5针，40行

编织要点

●身片、衣袖…身片手指挂线起针后，按单罗纹针，条纹花样A、B、A'编织。减针时立起侧边1针减针。肩部做盖针接合。衣袖挑取指定针数后，按起伏针条纹A和B、单罗纹针编织，结束时做单罗纹针收针。

●组合…衣领挑取指定针数后环形编织单罗纹针，结束时与袖口一样收针。胁部、袖下做挑针缝合。

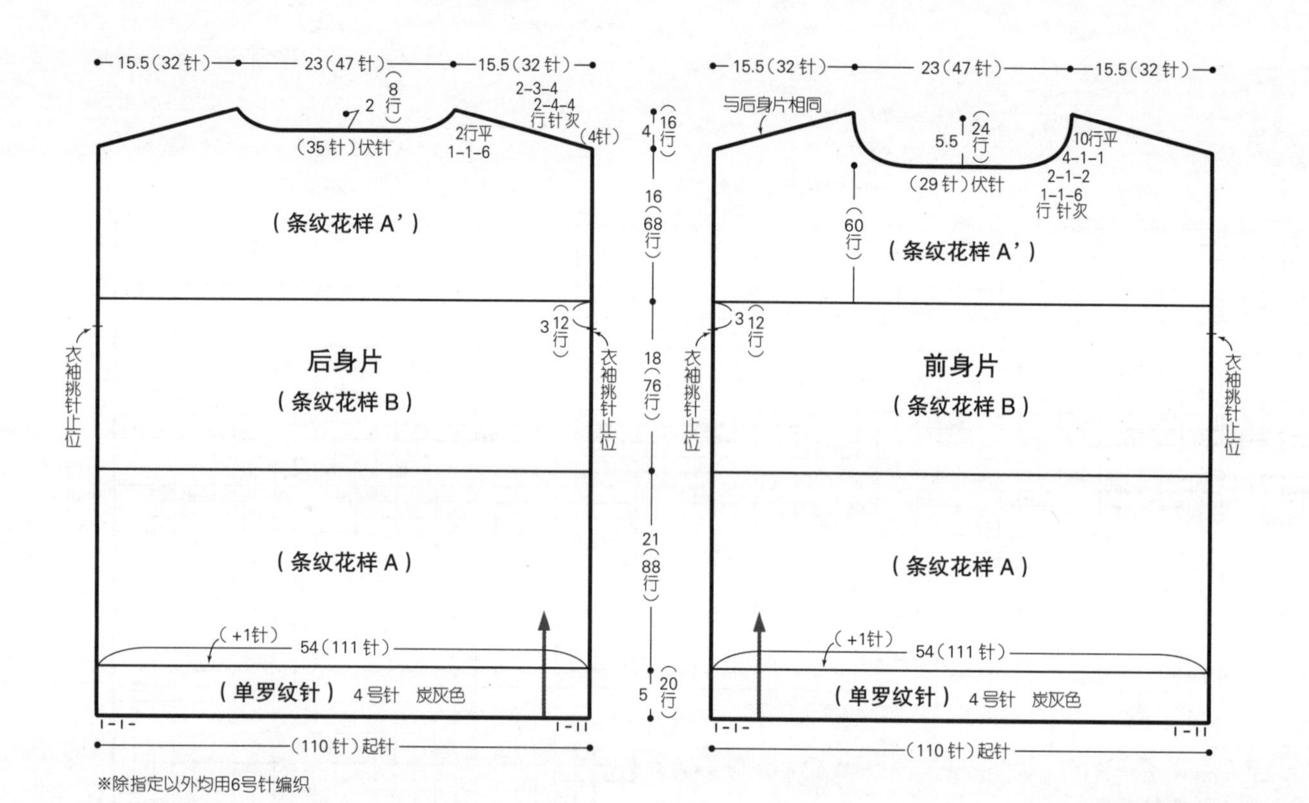

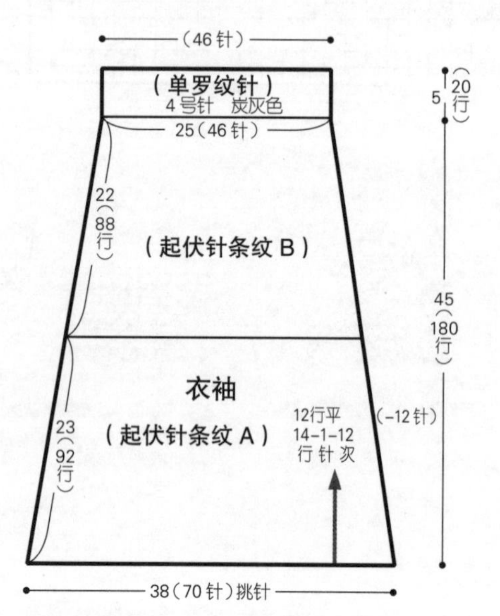

※单罗纹针收针的方法请参照97页

起伏针条纹 A、B

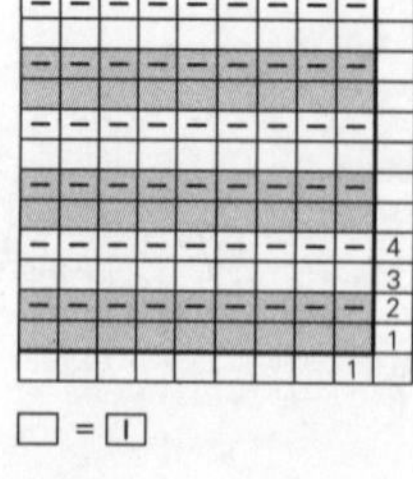

□ = ⊡

配色

	A	B
■	黑色	炭灰色
□	段染	

衣领(单罗纹针)

4号针 茶色

(49针)挑针 2(8行)

(61针)挑针

单罗纹针

□ = ⊡

衣领 2 1 下摆、袖口

编织起点

条纹花样 A、A'

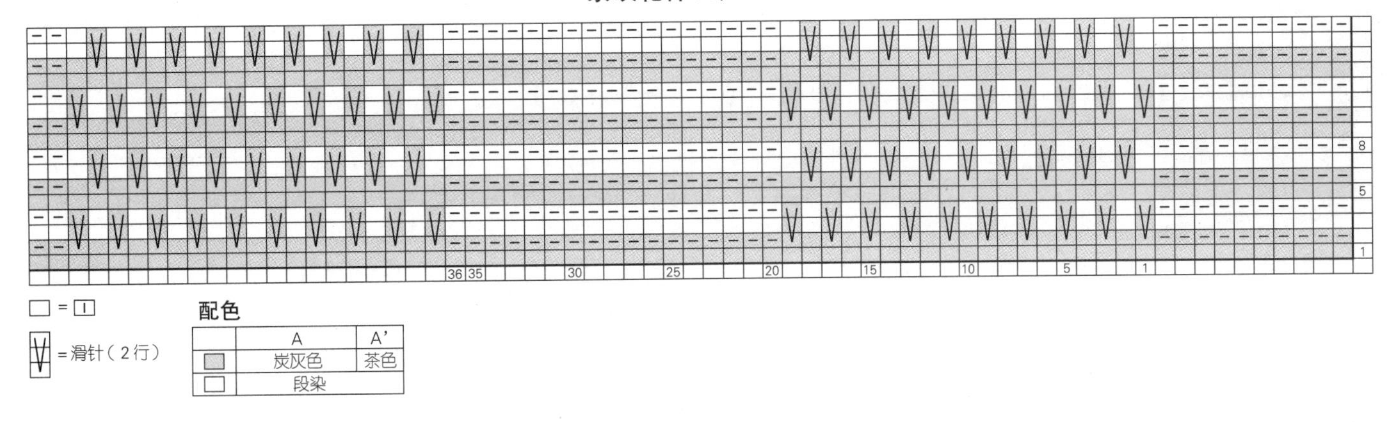

□ = 丨

V = 滑针（2行）

配色

	A	A'
▨	炭灰色	茶色
□	段染	

条纹花样 B

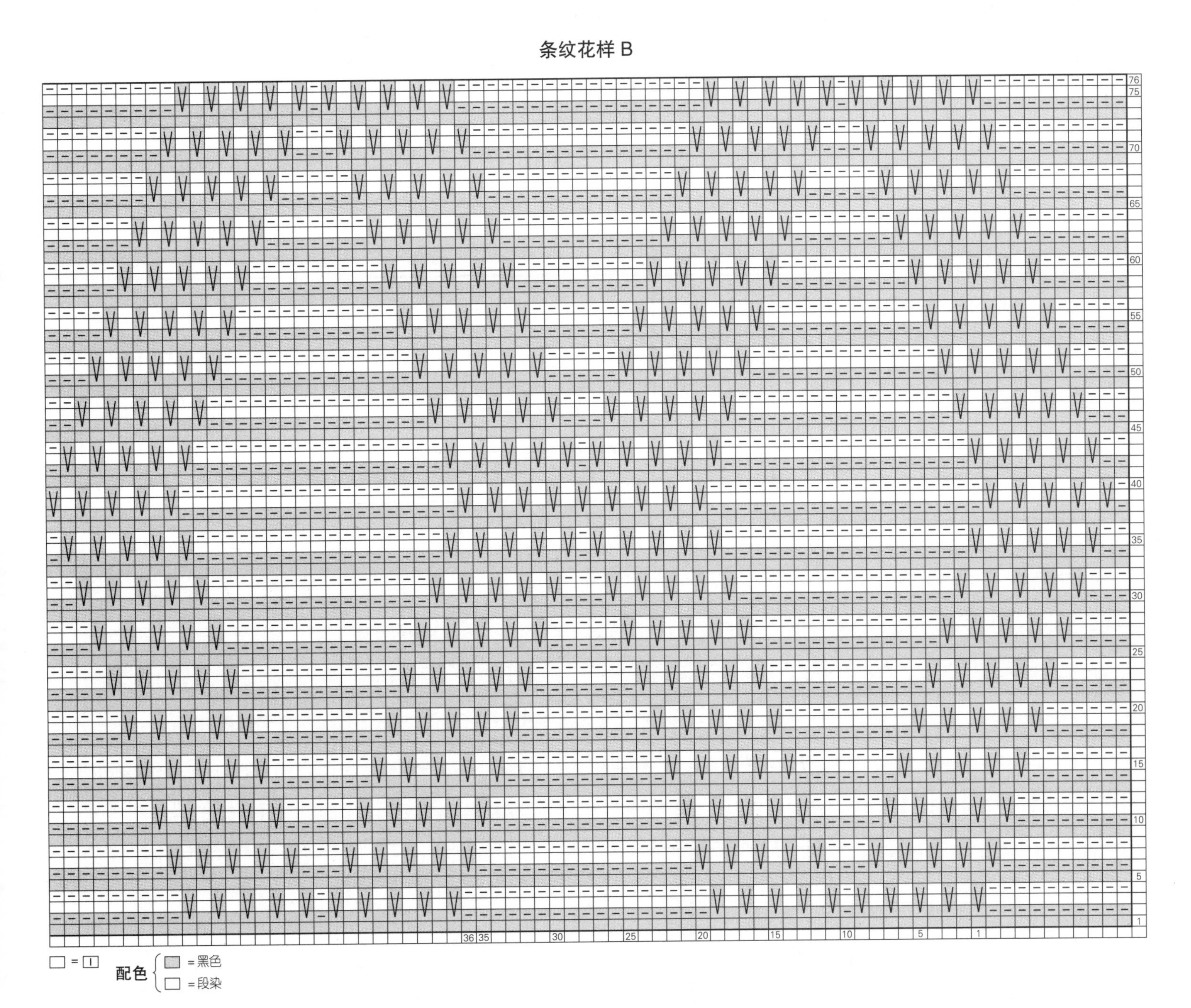

□ = 丨

配色 ▨ = 黑色　□ = 段染

材料

奥林巴斯 Tree House Bless 深蓝色与茶色系混染(808) 340g/9团，米色系混染(801) 140g/4团

工具

棒针5号、3号

成品尺寸

胸围104.5cm，衣长69.5cm，肩宽47cm，袖长45.5cm

编织密度

10cm×10cm面积内：配色花样24.5针，27行；下针编织22.5针，29行

编织要点

●身片、衣袖…另线锁针起针后开始编织，身片按配色花样编织，衣袖做下针编织。配色花样用横向渡线的方法编织。领窝减2针及以上时做伏针减针，减1针时立起侧边1针减针。袖下的加针是在1针内侧做扭针加针。下摆解开起针时的锁针挑针后编织双罗纹针，结束时做双罗纹针收针。

●组合…肩部做盖针接合。衣领挑取指定针数后环形编织双罗纹针，结束时与下摆一样收针。衣袖与身片之间做对齐针与行缝合。腋下的针目做下针无缝缝合。肋部、袖下做挑针缝合。袖口环形编织双罗纹针，结束时与下摆一样收针。

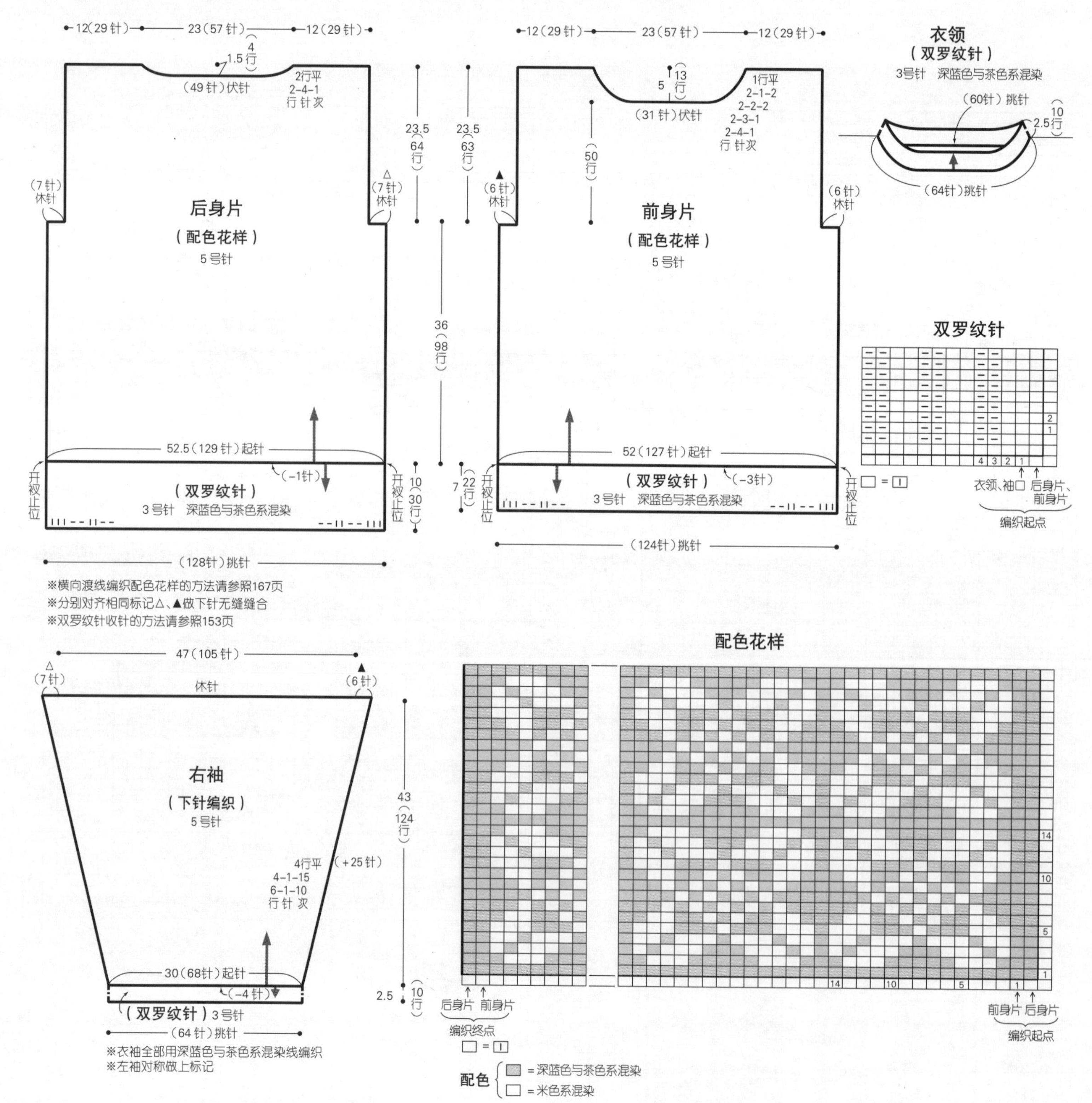

材料

Keito cashmere 浅褐色(002) 120g/3团，原白色(000) 90g/2团；直径18mm的纽扣3颗

工具

棒针8号

成品尺寸

胸围113.5cm，肩宽47cm，衣长66.5cm

编织密度

10cm×10cm面积内：编织花样20针，30行

编织要点

●身片…手指起针，编织单罗纹针、编织花样。参照图示减针。右前身片开扣眼。

●组合…肩部做盖针接合，胁部做挑针缝合。缝上纽扣。

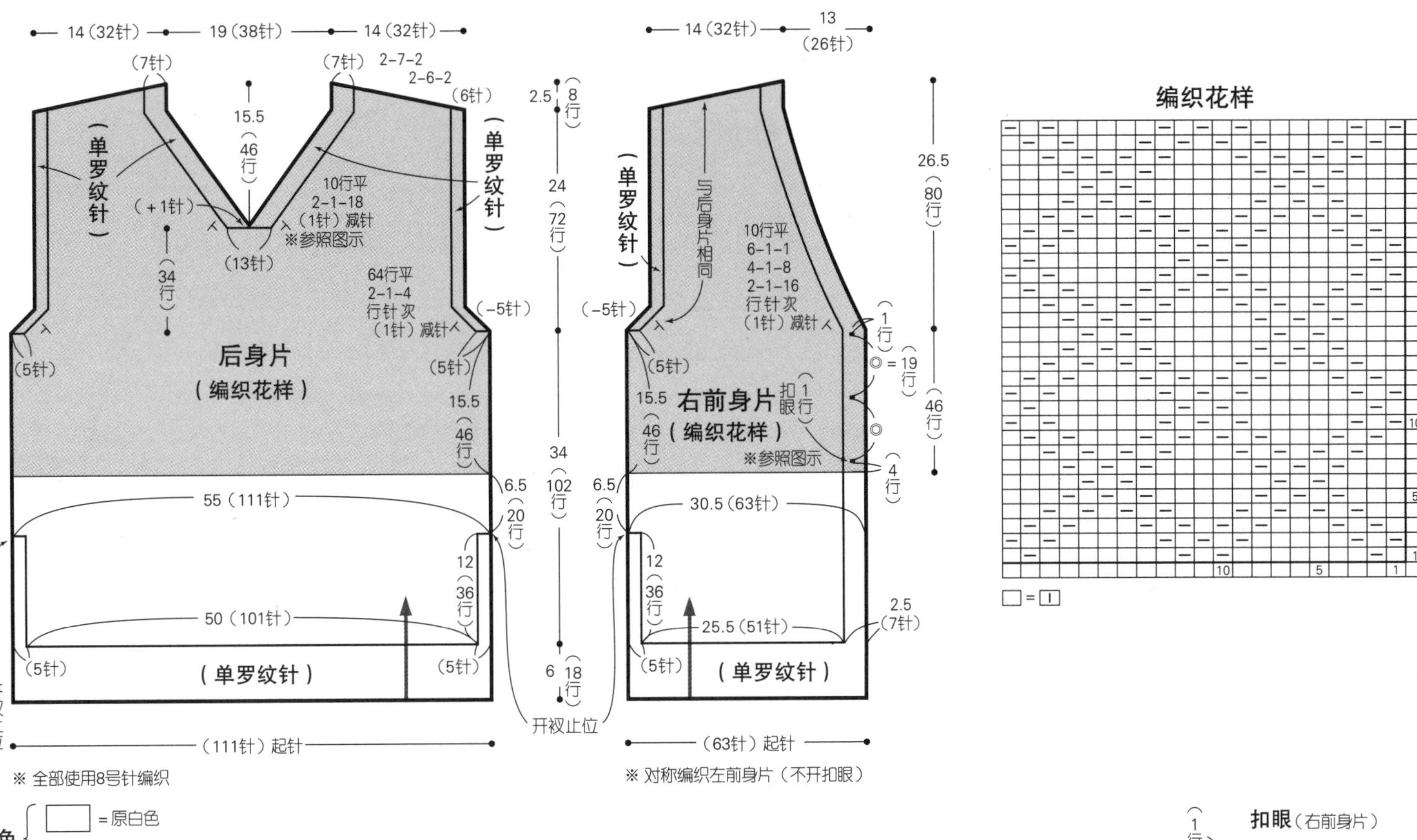

※ 全部使用8号针编织

※ 对称编织左前身片（不开扣眼）

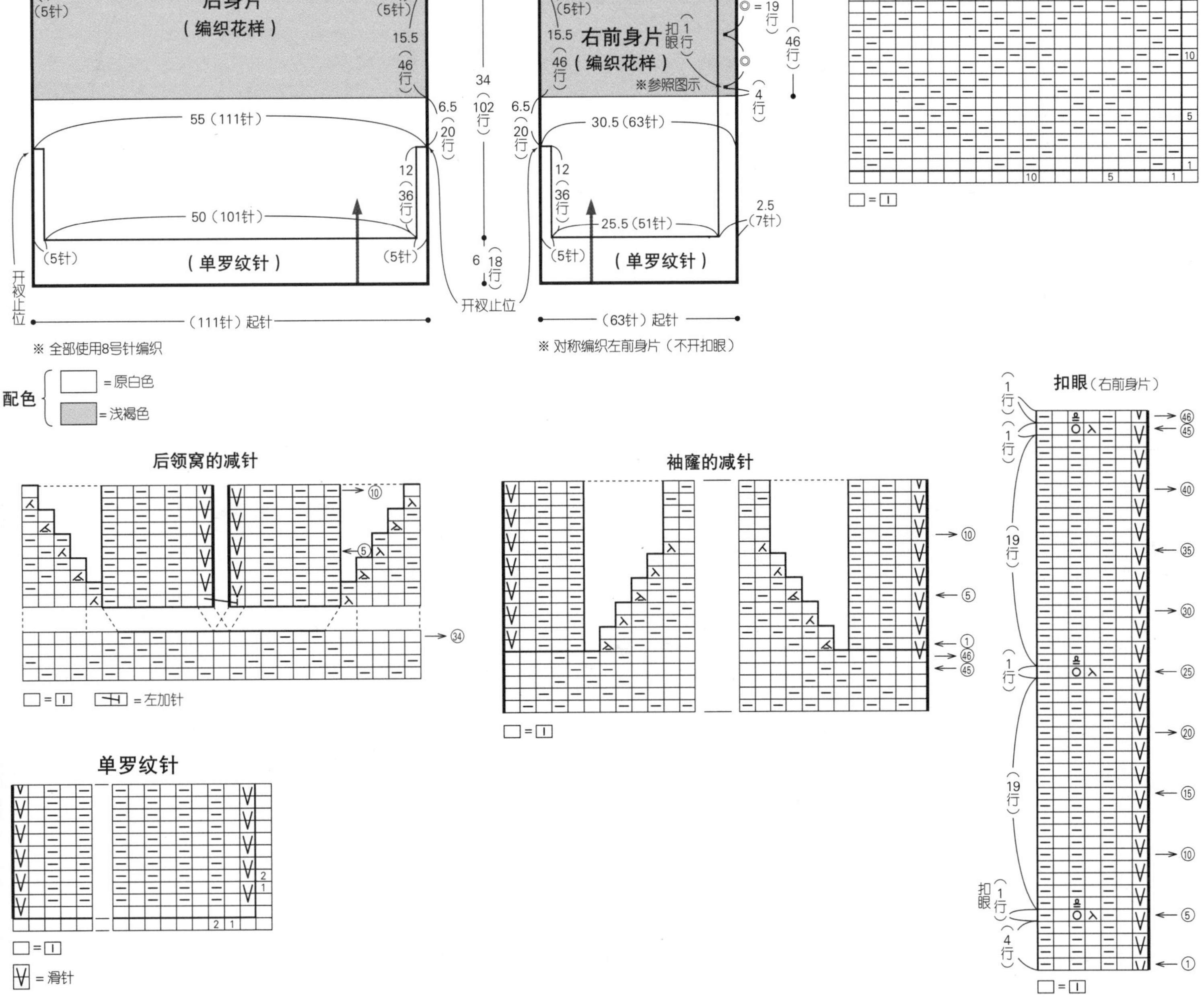

材料

Keito cashmere 黄色(M01)、绿色(M02)、蓝色(M03)各45g/各1团，原白色(000)35g/1团

工具

钩针7.5/0号

成品尺寸

长122cm，宽56cm

编织要点

●锁针起针，编织条纹花样。换色时不渡线，直接剪断，然后处理好线头。

披肩（条纹花样）

7.5/0号针

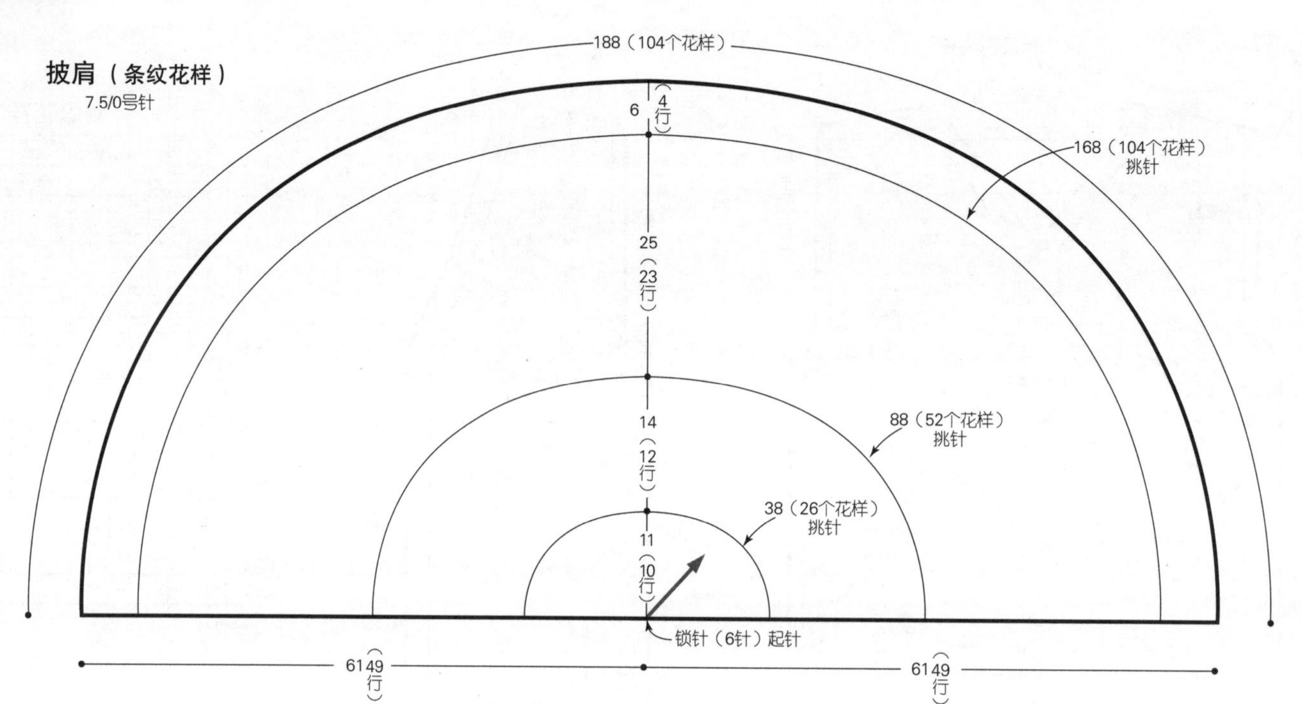

条纹花样的配色

第49行	黄色
第48行	原白色
第47行	绿色
第46行	黄色
第44、45行	蓝色
第43行	原白色
第40~42行	绿色
第39行	黄色
第36~38行	蓝色
第35行	原白色
第33、34行	绿色
第32行	黄色
第31行	蓝色
第28~30行	原白色
第27行	蓝色
第26行	黄色
第22~25行	绿色
第21行	原白色
第19、20行	蓝色
第18行	黄色
第16、17行	蓝色
第14、15行	原白色
第11~13行	绿色
第10行	黄色
第9行	蓝色
第5~8行	原白色
第1~4行	绿色

条纹花样 （第1~10行）

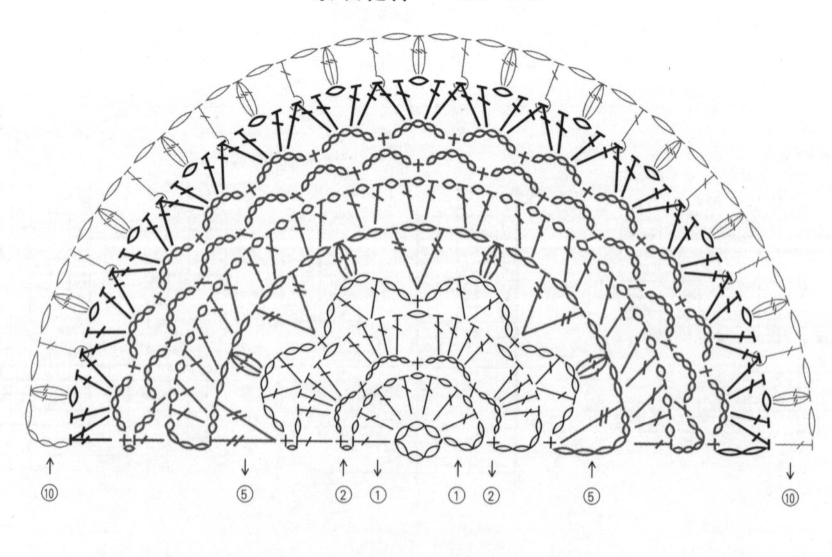

※第4行的长针将钩针插入前一行的针目之间钩织

= 长针的正拉针（从反面编织时编织长针的反拉针）

※长针的反拉针的编织方法请参照113页

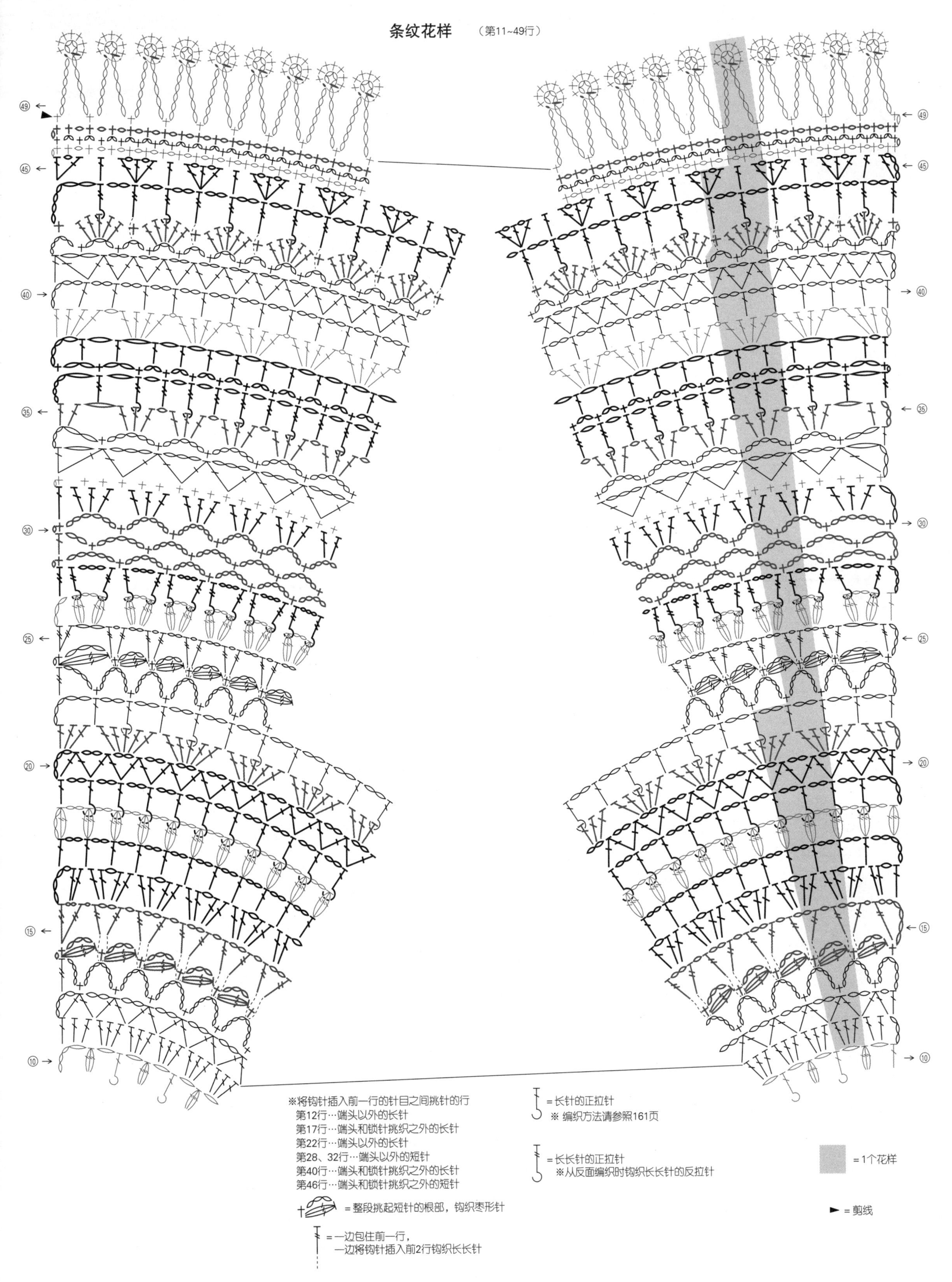
条纹花样 （第11~49行）
49
45
40
35
30
25
20
15
10
※将钩针插入前一行的针目之间挑针的行
第12行…端头以外的长针
第17行…端头和锁针挑织之外的长针
第22行…端头以外的长针
第28、32行…端头以外的短针
第40行…端头和锁针挑织之外的长针
第46行…端头和锁针挑织之外的短针
=整段挑起短针的根部，钩织枣形针
=一边包住前一行，
一边将钩针插入前2行钩织长长针
=长针的正拉针
※ 编织方法请参照161页
=长长针的正拉针
※从反面编织时钩织长长针的反拉针
=1个花样
=剪线

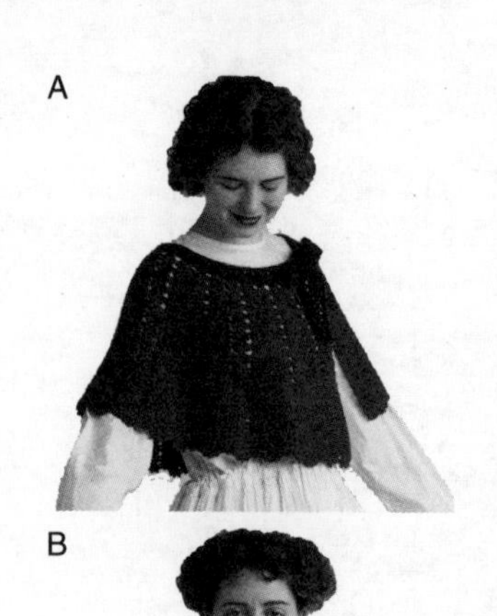

A

B

C

D

E

材料

奥林巴斯 Aria

[A] 红色(5) 180g/6团，茶色(8) 30g/1团

[B] 灰色(2) 210g/6团

[C] 绿色(6) 340g/10团，直径18mm的纽扣2颗

[D] 米色(3) 245g/7团，直径18mm的纽扣2颗

[E] 粉红色(4) 210g/6团

工具

钩针6/0号

成品尺寸

[A、B、E] 长35cm

[C] 长48.5cm(不含肩带)

[D] 长37.5cm(不含肩带)

编织密度

编织花样：编织起点处1个花样5.5cm，编织终点处1个花样10.5cm，均为11行10cm

编织要点

●通用…锁针起针后，参照图示按编织花样A一边钩织一边分散加针。

●A、B、E…在主体的周围做边缘编织A、B。参照图示，从主体起针时的锁针、边缘编织A、另外钩织的锁针上挑针，按编织花样B钩织饰带。最后在饰带的周围钩织引拔针和短针。

●C、D…从起针时的锁针上挑针，按编织花样C钩织拼条。在指定位置留出扣眼。接着钩织短针和边缘编织A、B。钩织肩带，缝在指定位置。最后缝上纽扣。

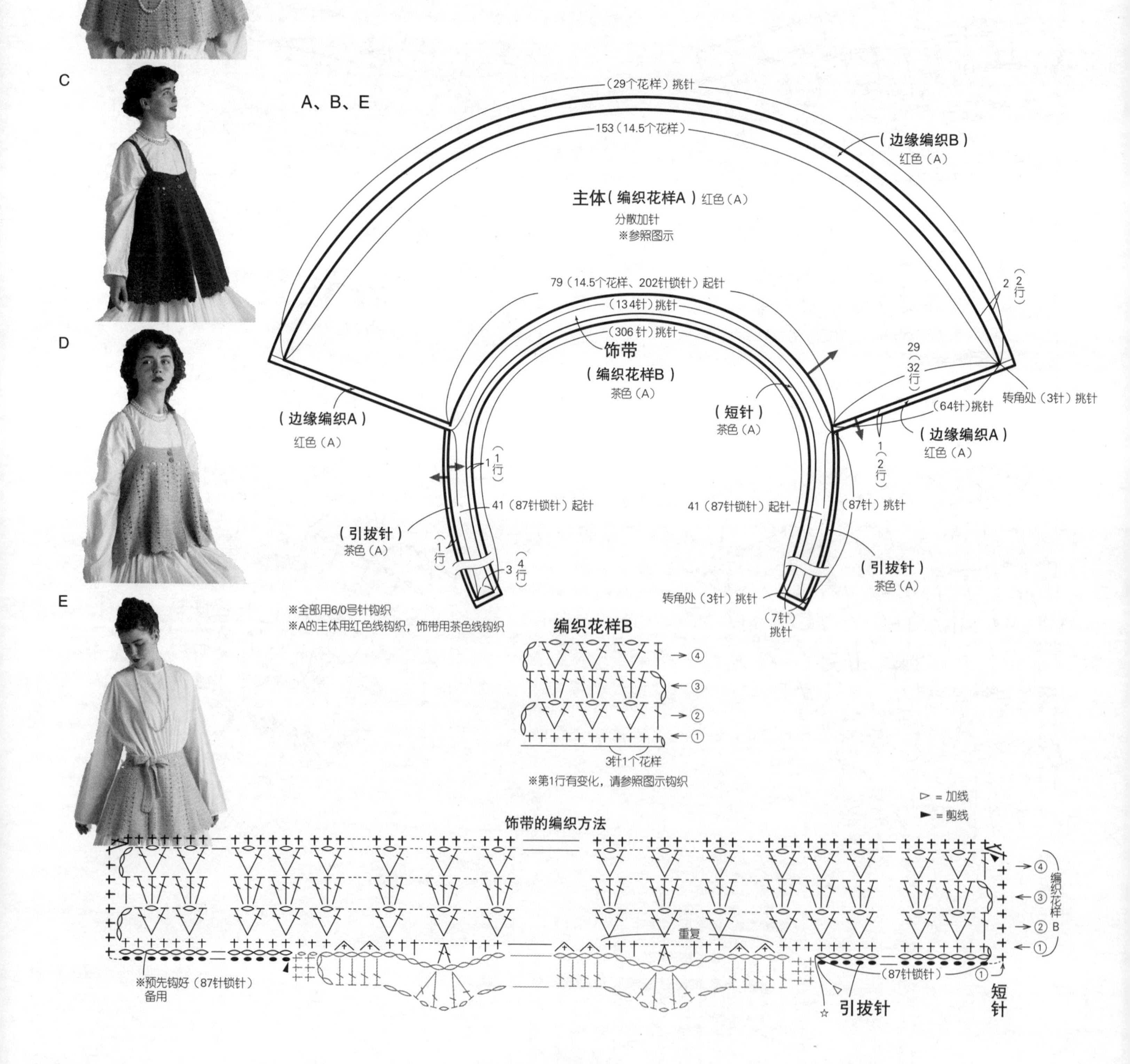

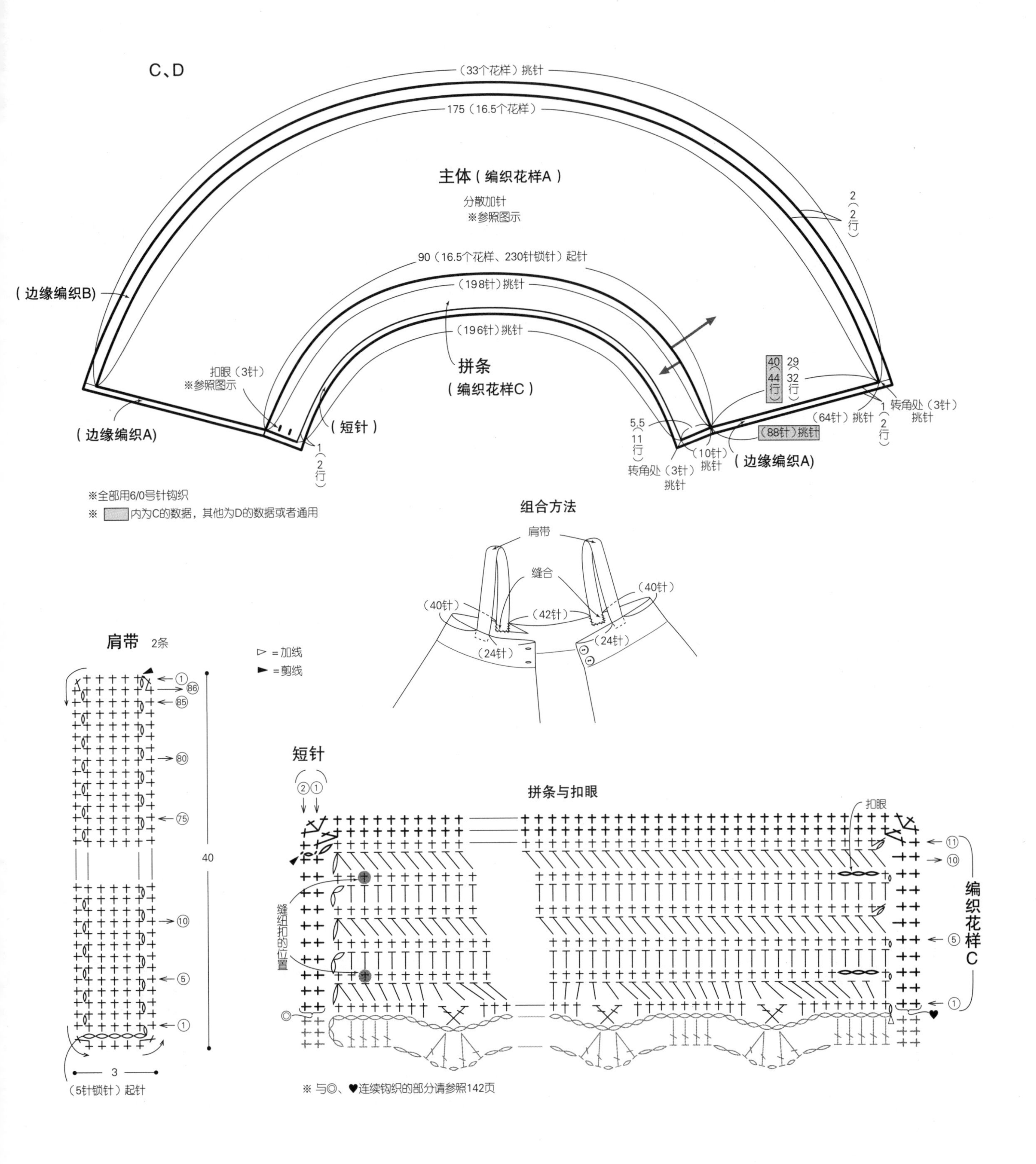
C、D
（33个花样）挑针
175（16.5个花样）
主体（编织花样A）
分散加针
※参照图示
2（2行）
90（16.5个花样、230针锁针）起针
（198针）挑针
（196针）挑针
拼条
（编织花样C）
（边缘编织B）
扣眼（3针）
※参照图示
（短针）
（边缘编织A）
1（2行）
40（44行）
29（32行）
（64针）挑针
1（2行）
转角处（3针）挑针
（88针）挑针
5.5（11行）
（10针）挑针
转角处（3针）挑针
（边缘编织A）
※全部用6/0号针钩织
※ 内为C的数据，其他为D的数据或者通用
组合方法
肩带
缝合
（40针）
（40针）
（42针）
（24针）
（24针）
肩带 2条
▷ =加线
▶ =剪线
40
3
（5针锁针）起针
短针
拼条与扣眼
扣眼
缝纽扣的位置
编织花样C
※ 与◎、♥连续钩织的部分请参照142页

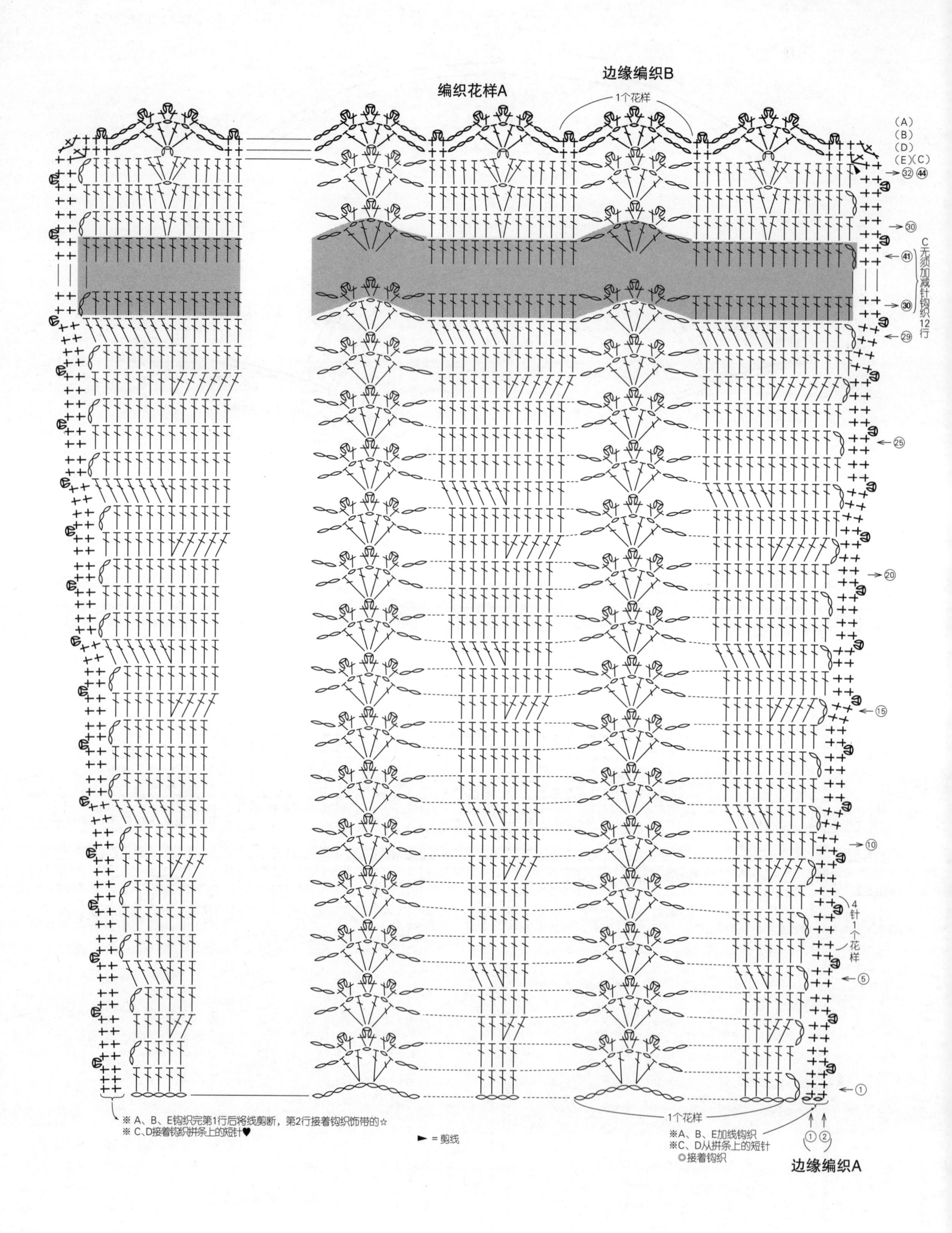
边缘编织B
编织花样A
1个花样
(A)
(B)
(D)
(E)(C)
32 44
30
41
30
C无须加减针钩织12行
29
25
20
15
10
4针1个花样
5
1
1个花样
※ A、B、E钩织完第1行后将线剪断，第2行接着钩织饰带的☆
※ C、D接着钩织拼条上的短针♥
► = 剪线
※A、B、E加线钩织
※C、D从拼条上的短针◎接着钩织
1 2
边缘编织A

材料

和麻纳卡 itoa玩偶线、纯毛中细、纯毛中细（渐变）、Piccolo、Amerry、Amerry F（粗），线的使用量和辅料请参照下表

工具

钩针 3/0 号、4/0 号、5/0 号

成品尺寸

参照图示

编织要点

●参照图示钩织各部件。参照组合方法进行组合。

46、47 页的作品 ★★★

线的使用量和辅料（1只松鼠的用量）

使用线	色名（色号）	使用量	辅料
itoa玩偶线	土黄色（316）	11g / 1团	填充棉 适量 直径6mm的蘑菇扣眼睛 2颗
	亮茶色（315）	5g / 1团	
	原白色（302）	4g / 1团	
纯毛中细	深棕色（5）	1g / 1团	
Piccolo	米色（38）	少量 / 1团	

松鼠 1只的用量

※除指定以外均用3/0号针钩织

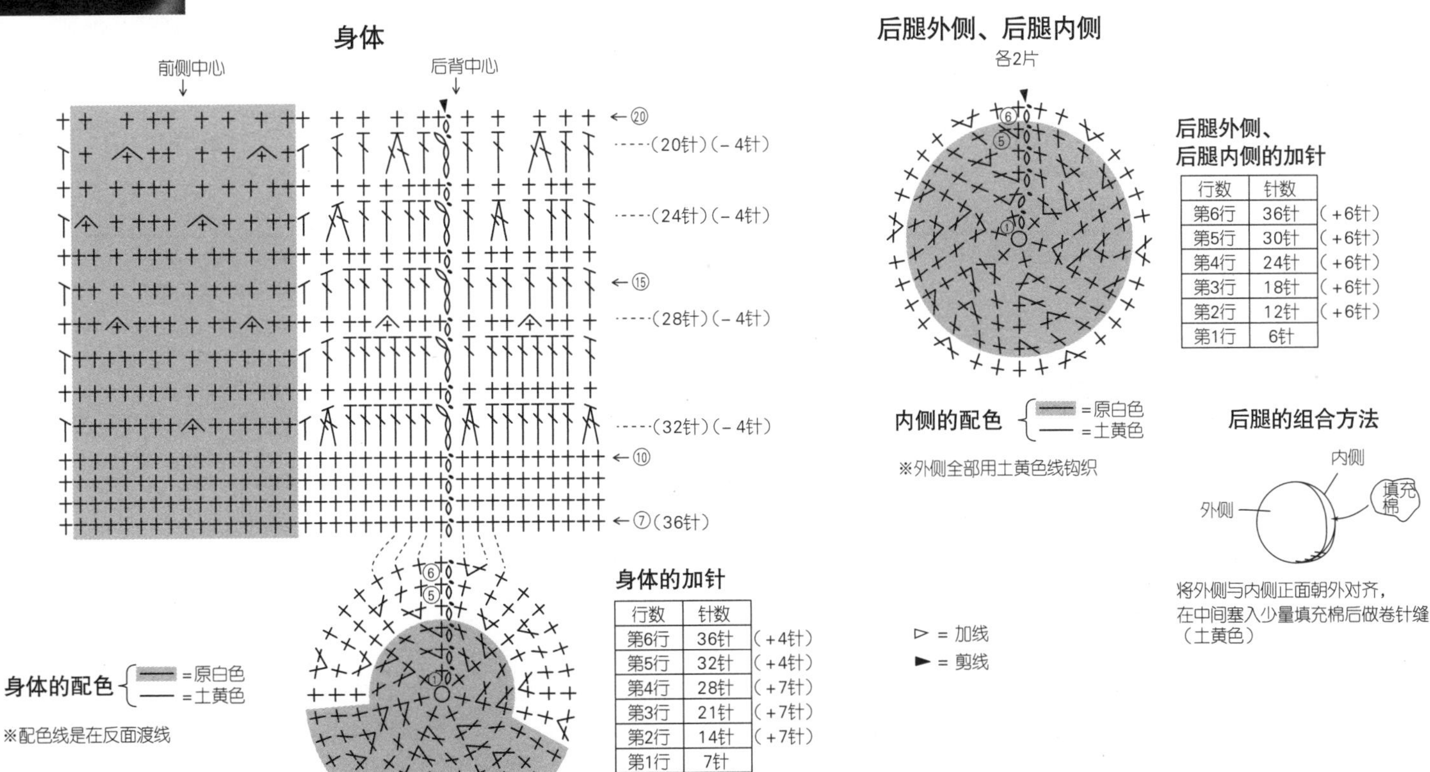

身体的加针

行数	针数	
第6行	36针	（+4针）
第5行	32针	（+4针）
第4行	28针	（+7针）
第3行	21针	（+7针）
第2行	14针	（+7针）
第1行	7针	

后腿外侧、后腿内侧的加针

行数	针数	
第6行	36针	（+6针）
第5行	30针	（+6针）
第4行	24针	（+6针）
第3行	18针	（+6针）
第2行	12针	（+6针）
第1行	6针	

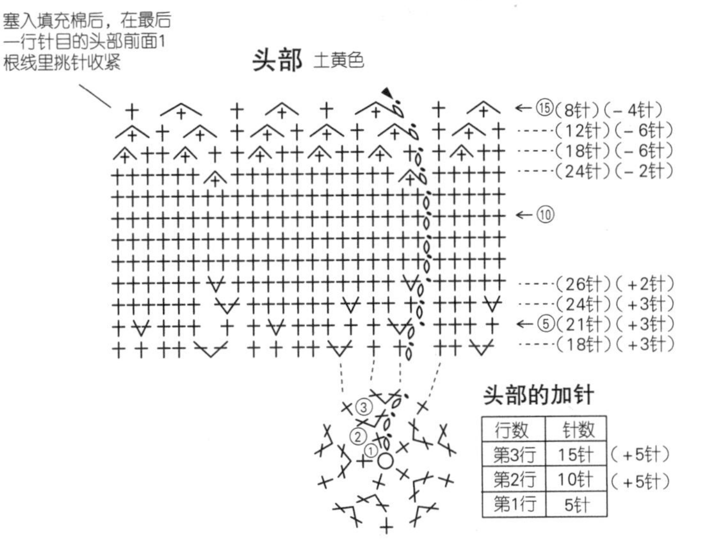

头部的加针

行数	针数	
第3行	15针	（+5针）
第2行	10针	（+5针）
第1行	5针	

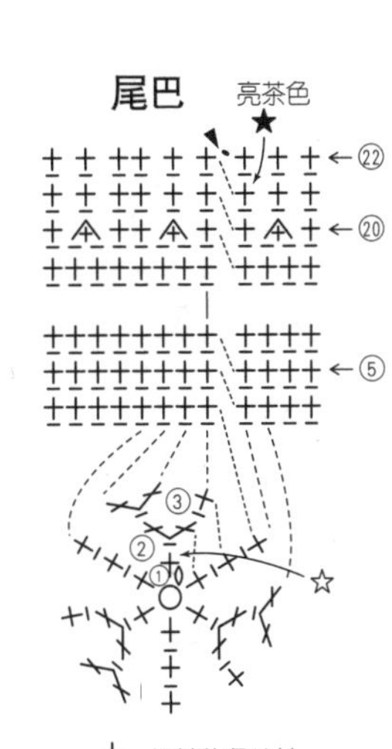

± = 短针的条纹针

※钩织方法请参照147页

尾巴的加减针

行数	针数	
第21~22行	9针	
第20行	9针	（－3针）
第4~19行	12针	
第3行	12针	（+3针）
第2行	9针	（+3针）
第1行	6针	

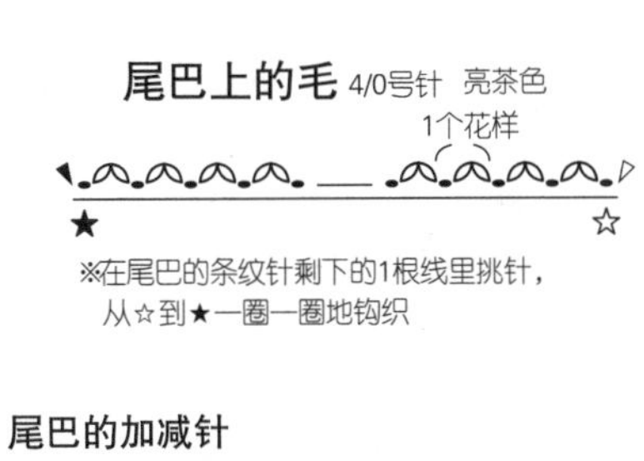

※在尾巴的条纹针剩下的1根线里挑针，从☆到★一圈一圈地钩织

鼻子 深棕色

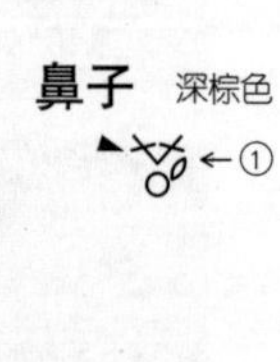

耳朵 土黄色 2片

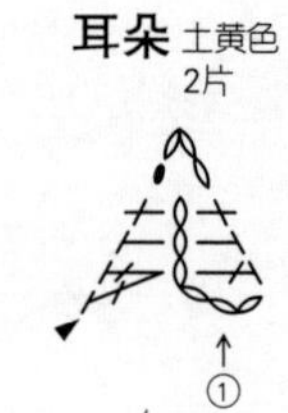

后腿前端 土黄色 2片

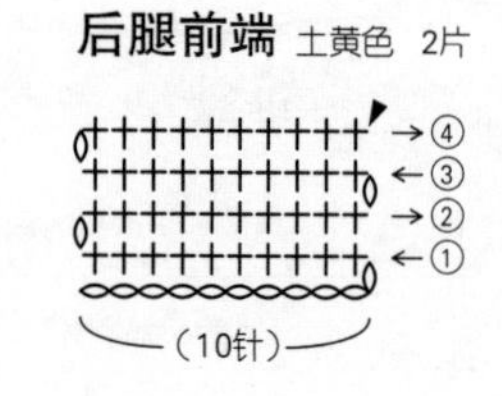

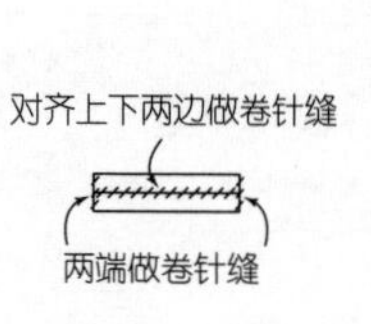

前腿 土黄色 2条

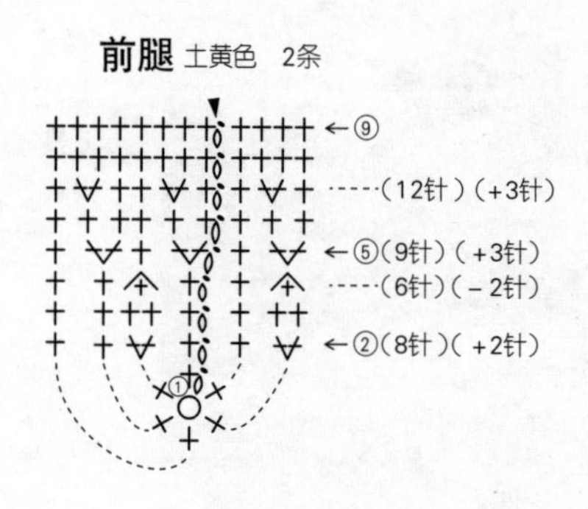

▷ = 加线
► = 剪线

组合方法

①在身体中塞入填充棉

②将身体后背的2行倒向内侧，缝合身体与头部

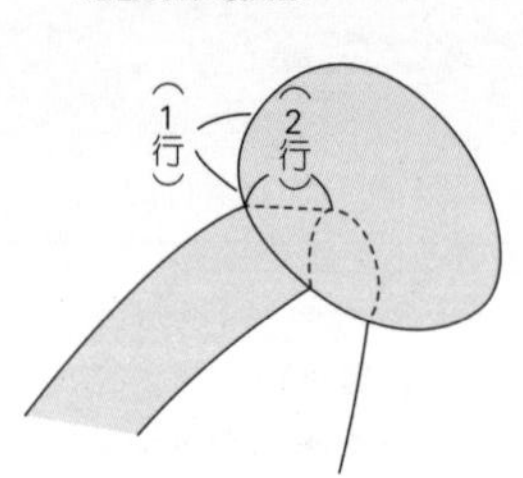

③将前腿的编织终点缝在身体的换色位置，将后腿的中心对齐身体的换色位置，缝合后背侧的一半针目

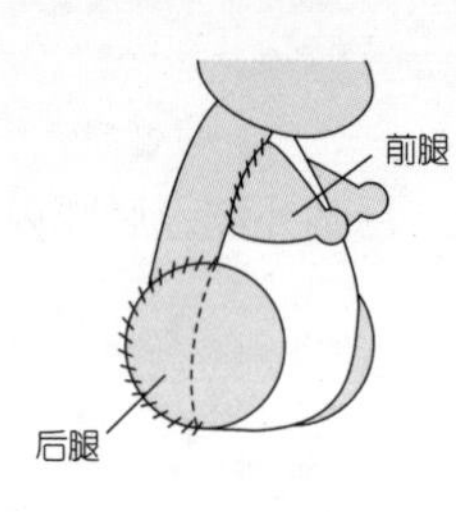

④缝上后腿的前端、尾巴

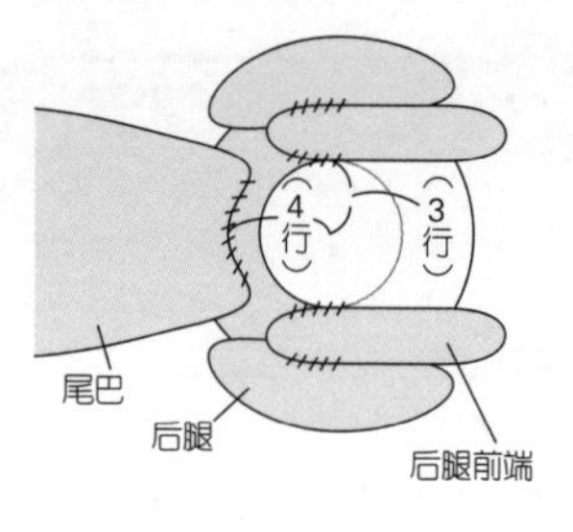

⑤缝上鼻子，在鼻子下端做直线绣

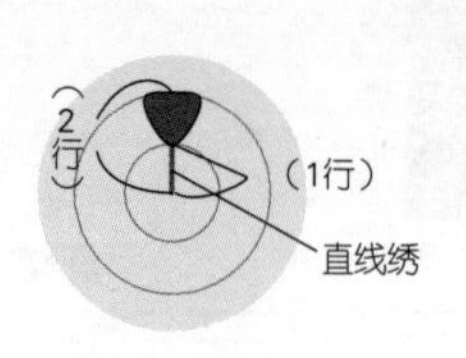

⑥缝上蘑菇扣眼睛。在眼睛周围绕一圈原白色线，将深棕色线对半分股，做直线绣固定

⑦缝上耳朵

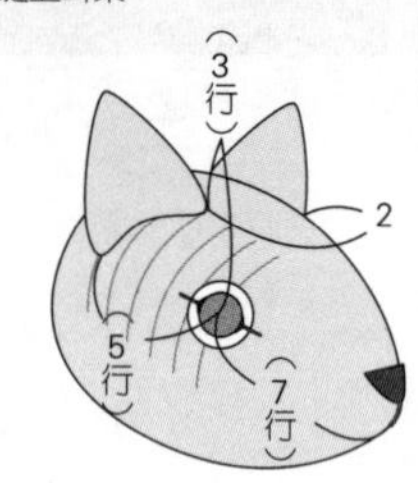

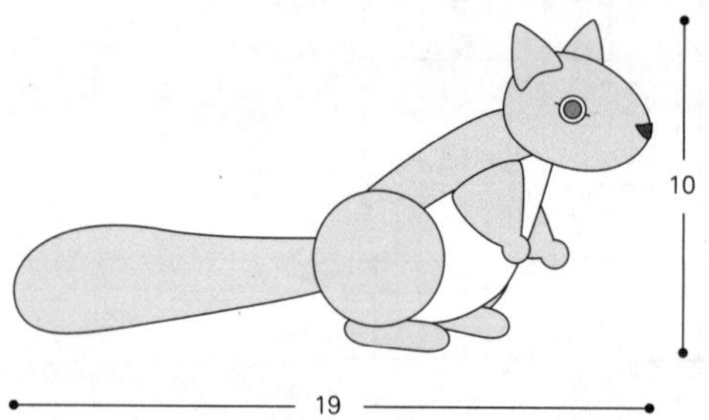

⑧将尾巴缝在后背的第11、14行，再将橡实缝在前腿上（橡实的钩织方法请参照下面）

橡实

每种颜色各3个
※全部用3/0号针钩织

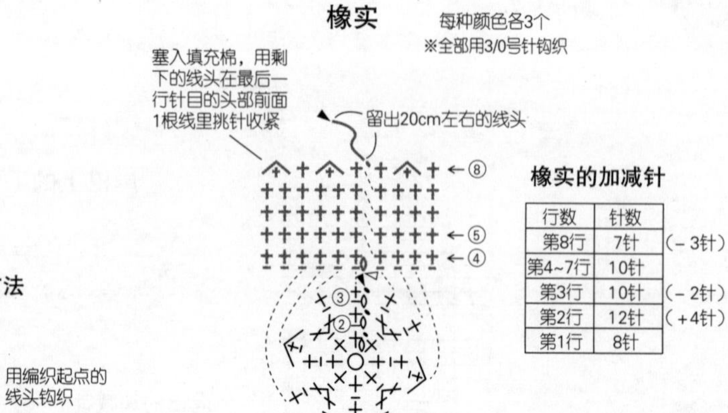

橡实的加减针

行数	针数	
第8行	7针	(-3针)
第4~7行	10针	
第3行	10针	(-2针)
第2行	12针	(+4针)
第1行	8针	

配色 { —— = Piccolo；------ = 纯毛中细或者纯毛中细（渐变）

± = 短针的条纹针
※钩织方法请参照147页

线的使用量和辅料（分别是3个橡实的用量）

	使用线	色名（色号）	使用量	辅料
A	纯毛中细	深棕色（5）	各2g / 各1团	填充棉适量
	Piccolo	米色（38）		
B	纯毛中细	浅茶色（46）		
	Piccolo	米色（38）		
C	纯毛中细	绿色（24）		
	Piccolo	米色（38）		
D	纯毛中细（渐变）	浅茶色与橘黄色系段染（110）		
	Piccolo	米色（38）		

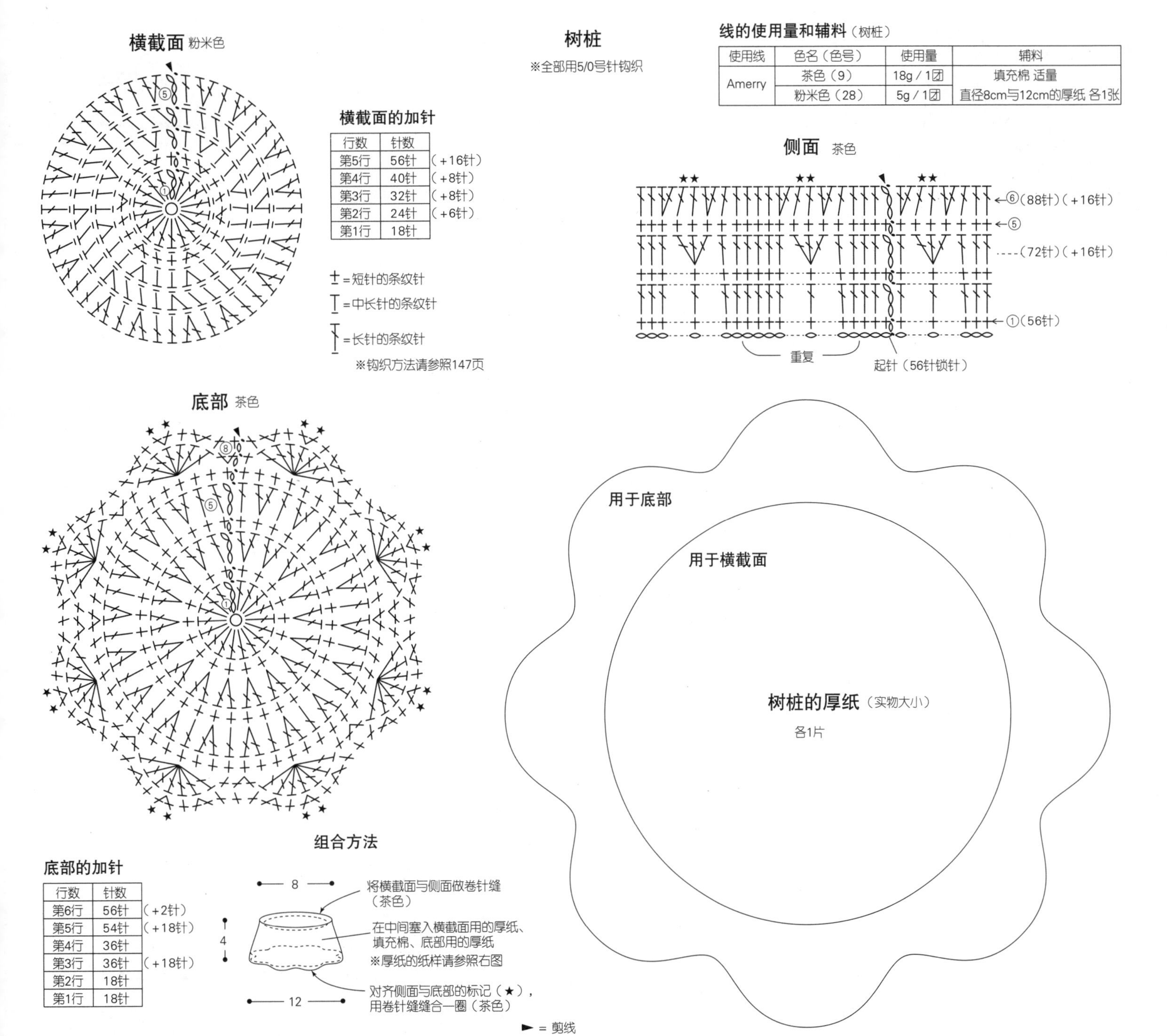

树桩

※全部用5/0号针钩织

线的使用量和辅料（树桩）

使用线	色名（色号）	使用量	辅料
Amerry	茶色（9）	18g / 1团	填充棉 适量
	粉米色（28）	5g / 1团	直径8cm与12cm的厚纸 各1张

横截面的加针

行数	针数	
第5行	56针	（+16针）
第4行	40针	（+8针）
第3行	32针	（+8针）
第2行	24针	（+6针）
第1行	18针	

底部的加针

行数	针数	
第6行	56针	（+2针）
第5行	54针	（+18针）
第4行	36针	
第3行	36针	（+18针）
第2行	18针	
第1行	18针	

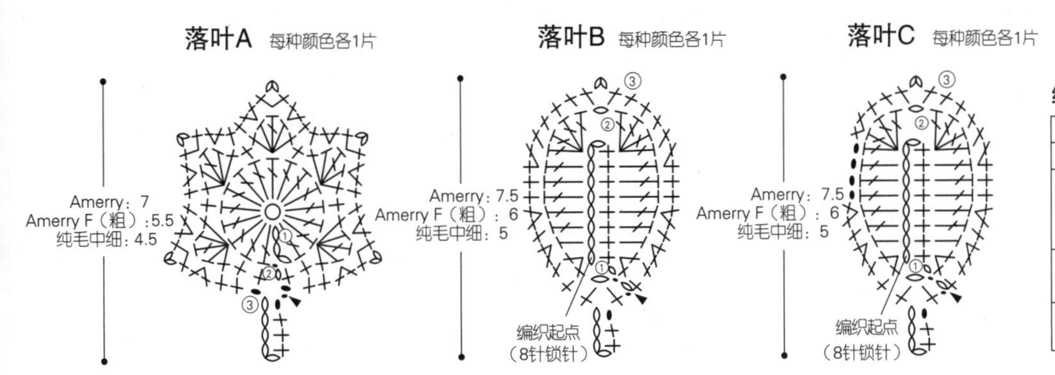

线的使用量（落叶A、B、C各1片的用量）与针号

使用线	色名（色号）	使用量	使用针
Amerry	浅绿色（33）	5g / 1团	5/0号针
Amerry F（粗）	黄色（503）	各5g / 各1团	4/0号针
	橘黄色（507）		
	黄绿色（516）		
纯毛中细	驼色（4）	各3g / 各1团	3/0号针
	深绿色（40）		
纯毛中细（渐变）	浅茶色与橘黄色系段染（110）	3g / 1团	3/0号针

材料

[马甲] 和麻纳卡 Sonomono Alpaca Wool 灰色(49) 500g/13团

[狗狗毛衫] 和麻纳卡 Sonomono Alpaca Wool 淡灰色(154) 90g/3团

工具

棒针10号、8号、6号

成品尺寸

[马甲] 胸围112cm，肩宽51cm，衣长63cm

[狗狗毛衫] 胸围50cm，衣长41.5cm

编织密度

10cm×10cm面积内：编织花样18针，24行(10号针)；下针编织14针，24行

编织要点

●马甲…手指起针，做编织花样。减2针及以上时做伏针减针，减1针时立起侧边1针减针。肩部做盖针接合，胁部做挑针缝合。衣领、袖窿挑取指定数量的针目，编织单罗纹针。编织终点做下针织下针、上针织上针的伏针收针。

●狗狗毛衫…手指起针，编织起伏针、下针编织。参照图示加针。减2针及以上时做伏针减针，减1针时立起侧边1针减针。分别对齐★、☆标记处做对齐针与行缝合。分别对齐♡、♥标记处做挑针缝合。衣袖挑起指定数量的针目，环形编织下针和双罗纹针。袖下参照图示减针。编织终点做下针织下针、上针织上针的伏针收针。衣领挑起指定数量的针目，环形编织双罗纹针，编织终点的收针方法和衣袖相同。

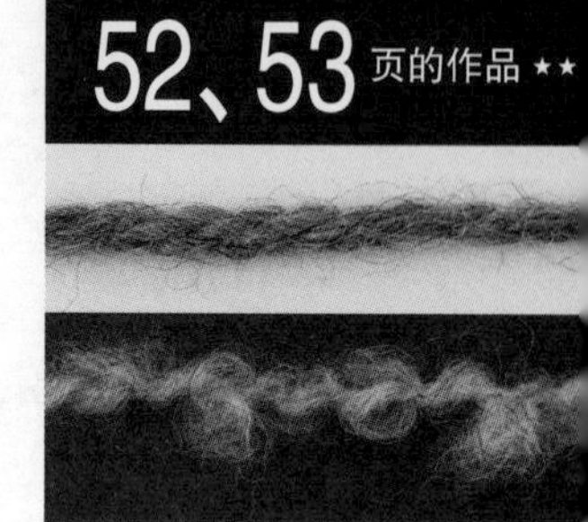

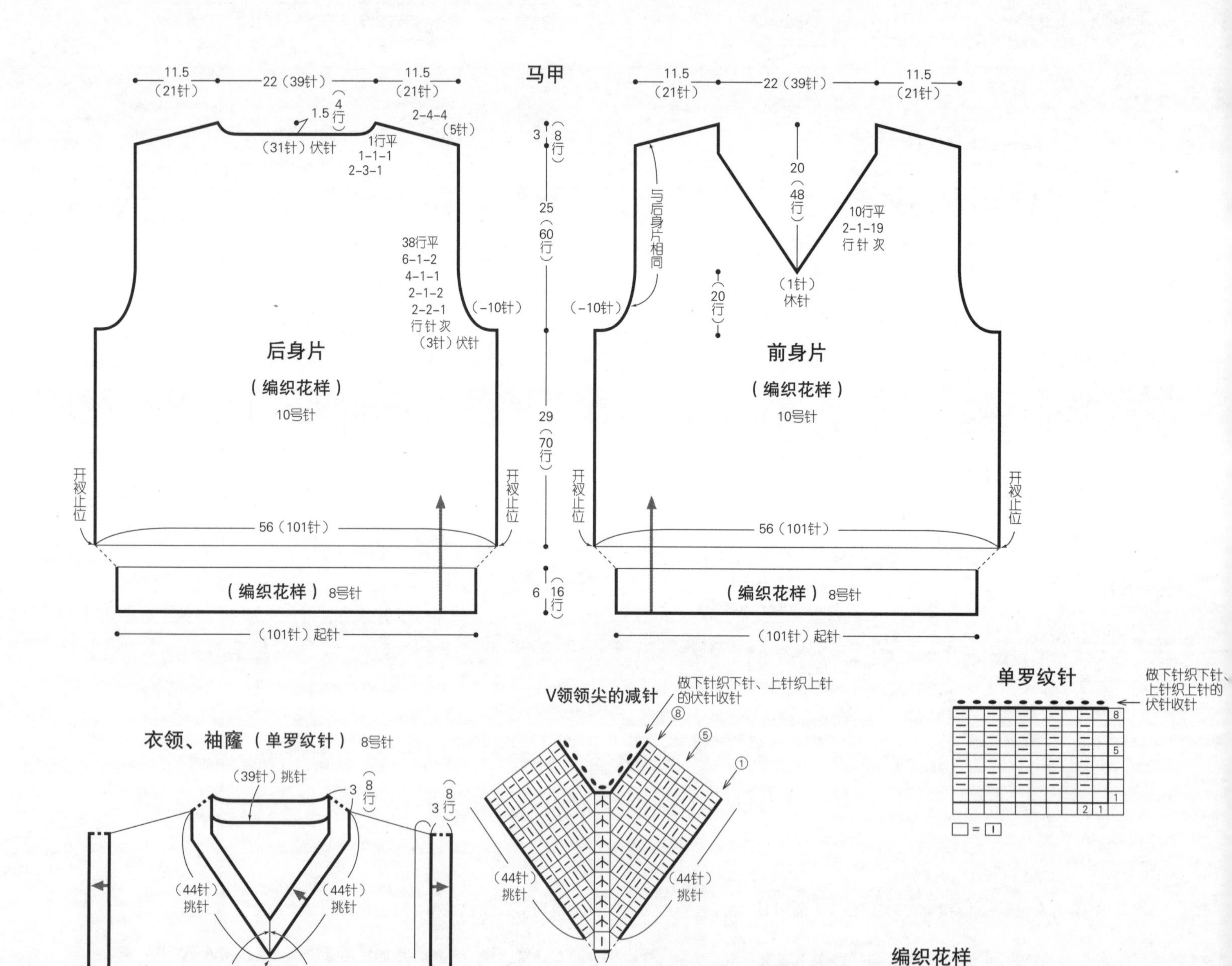

狗狗毛衫

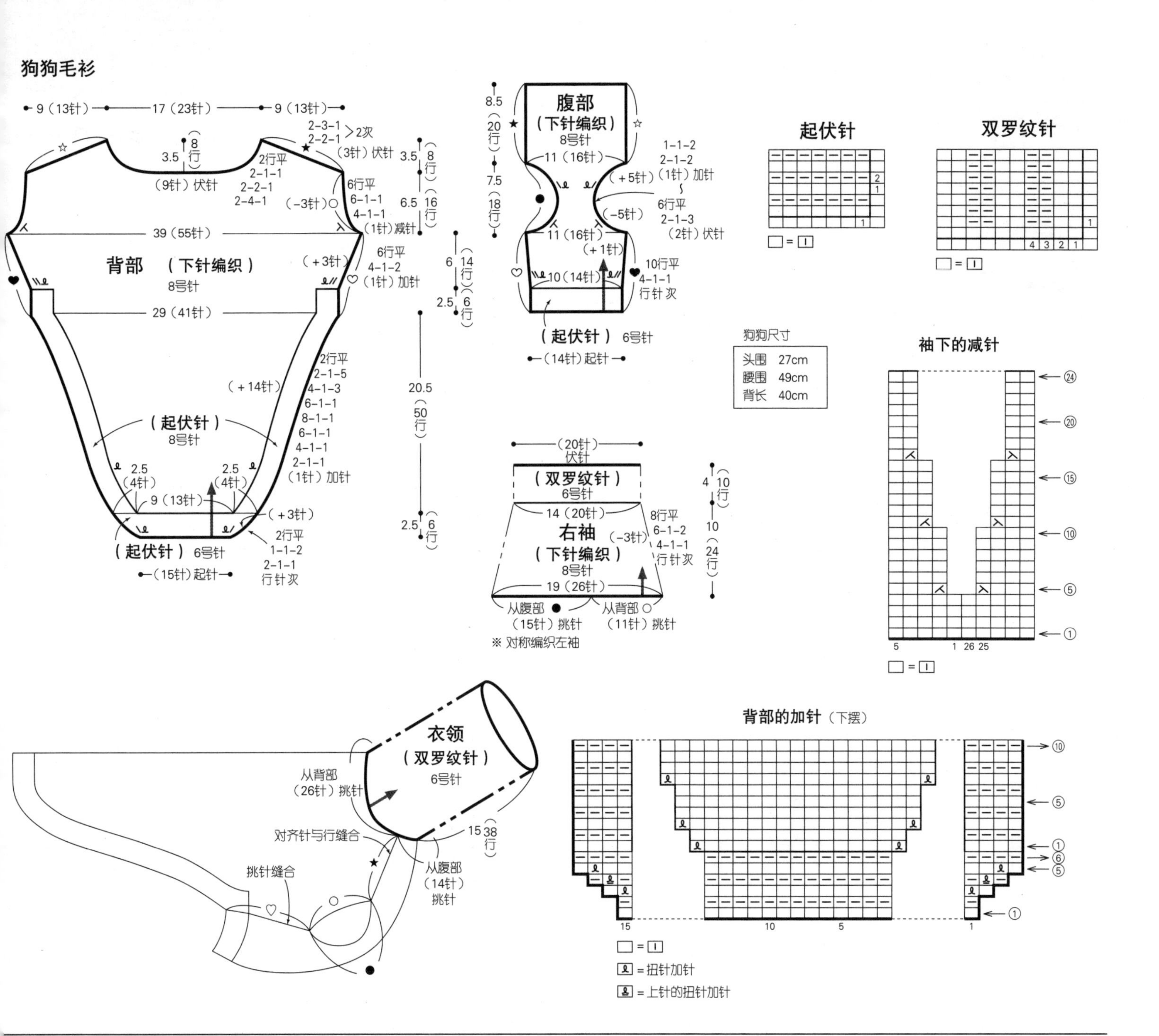

短针的条纹针
（环形编织的情况）

1 立织1针锁针，将钩针插入前一行针目头部的后侧半针，钩织短针。

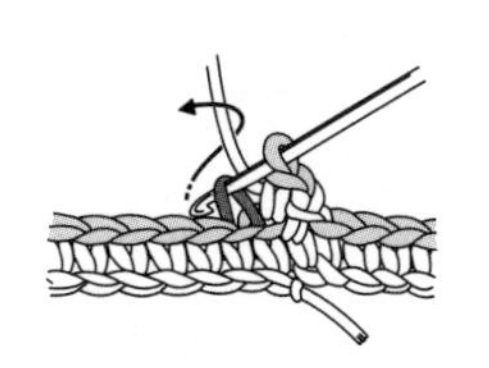

2 下一针也将钩针插入后侧的半针锁针，钩织短针。

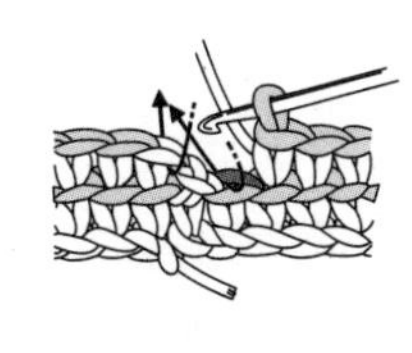

3 钩织1圈后，将钩针插入最初的短针的头部2根线，钩织引拔针。

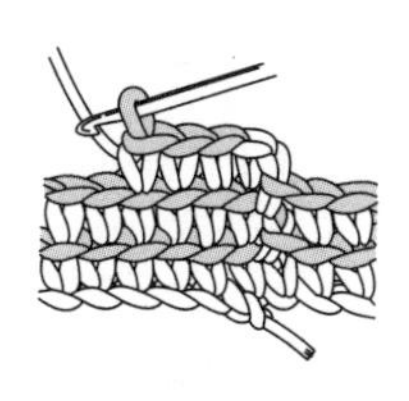

4 立织1针锁针，按照前一行的方法继续钩织。

长针的条纹针
（环形编织的情况）

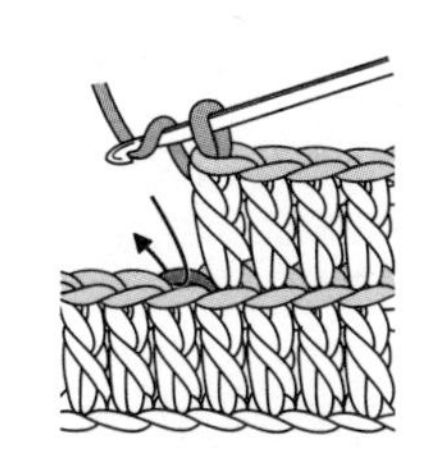

1 从正面编织的行，将钩针插入前一行针目头部的后侧半针。

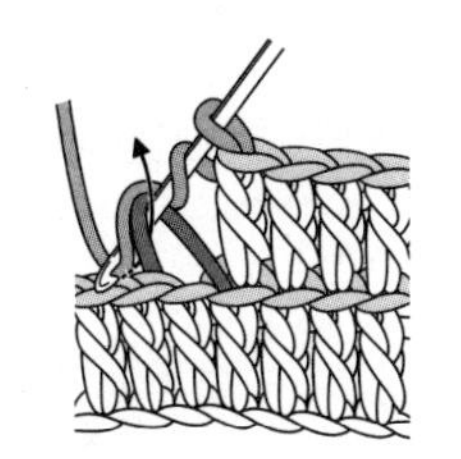

2 挂线并拉出。

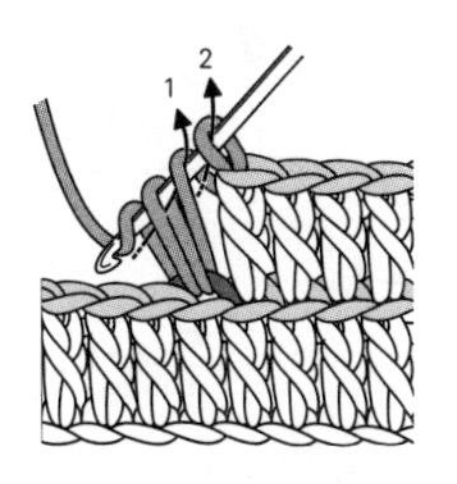

3 挂线，依次从钩针上的2个线圈中引拔出，钩织长针。

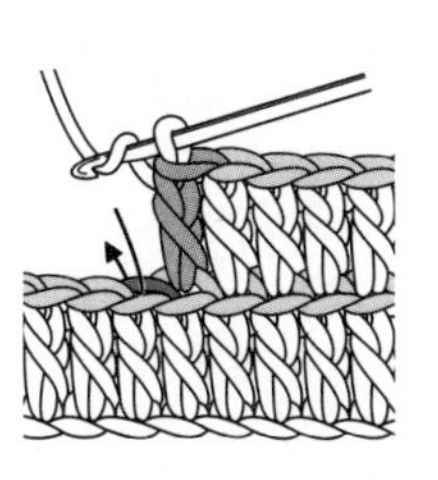

4 长针的条纹针完成了。下一针也按照相同要领继续钩织。

材料

芭贝 British Eroika 蓝色（198）

[S号] 470g/10团

[M号] 500g/10团

[L号] 560g/12团

[XL号] 590g/12团

工具

棒针9号、7号，钩针7/0号

成品尺寸

[S号] 衣长63cm，连肩袖长24cm

[M号] 衣长63cm，连肩袖长25.5cm

[L号] 衣长67cm，连肩袖长27cm

[XL号] 衣长67cm，连肩袖长28.5cm

编织密度

10cm×10cm面积内：编织花样C和D均为20针，22.5行

编织要点

●身片…手指起针，编织单罗纹针和编织花样A、B、C、D、A'。领窝减针时，立起侧边1针减针。

●组合…肩部钩织引拔针接合。衣领挑起指定数量的针目，环形编织单罗纹针。编织终点做单罗纹针收针。胁部接着前后身片编织单罗纹针。编织终点的收针方法和衣领相同。编织细绳，缝在指定位置。

S、M号

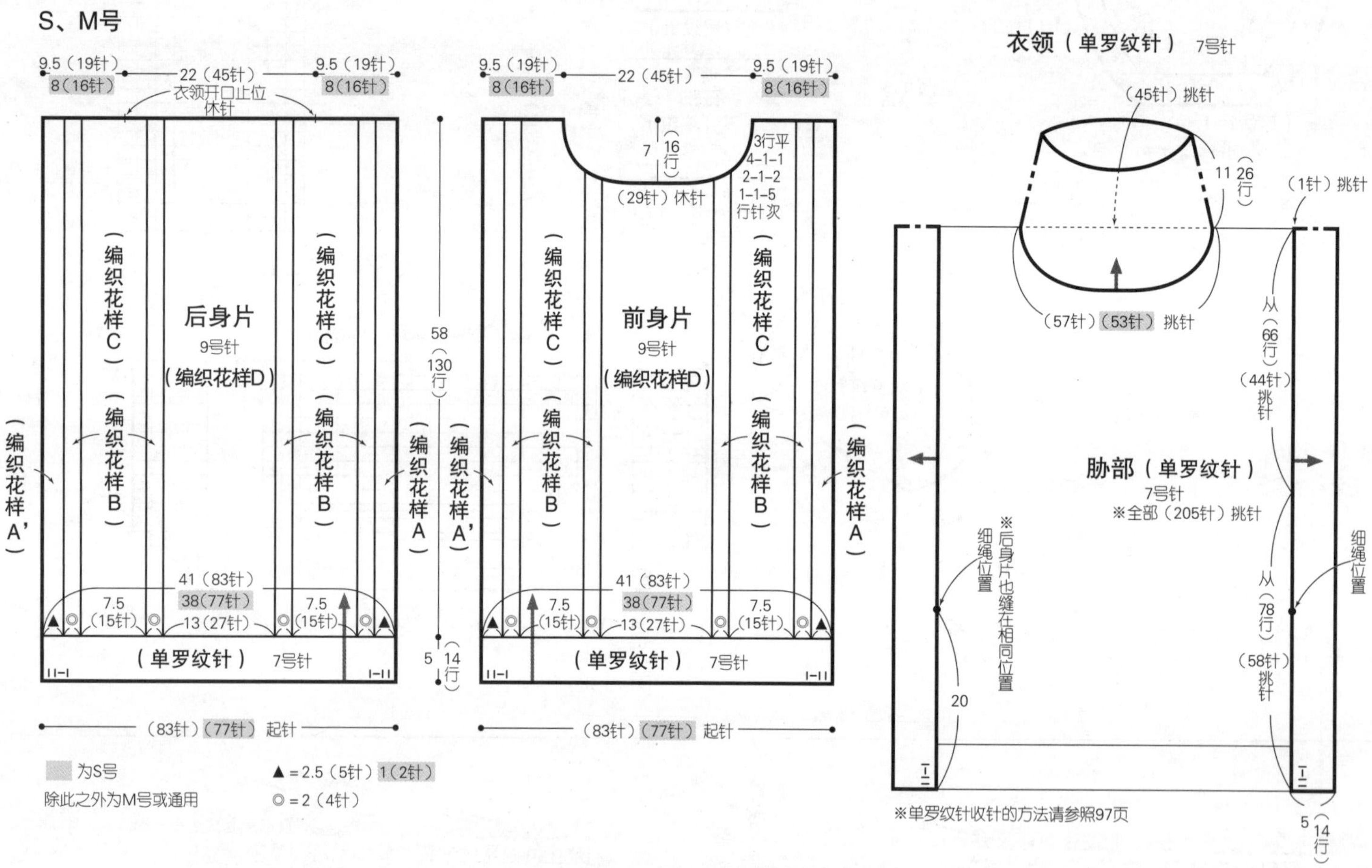

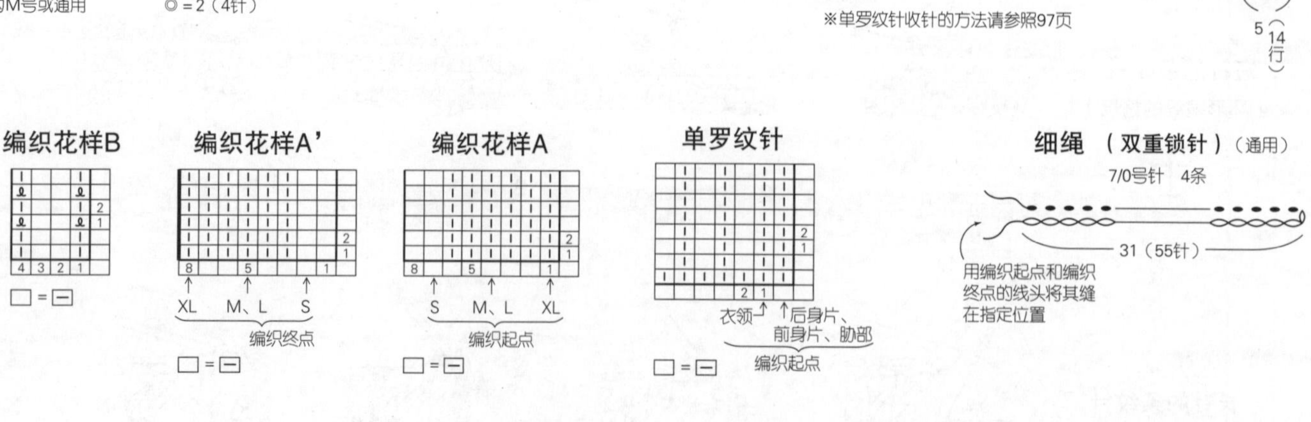

L、XL号

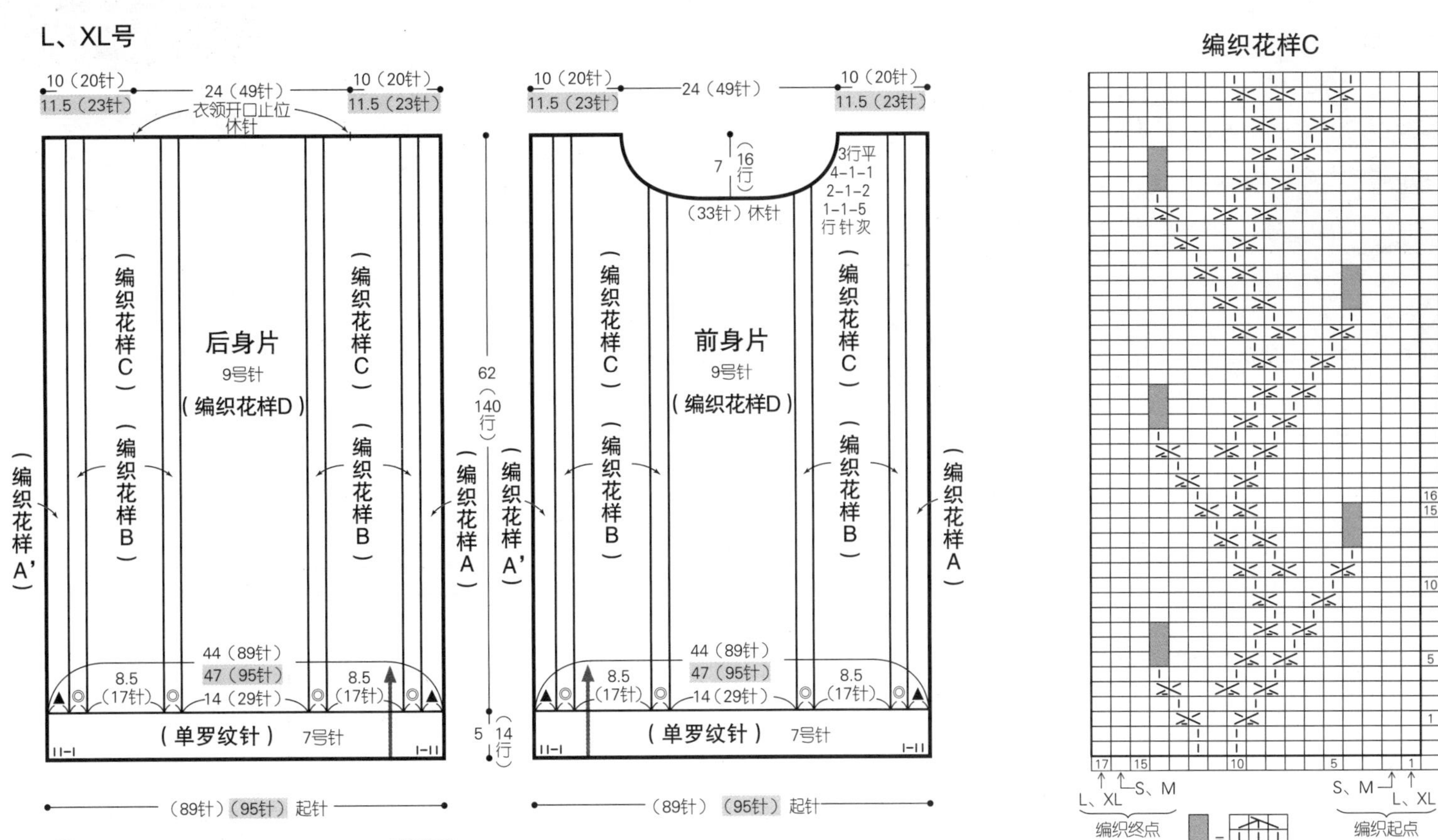

10（20针）
11.5（23针）
24（49针）
衣领开口止位
休针
后身片
9号针
（编织花样D）
编织花样C
编织花样B
编织花样A'
编织花样A
62（140行）
44（89针）
47（95针）
8.5（17针）
14（29针）
单罗纹针
7号针
5（14行）
（89针）（95针）起针
前身片
7（16行）
3行平
4-1-1
2-1-2
1-1-5
行针次
（33针）休针
编织花样C
编织终点
编织起点
L、XL
S、M

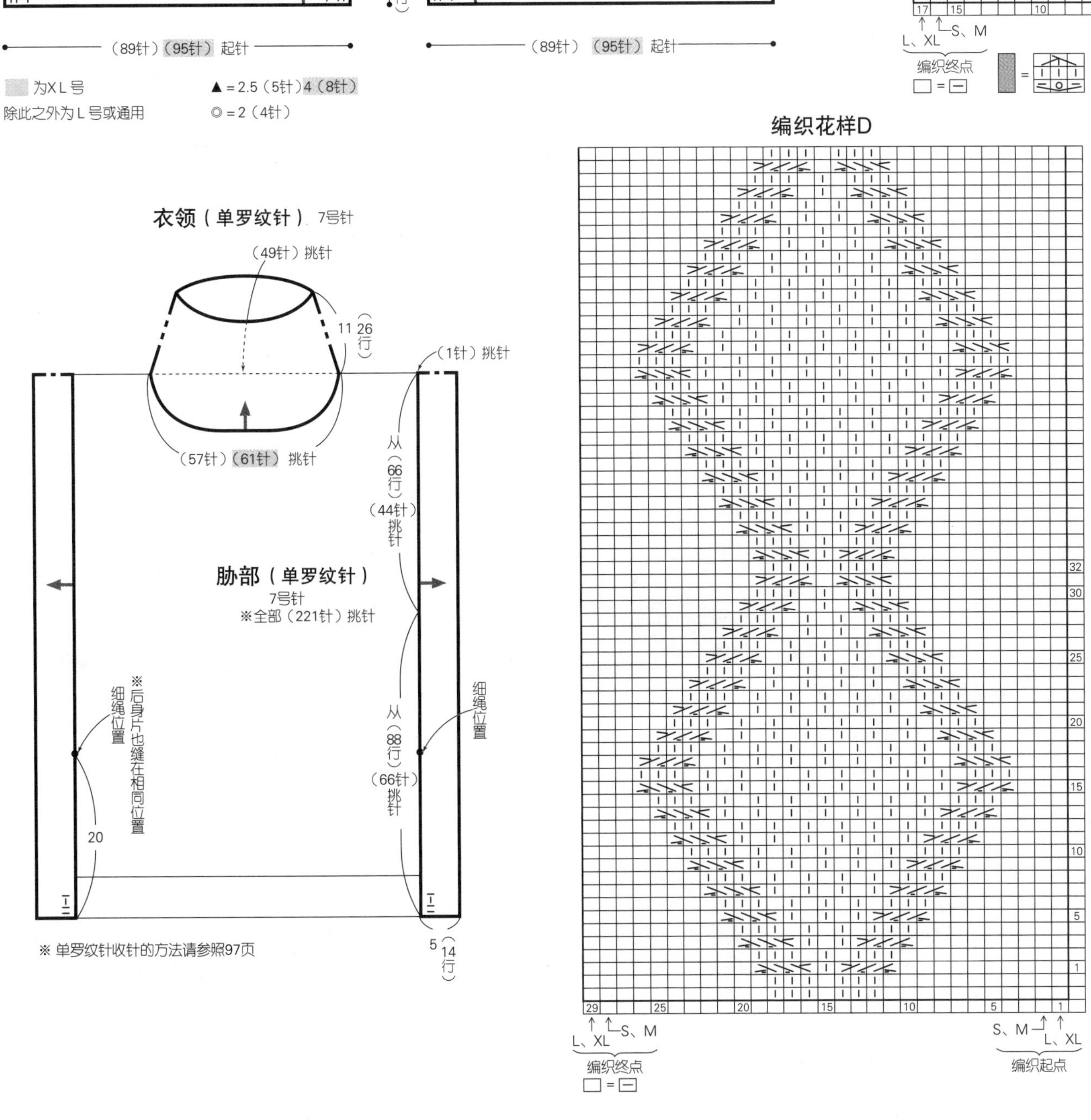

为XL号
除此之外为L号或通用
▲=2.5（5针）4（8针）
◎=2（4针）
编织花样D
衣领（单罗纹针）7号针
（49针）挑针
11（26行）
（1针）挑针
（57针）（61针）挑针
从（66行）（44针）挑针
胁部（单罗纹针）
7号针
※全部（221针）挑针
从（88行）（66针）挑针
细绳位置
※后身片也缝在相同位置
20
5（14行）
※单罗纹针收针的方法请参照97页
编织终点
编织起点
L、XL
S、M

材料

芭贝 Queen Anny 橄榄绿色(945)50g/1团，深粉色(974) 5g/1团，芥末黄色(104)少量/1团，黄绿色(935)少量/1团

工具

棒针4号

成品尺寸

袜围17cm

编织密度

10cm×10cm面积内：配色花样23针，31行

编织要点

●用钩针在棒针上起针，环形编织单罗纹针。继续编织单罗纹针和配色花样。配色花样参照第58页编织。编织至18行以后，单罗纹针部分做下针织下针、上针织上针的伏针收针。下一行，用编织着起针的方法起21针。编织终点用弹性伏针收针法(suspend bind off)收针。在指定位置做下针刺绣。

护踝袜

(44针)

1.5(5行)

13(40行)

袜背(配色花样)

袜底(单罗纹针)

16(49行)

(21针)起针

0.5(1行)

伏针

5.5(18行)

(+2针)

10(23针)

7(21针)

1.5(5行)

(单罗纹针)

(42针)起针

※ 全部使用4号针编织

※ 除指定以外均用橄榄绿色线编织

编织着起针

※ 本作品将织片翻转过来按照相同要领起针21针

1 做1个线圈挂在棒针上，将线圈拉紧，此为第1针。

2 将右棒针插入左棒针上的针目。

3 将线拉出。

4 将线圈挂到左棒针上。

5 将线圈拉紧。这是第2针。

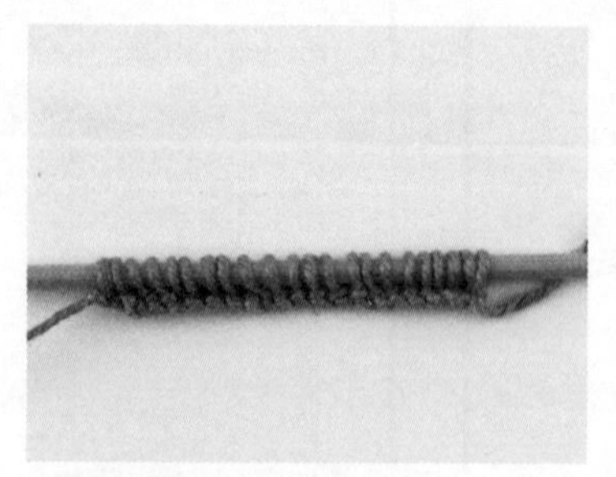

6 重复步骤2~4，起所需要的针数。

用钩针在棒针上起针

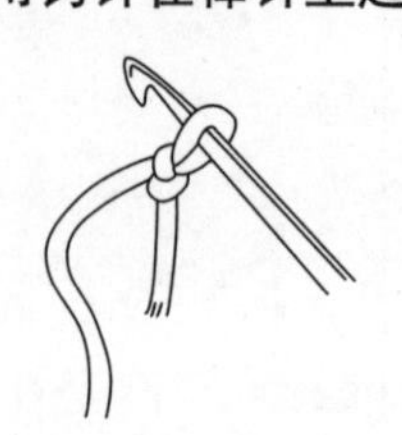

1 用钩针做1针锁针起针。

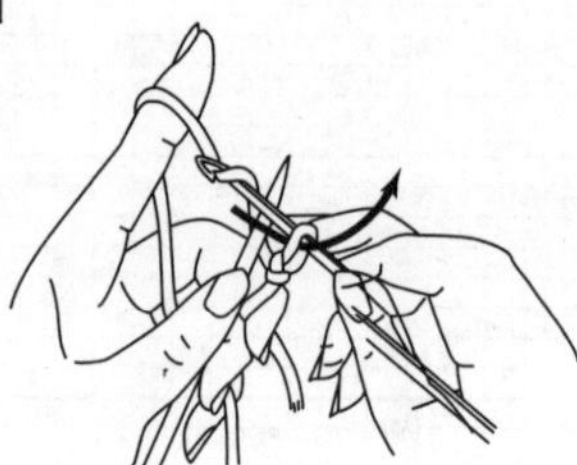

2 将棒针放在线上，从上面挂线钩织锁针。

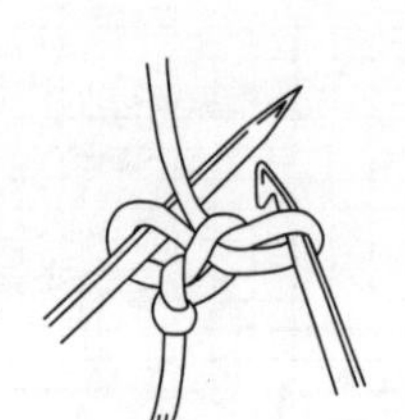

3 完成了1针。

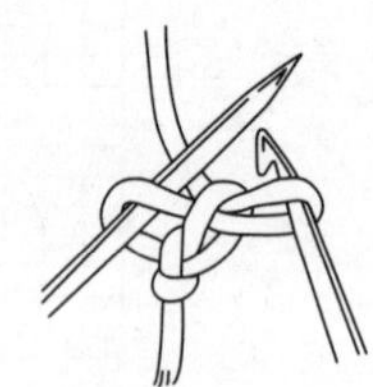

4 将线放在棒针下面。

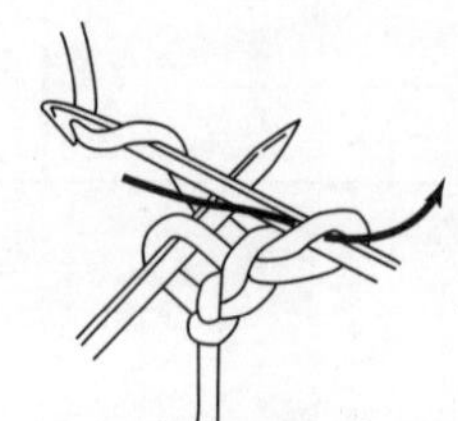

5 从上面挂线并拉出。第2针完成了。重复步骤4、5。

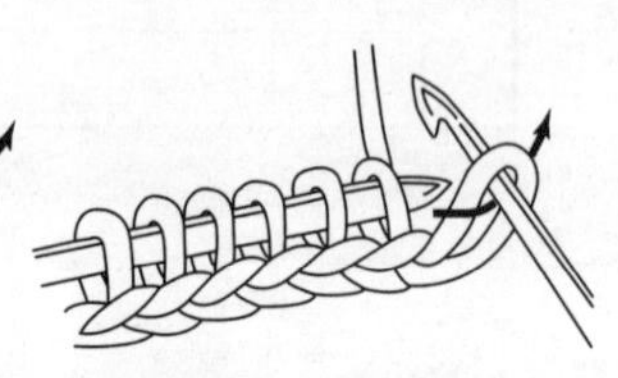

6 比所需要的针数少起1针，将钩针上的线圈作为最后1针移到棒针上。

护踝袜的编织方法

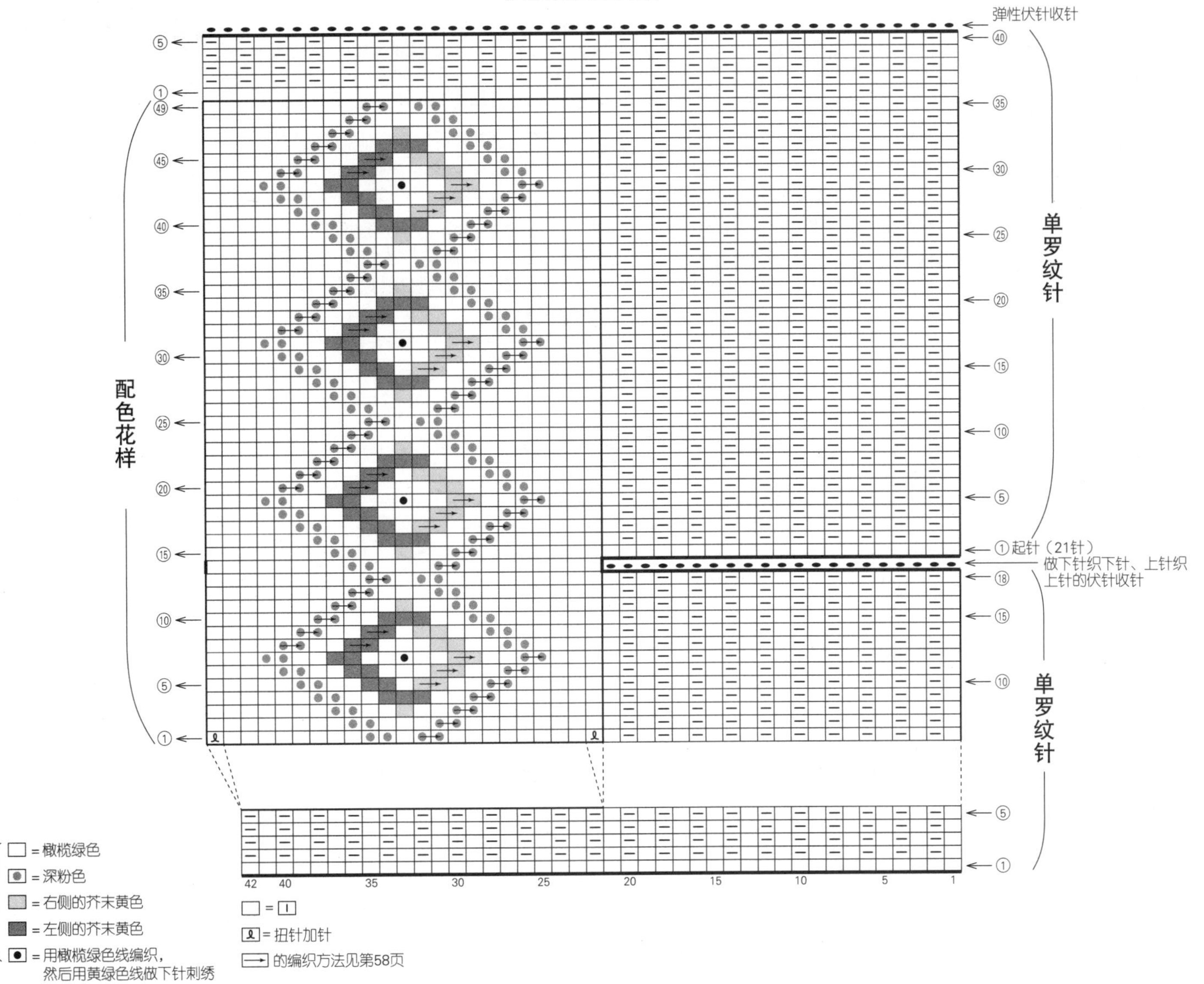

弹性伏针收针

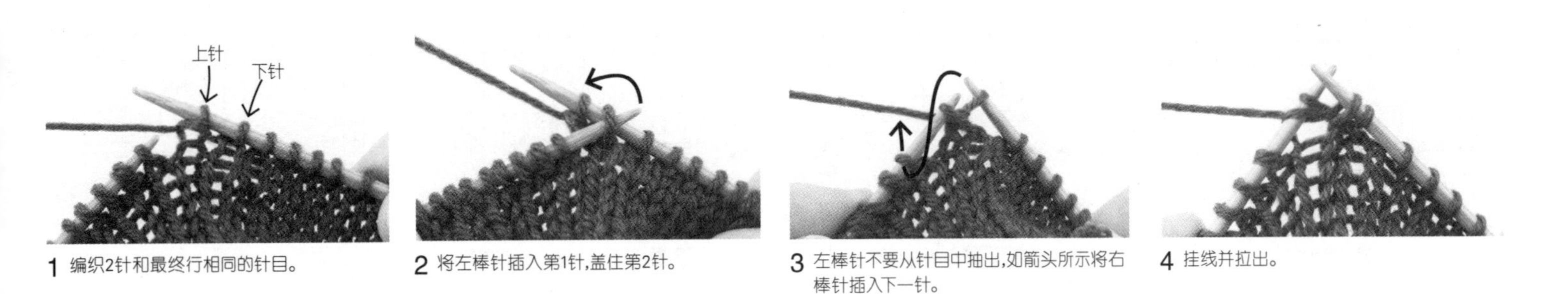

1 编织2针和最终行相同的针目。

2 将左棒针插入第1针，盖住第2针。

3 左棒针不要从针目中抽出，如箭头所示将右棒针插入下一针。

4 挂线并拉出。

5 抽出左棒针，1针伏针完成。

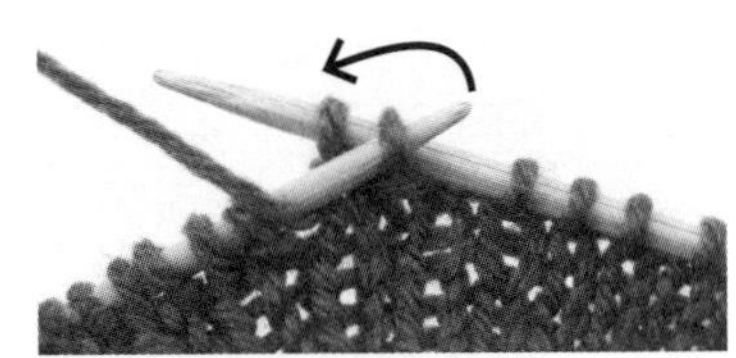

6 然后将线放在织片前面，将左棒针插入右边的针目，盖住左边的针目。

7 左棒针不要从针目中抽出，如箭头所示将右棒针插入下一针，挂线并拉出。

8 抽出左棒针。2针伏针完成。
重复步骤2~8。这样编织出来的伏针松松地，有弹性。

材料

[短裤] 奥林巴斯 Primeur 浅米色(2) 135g/4团

[护腿] 奥林巴斯 Primeur 浅米色(2) 125g/4团

工具

棒针6号、5号

成品尺寸

[短裤] 腰围78cm，臀围92cm，长35.5cm

[护腿] 脚踝围29cm，长31cm

编织密度

10cm×10cm面积内：下针编织21针，31行；编织花样32针，31行

编织要点

●短裤…另线锁针起针后，从腰部往下做编织花样和下针编织。加针请参照图示。结束时休针，对齐相同标记◉做下针无缝缝合。裤脚口挑取指定针数后，环形做下针编织、编织花样和双罗纹针，结束时做双罗纹针收针。腰头解开起针时的锁针挑针后，环形编织双罗纹针，结束时与裤脚口一样收针。

●护腿…另线锁针起针后，做编织花样和双罗纹针。结束时做双罗纹针收针。在编织起点侧解开起针时的锁针挑针后编织双罗纹针，结束时做双罗纹针收针。侧边做挑针缝合，注意翻折部分从反面做挑针缝合。

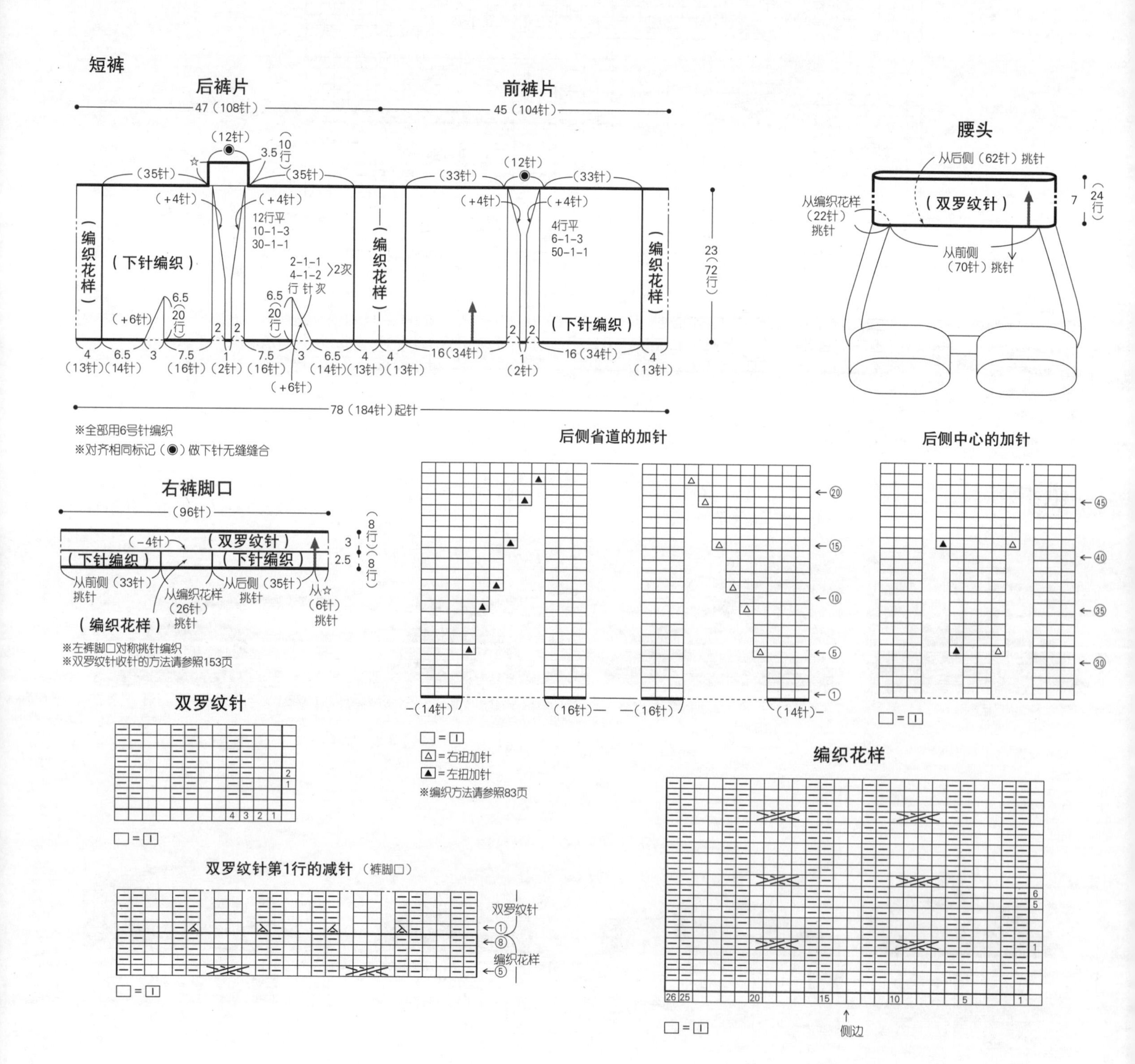

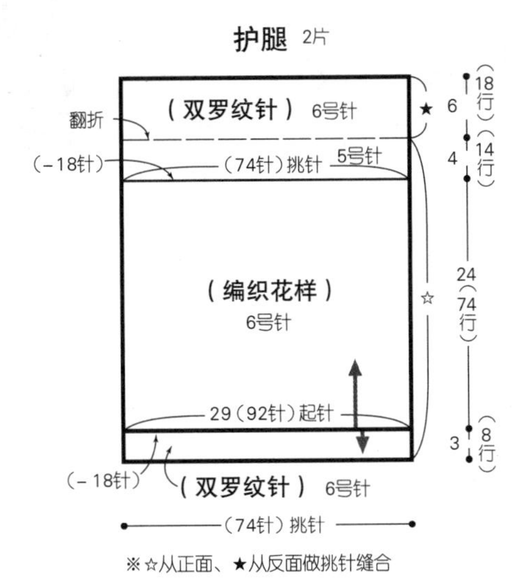

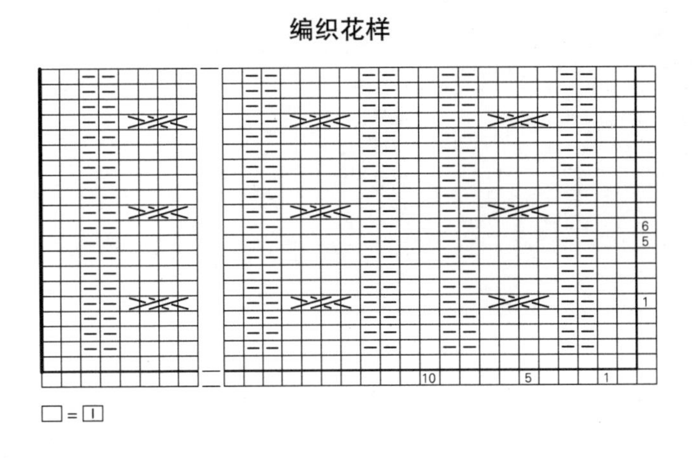

双罗纹针收针
（环形编织的情况）

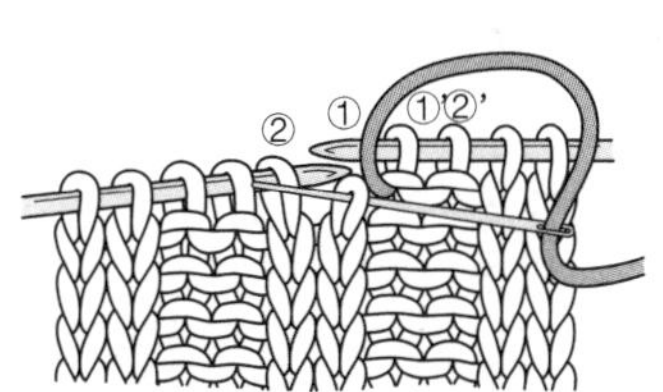

1 从针目①的后面插入缝针。

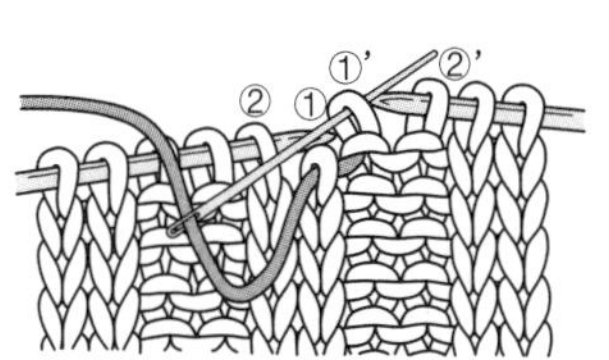

2 从针目①'的前面插入缝针。

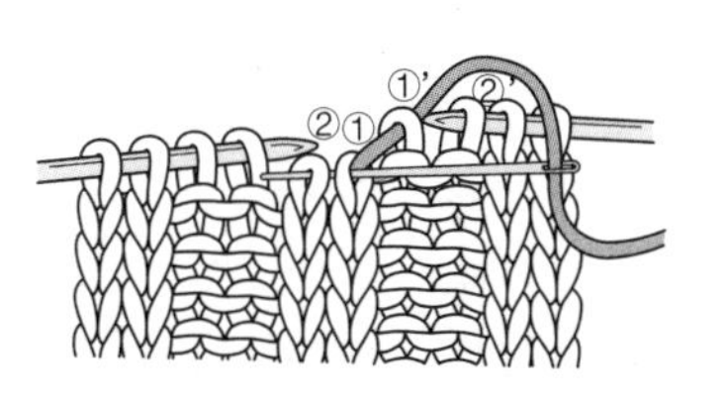

3 从针目①的前面入针，从针目②的前面出针。

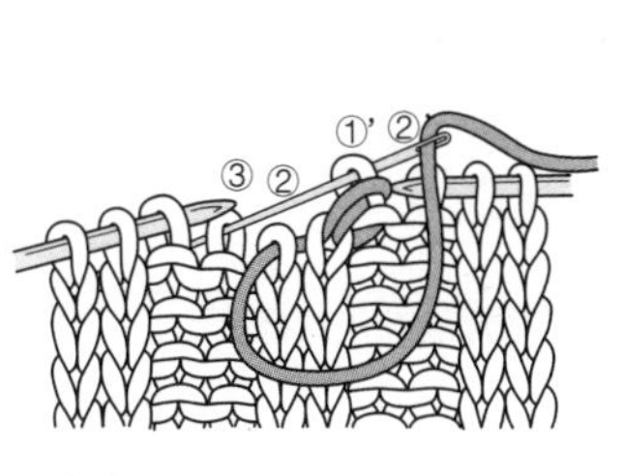

4 从针目①'的后面入针，从针目③的后面出针。

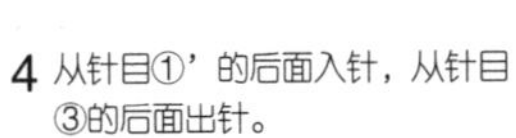

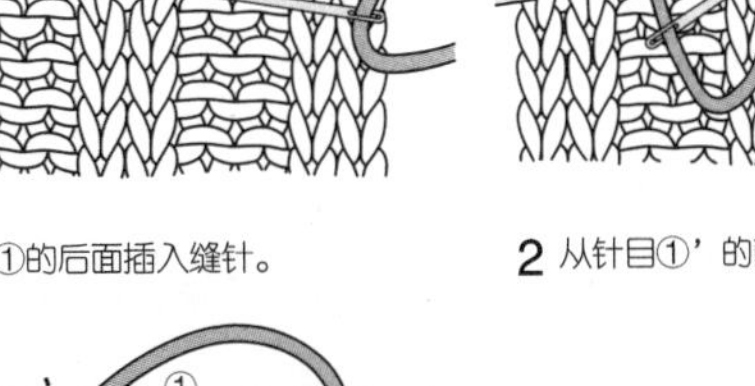

5 从针目②的前面入针，从针目⑤的前面出针。接着从针目③的后面入针，从针目④的后面出针。重复步骤3~5。

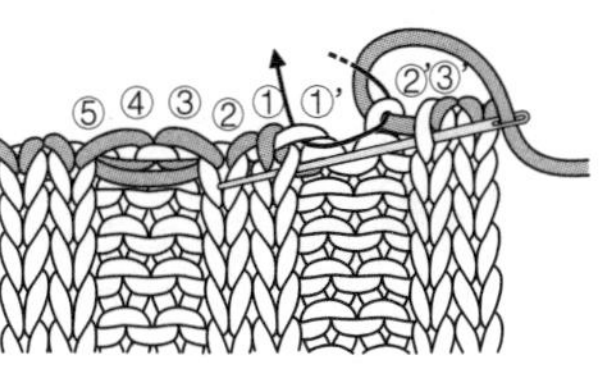

6 最后从针目③'的前面入针，从针目①的前面出针。再从针目②'的后面入针，从针目①'的后面出针。

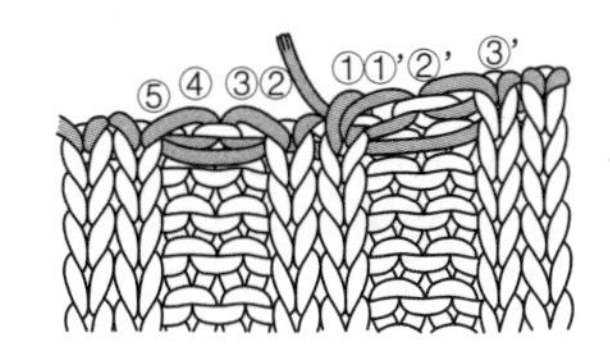

7 完成。

双罗纹针收针
（两端均为2针下针的情况）

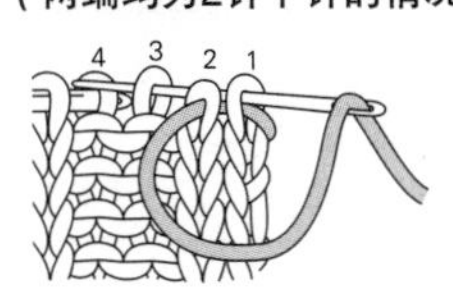

1 如图所示在针目1和2里穿针后，再在针目1里入针，从针目3的前面往后出针。

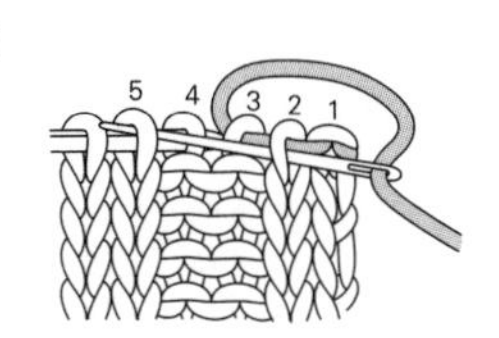

2 按下针对下针的要领，从针目2的前面入针，再从针目5的后面往前出针。

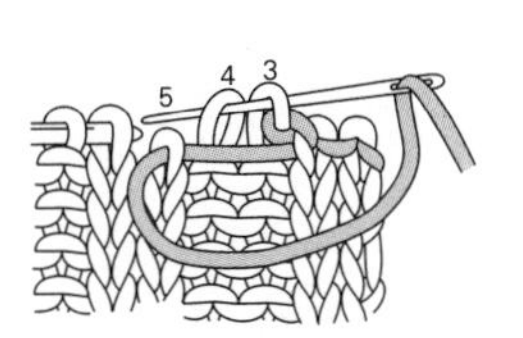

3 按上针对上针的要领，从针目3的后面入针，再从针目4的前面往后出针。

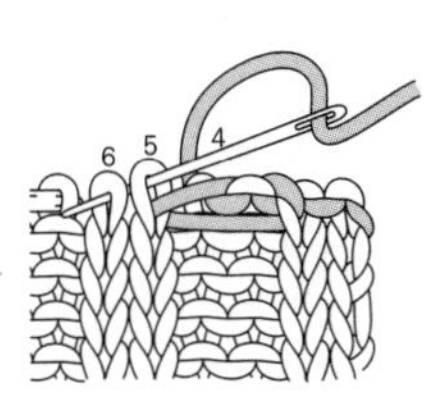

4 按下针对下针的要领，从针目5的前面入针，再从针目6的后面往前出针。

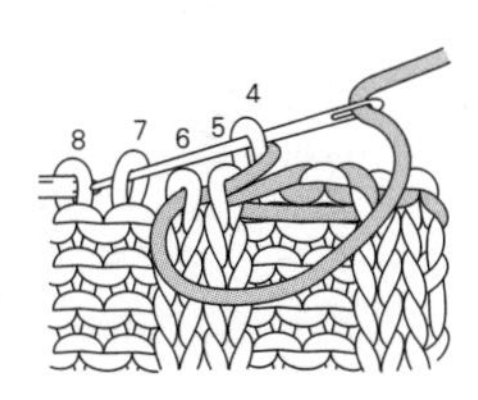

5 按上针对上针的要领，从针目4的后面入针，再从针目7的前面往后出针。重复步骤2~5。

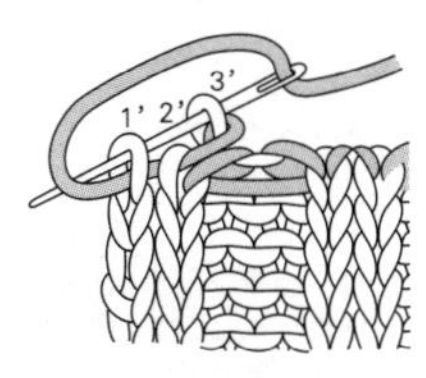

6 最后，完成步骤4的操作后如图所示再穿一次针。

（两端均为3针下针的情况）

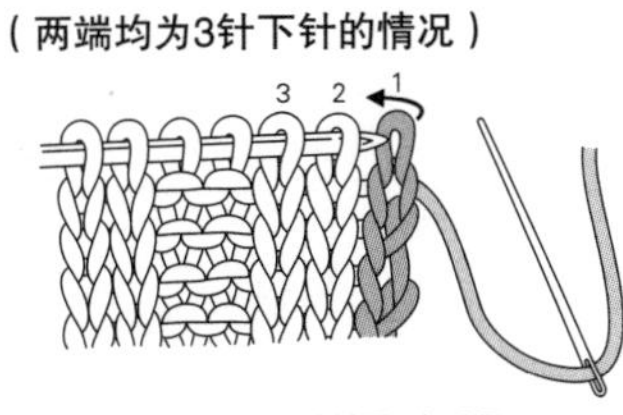

1 开始收针时，将针目1向后翻折到针目2的反面重叠，按2针边针的要领收针。

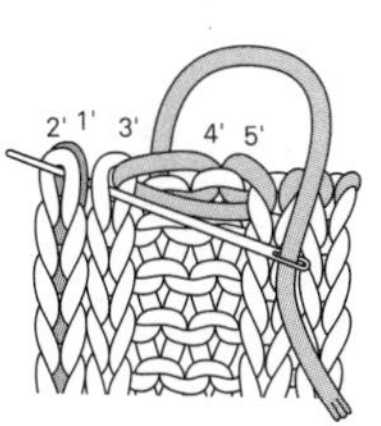

2 与开始收针时一样，将边上的针目翻折到后面重叠，按2针边针的要领收针。

材料

Hobbyra Hobbyre Fine Mohair 米色(8) 100g/4团，浅黄色(2)、深粉色(3)、浅粉色(4)、藏青色(5)、水蓝色(6)、浅绿色(7)各20g/各1团

工具

钩针4/0号

成品尺寸

宽81cm，长76cm

编织密度

花片的大小请参照图示

编织要点

● 钩织并连接花片。参照图示配色，从第2片花片开始，在最后一行一边钩织一边与相邻花片做连接。最后在周围钩织1行边缘。

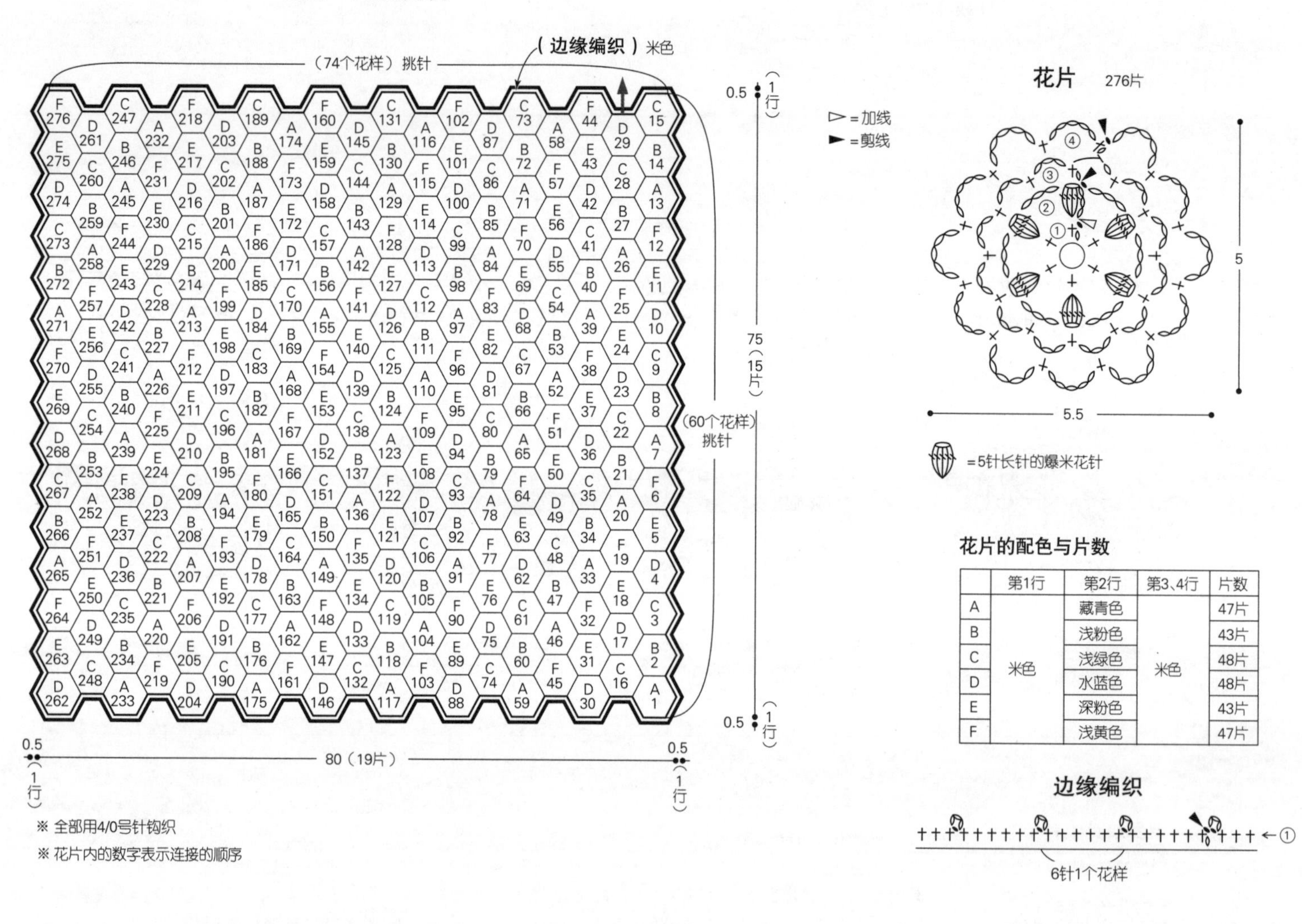

花片的配色与片数

	第1行	第2行	第3、4行	片数
A	米色	藏青色	米色	47片
B		浅粉色		43片
C		浅绿色		48片
D		水蓝色		48片
E		深粉色		43片
F		浅黄色		47片

花片转角的连接方法

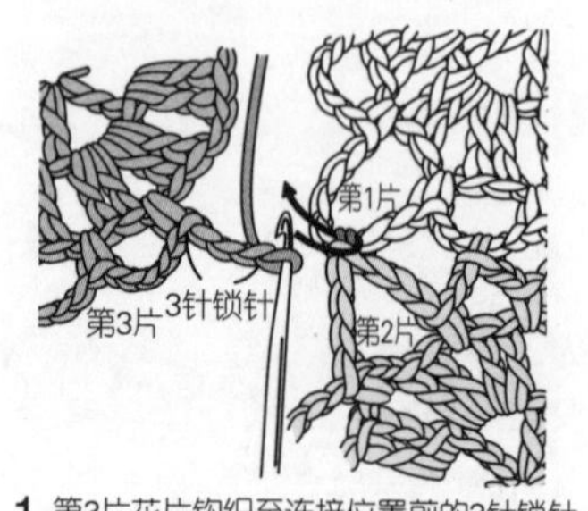

1 第3片花片钩织至连接位置前的3针锁针，从上方将钩针插入第2片花片的引拔针根部的2根线里。

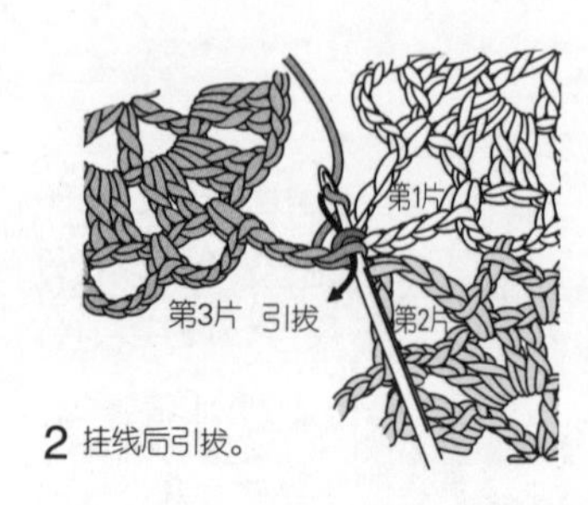

2 挂线后引拔。

花片的连接方法

▷ = 加线
▶ = 剪线

材料

Hobbyra Hobbyre Wool Sweet 线的使用量请参照下表，30cm×30cm 的枕芯

工具

棒针5号，钩针5/0号

成品尺寸

[盖毯] 长93cm，宽73cm

[抱枕套] 长33cm，宽33cm

编织密度

10cm×10cm 面积内：配色花样A~E、编织花样均为26针，26行

编织要点

●带状织片手指挂线起针，按配色花样A~E、编织花样编织。配色花样用横向渡线的方法编织，渡线较长的地方包住渡线编织加以固定。编织结束时做伏针收针。编织指定片数后做挑针缝合。盖毯在周围钩织条纹边缘。抱枕套的前片和后片都在周围钩织1圈短针。接着将前、后片正面朝外重叠，在2片里一起钩织边缘，注意开口处只在前片挑针钩织。在后片的开口处留出扣眼，钩织1行短针。最后钩织4颗纽扣，缝在指定位置。

63页的作品 ★★★

盖毯 （连接带状织片）

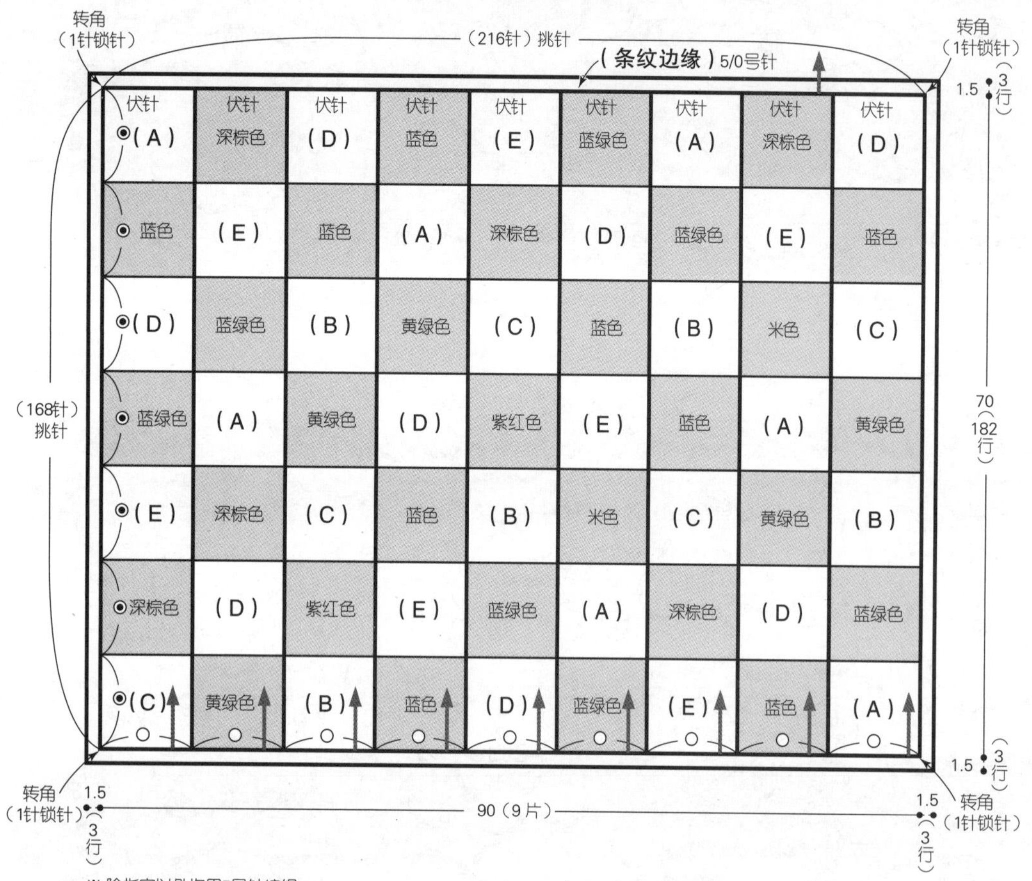

※ 除指定以外均用5号针编织

※(A)~(E)=(配色花样A)~(配色花样E)

※ ▭ =(编织花样)

※ 带状织片之间做挑针缝合

○ =10（26针）起针

◉ =10（26行）

线的使用量

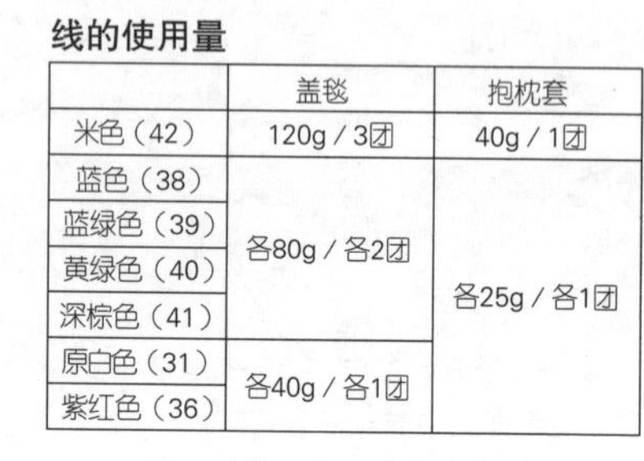

	盖毯	抱枕套
米色（42）	120g / 3团	40g / 1团
蓝色（38）	各80g / 各2团	各25g / 各1团
蓝绿色（39）		
黄绿色（40）		
深棕色（41）		
原白色（31）	各40g / 各1团	
紫红色（36）		

条纹边缘

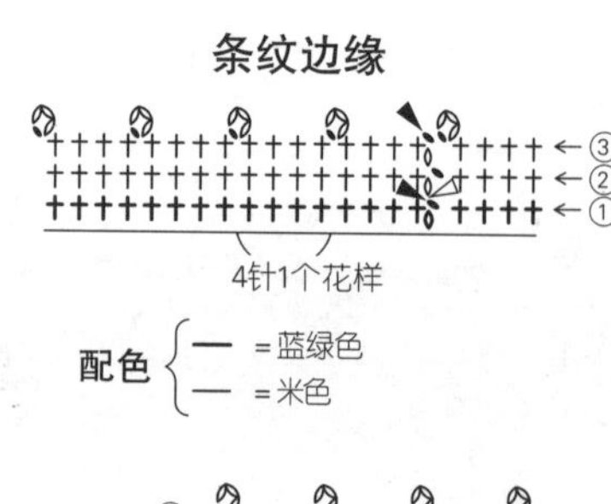

配色 { — =蓝绿色 — =米色

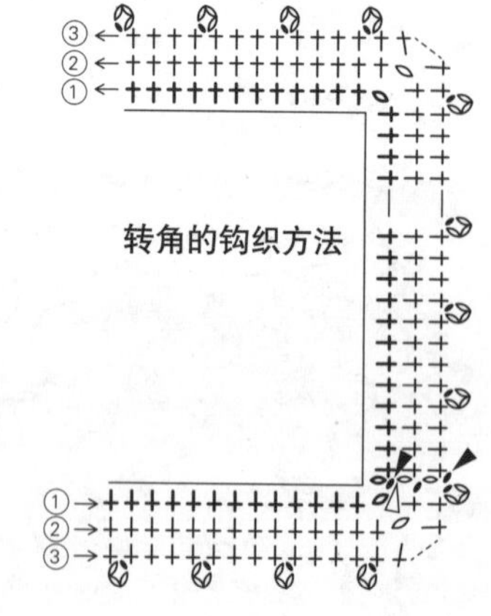

▷ =加线

▶ =剪线

编织花样

□=⊡

※用指定颜色的线编织

配色花样A

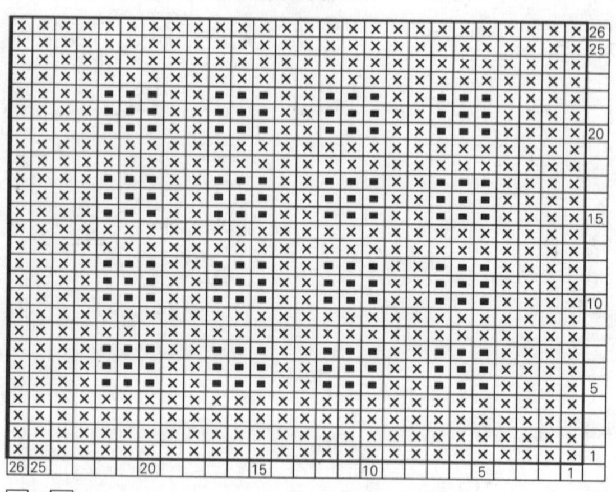

□=⊡

配色 { ⊠ =紫红色 ▣ =原白色

抱枕套

前片（连接带状织片）

（短针）5/0号针 蓝绿色

转角（1针锁针） （72针）挑针 转角（1针锁针）

伏针 (C)	伏针 紫红色	伏针 (B)
蓝色	(E)	米色
(D)	蓝绿色	(A)

（72针）挑针

0.5 1行 / 30（78行） / 0.5 1行

转角（1针锁针） 0.5 1行 30（3片） 0.5 1行 转角（1针锁针）

后片（连接带状织片）

（短针）5/0号针 蓝绿色

转角（1针锁针） （72针）挑针 转角（1针锁针）

伏针 黄绿色	伏针 紫红色	伏针 蓝色
蓝色	蓝绿色	深棕色
米色	黄绿色	紫红色

（72针）挑针

（15针） （42针）挑针 0.5 1行 （15针）

转角（1针锁针）0.5 1行 30（3片） 0.5 1行 转角（1针锁针）

开口（短针）
5/0号针 米色
※扣眼请参照图示

（边缘编织）5/0号针 米色

转角（1针锁针） （74针）挑针 转角（1针锁针） 1 2行

（74针）挑针 表面 （74针）挑针

转角（1针锁针） （16针）挑针 （42针）挑针 开口止位 ※参照图示 （16针）挑针 转角（1针锁针）

※将前、后片正面朝外重叠，
看着前片在2片里一起钩织边缘

※开口部分仅在前片挑针钩织

组合方法

后片

藏针缝

扣眼 纽扣
※用剩下的线头缝在内侧

※除指定以外均用5号针编织

※（A）~（E）=（配色花样A）~（配色花样E）

※ ▒ =（编织花样）

※带状织片之间做挑针缝合

○ =10（26针）起针 ◉=10（26行）

配色花样B

□=Ⅰ

配色 { ▒ =深棕色 / ◉ =蓝色 / □ =用深棕色线编织，后面再用米色线做下针刺绣

配色花样C

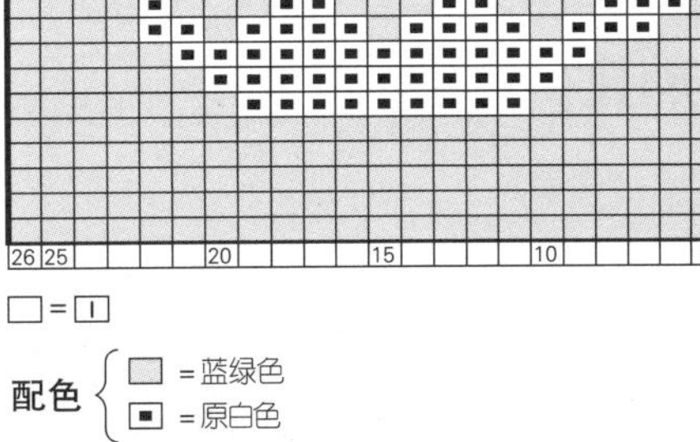

□=Ⅰ

配色 { ▒ =蓝绿色 / ▣ =原白色

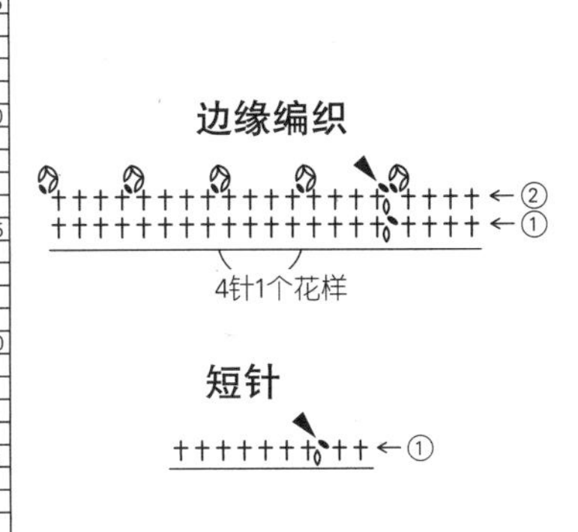

纽扣 4颗
5/0号针 米色

※留出20cm左右的线头

配色花样D

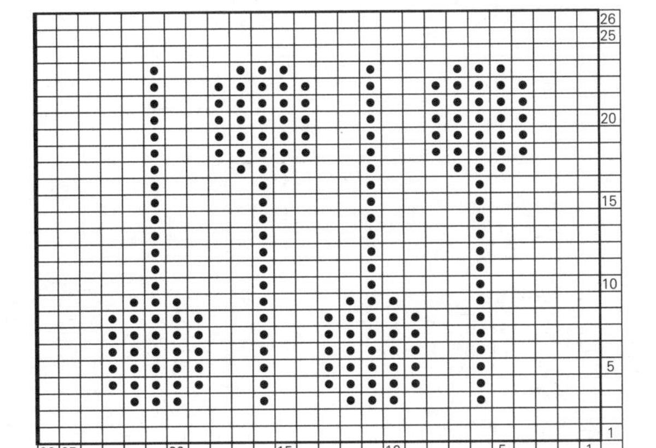

□=Ⅰ

配色 { □ =米色 / ◉ =蓝色

配色花样E

□=Ⅰ

配色 { ▲ =黄绿色 / ▒ =深棕色

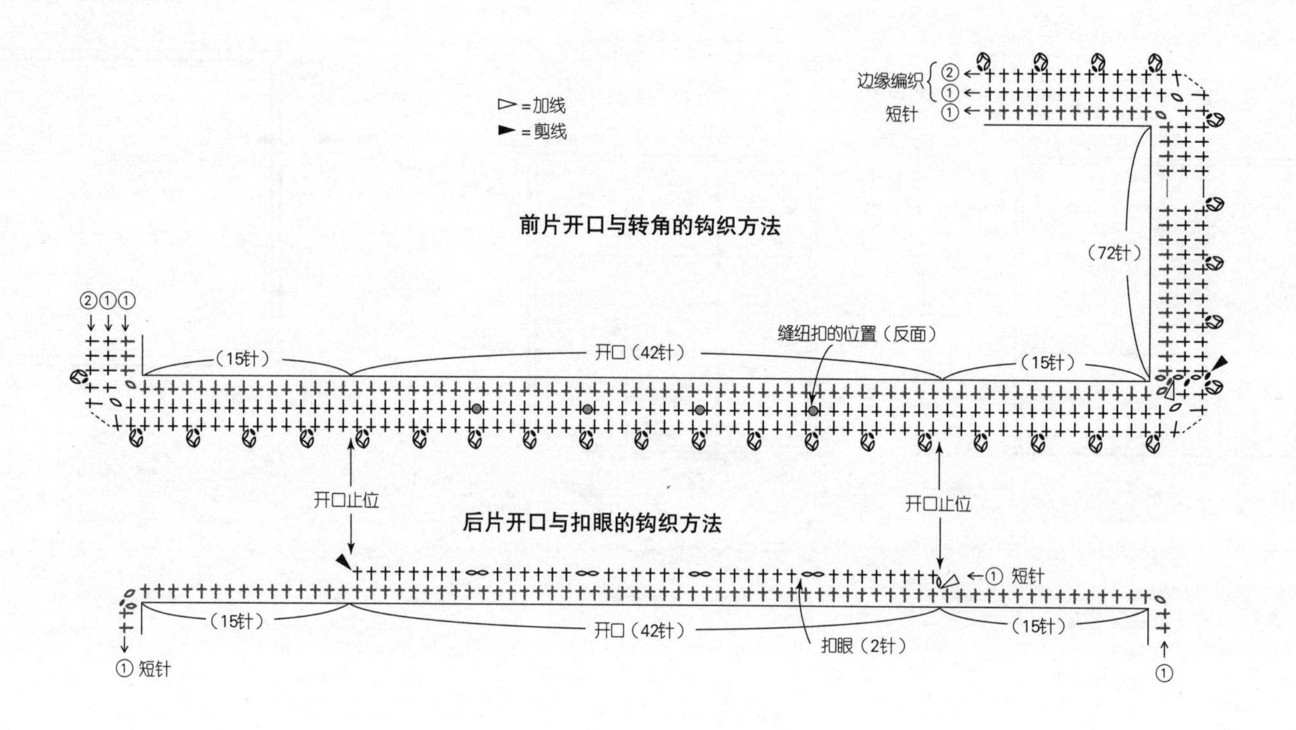

扭针的中上3针并1针

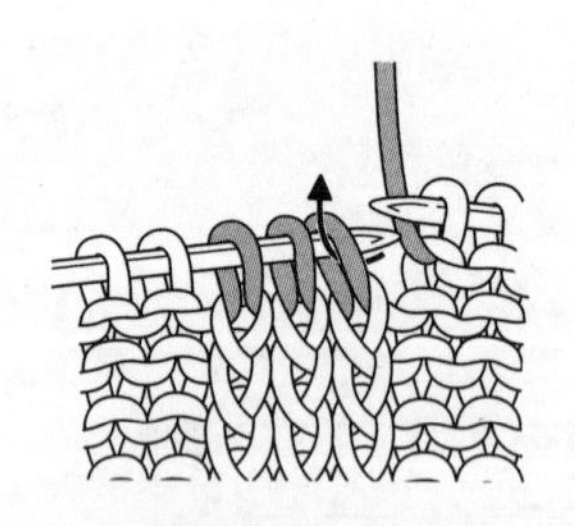

1 将第1针移至右棒针上。

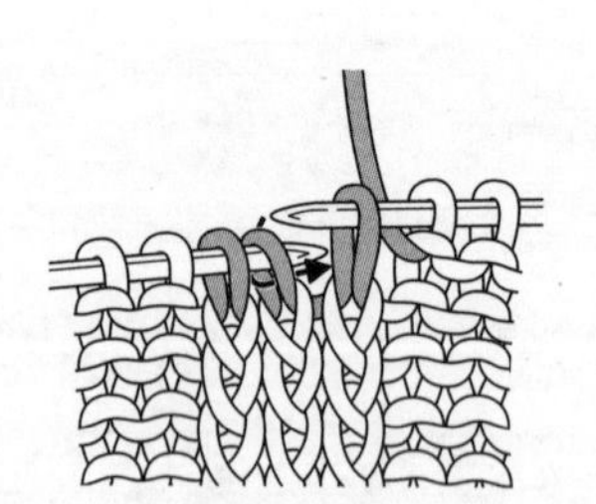

2 如箭头所示在第2针里插入右棒针，移过针目。

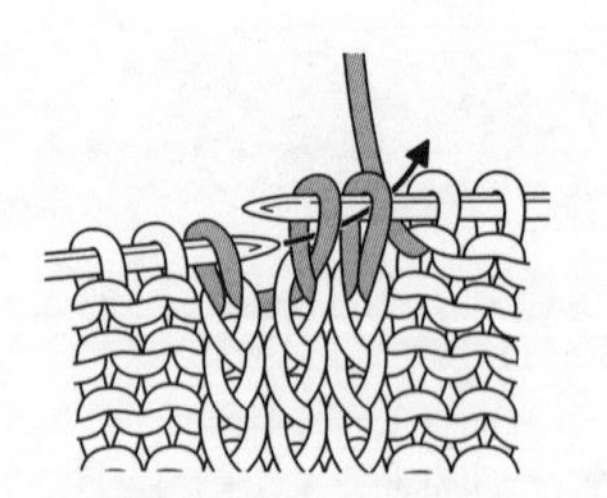

3 将前面2针移回左棒针上。

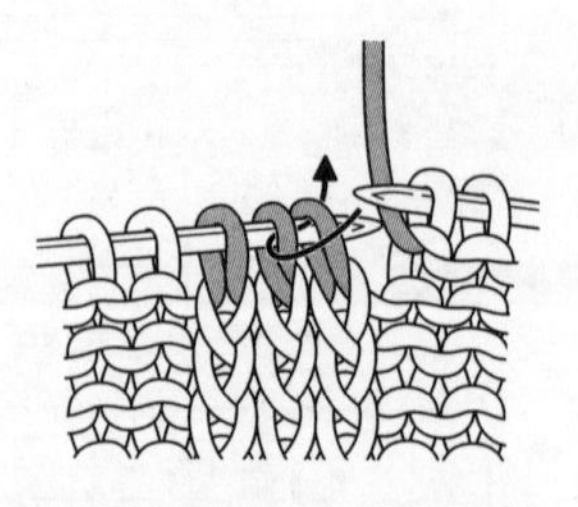

4 如箭头所示在右边的2针里插入右棒针，移过针目。

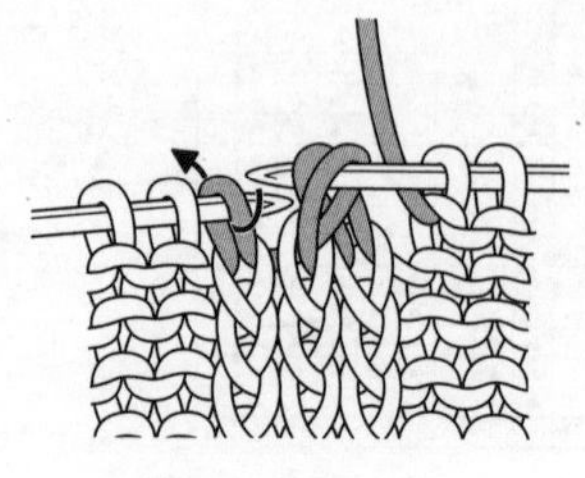

5 在第3针里插入右棒针。

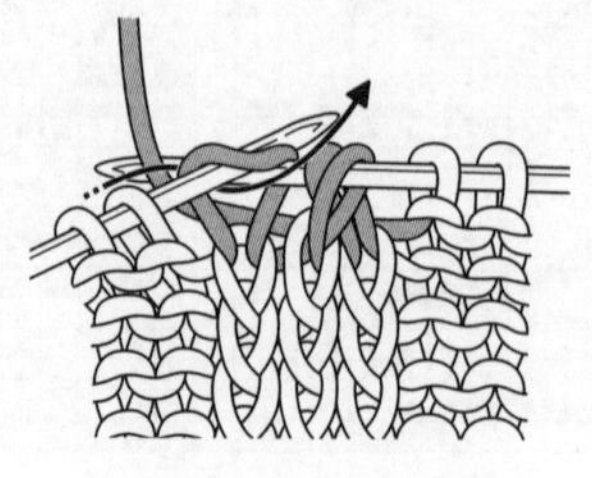

6 在右棒针上挂线后拉出。

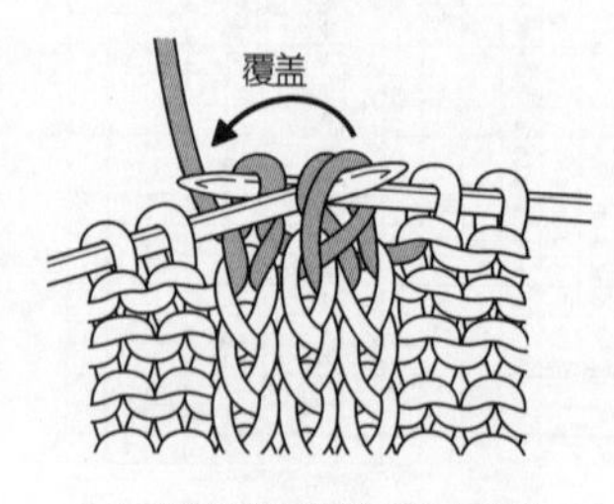

7 在右边的2针里插入左棒针，将其覆盖在已织的第3针上。

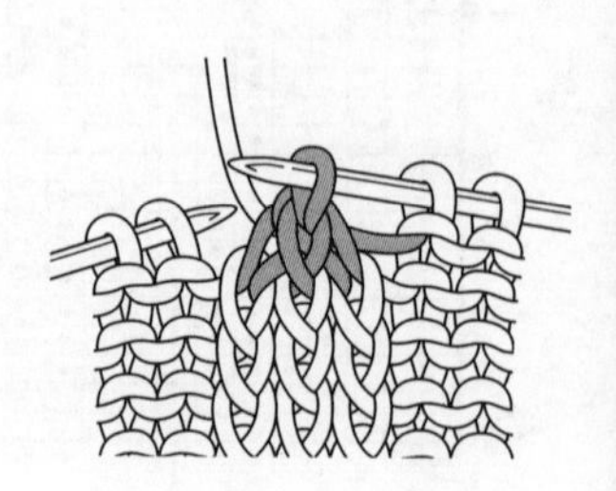

8 扭针的中上3针并1针完成。

材料

奥林巴斯 make make 100 绿色与蓝色系段染(1005) 150g/2团

工具

棒针5号

成品尺寸

腰围60cm，长42.5cm

编织密度

10cm×10cm面积内：编织花样20针，34行

编织要点

●手指挂线起针后，按编织花样环形编织。结束时做下针织下针、上针织上针的伏针收针。

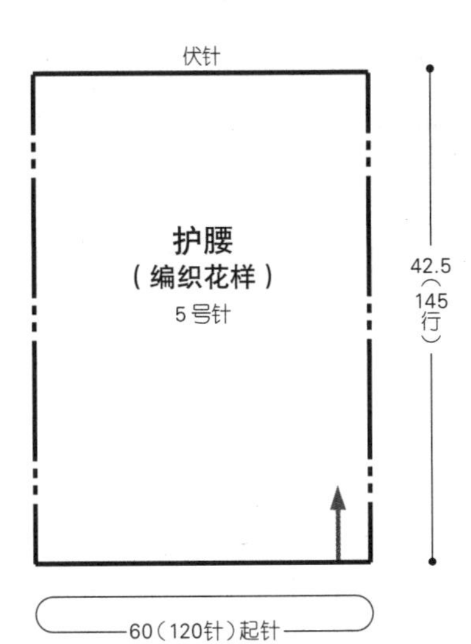

编织花样

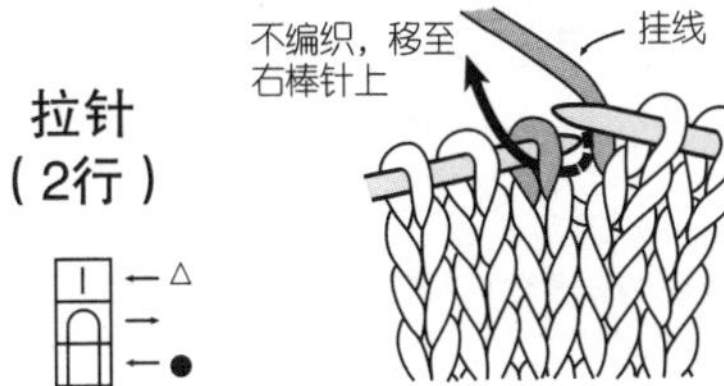

1 从●行开始编织。在针上挂线，将针目不编织直接移至右棒针上。

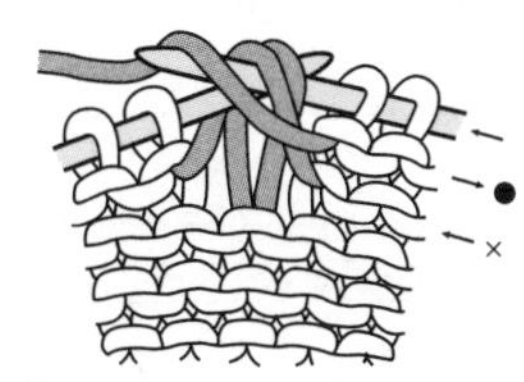

2 下一行也一样挂线，然后将同一个针目不编织直接移至右棒针上。

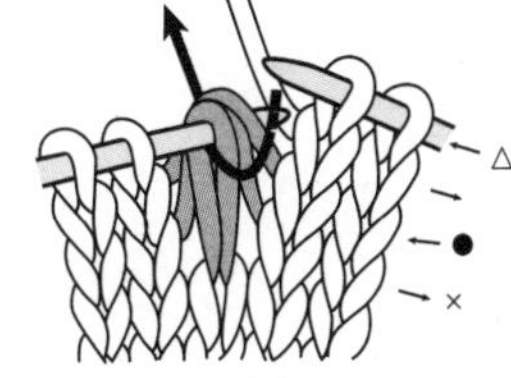

3 因为是2行的拉针，△行在3个线圈里一起编织。

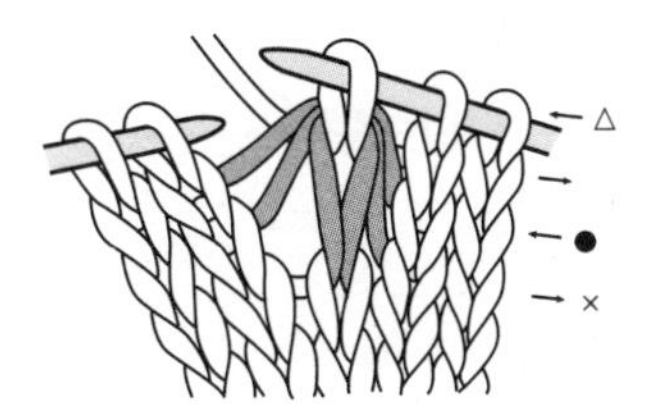

4 拉针（2行）完成。

材料

奥林巴斯 make make 100 蓝色与红色系段染(1021) 75g/1团，Tree House Palace 蓝色(409) 75g/2团

工具

钩针6/0号

成品尺寸

鞋底长22cm

编织密度

10cm×10cm面积内：条纹花样23.5针，12行

编织要点

●主体A、B锁针起针后，按条纹花样钩织。减针请参照图示。分别钩织2片相同的织片(共4片)。将主体A、B各1片正面相对，连接相同标记部分。然后在鞋头钩织长针，在鞋口钩织短针。

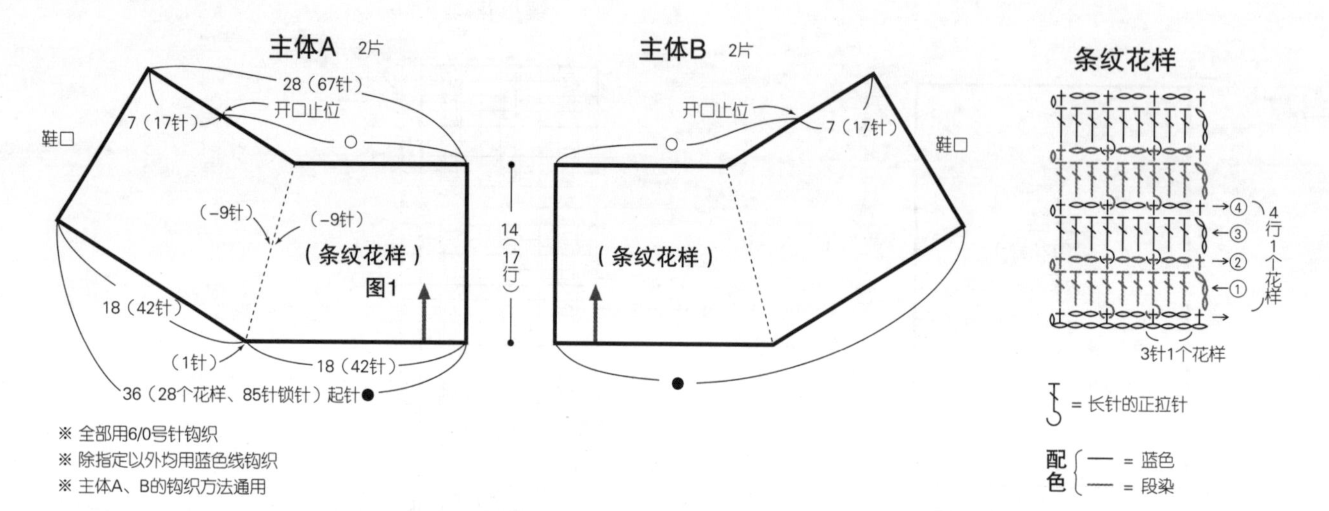

※ 全部用6/0号针钩织
※ 除指定以外均用蓝色线钩织
※ 主体A、B的钩织方法通用

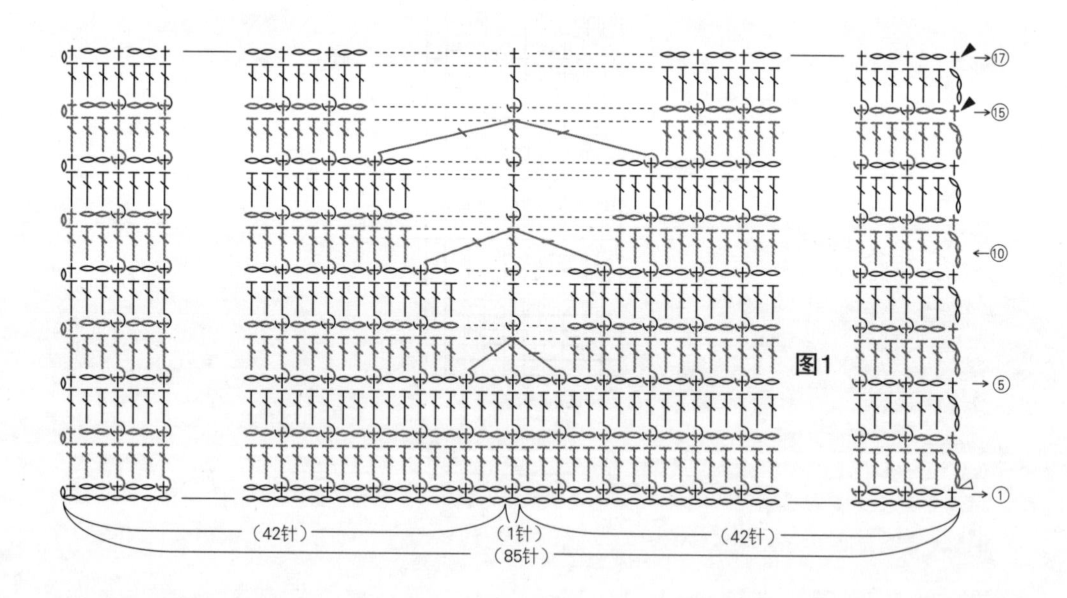

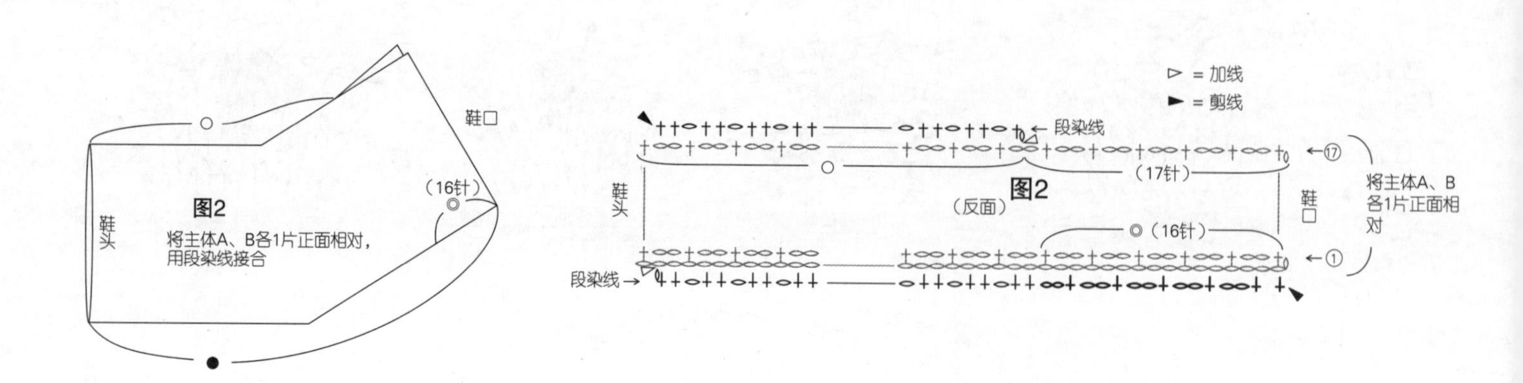

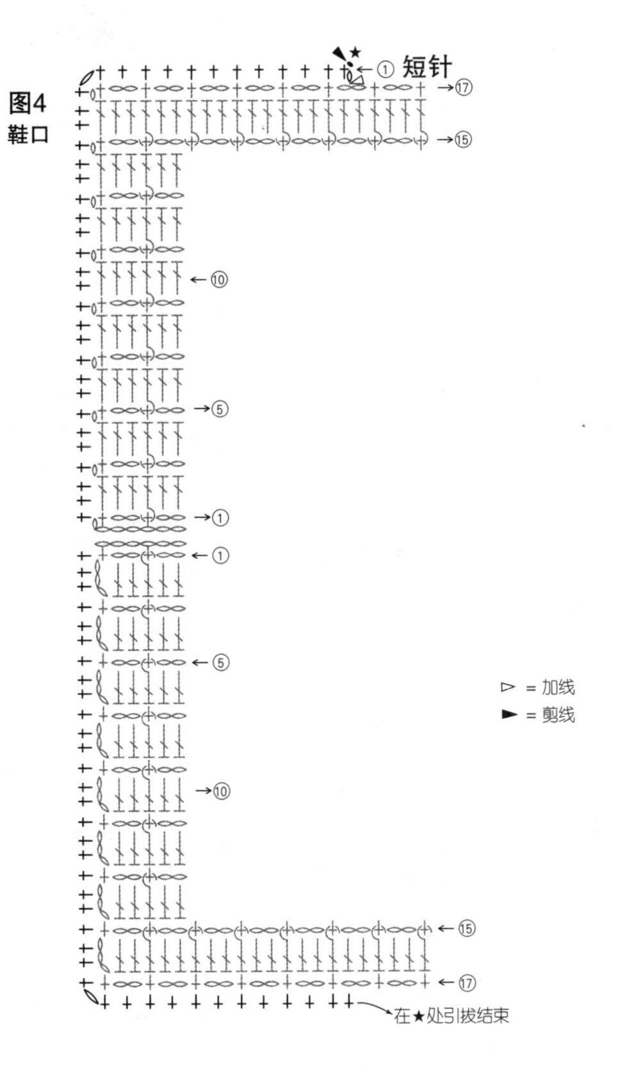

▷ = 加线
▶ = 剪线

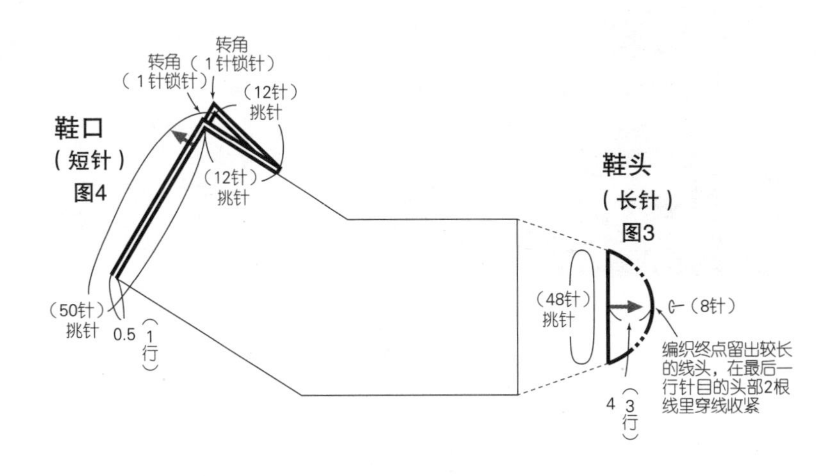

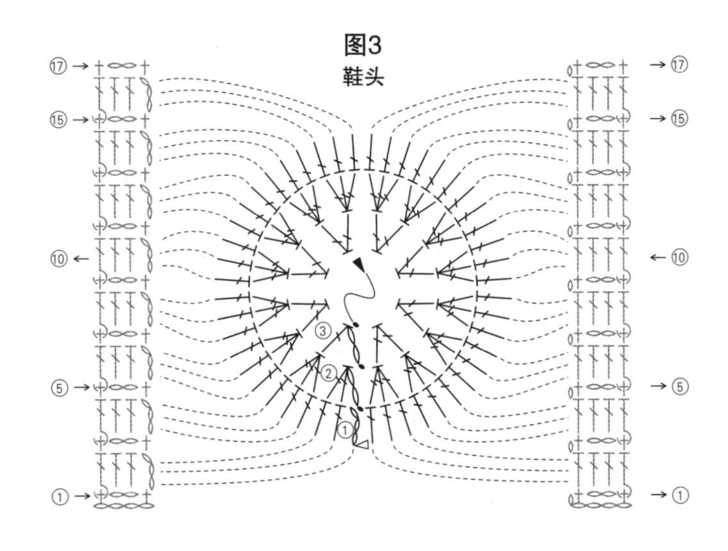

长针的正拉针

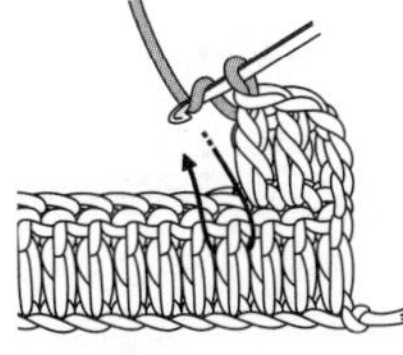

1 在钩针上挂线，如箭头所示从前面将钩针插入前一行长针的根部，将线拉出。

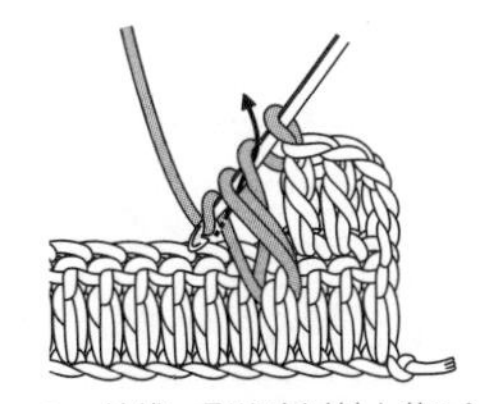

2 挂线，引拔穿过针上的2个线圈。

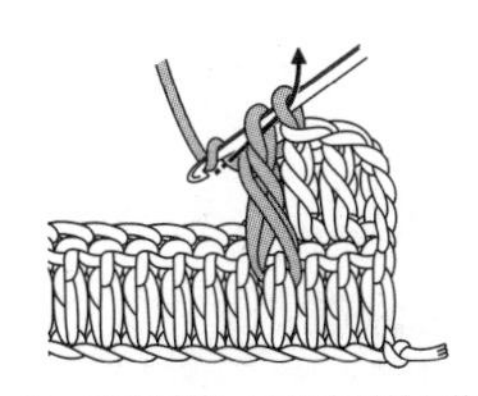

3 再次挂线，引拔穿过针上的2个线圈。

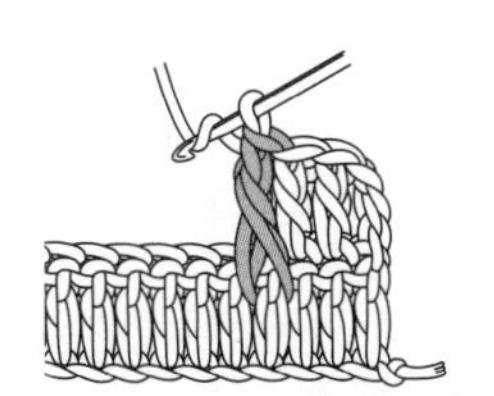

4 1针长针的正拉针完成后的状态。

材料

钻石线 Diaadele 浅茶色(411) 350g/9团

工具

棒针7号、5号、4号，钩针4/0号

成品尺寸

衣长62cm，连肩袖长28.5cm

编织密度

10cm×10cm面积内：编织花样A~F均为26针，33行

编织要点

●身片…另线锁针起针后，按编织花样编织。下摆解开起针时的锁针编织双罗纹针，结束时做双罗纹针收针。

●组合…肩部先将后身片的编织花样A、A'、A"的针目交叉后再做盖针接合。衣领挑取指定针数后，一边调整编织密度一边环形编织双罗纹针，结束时与下摆一样收针。编织2根i-cord细绳，穿在指定位置。

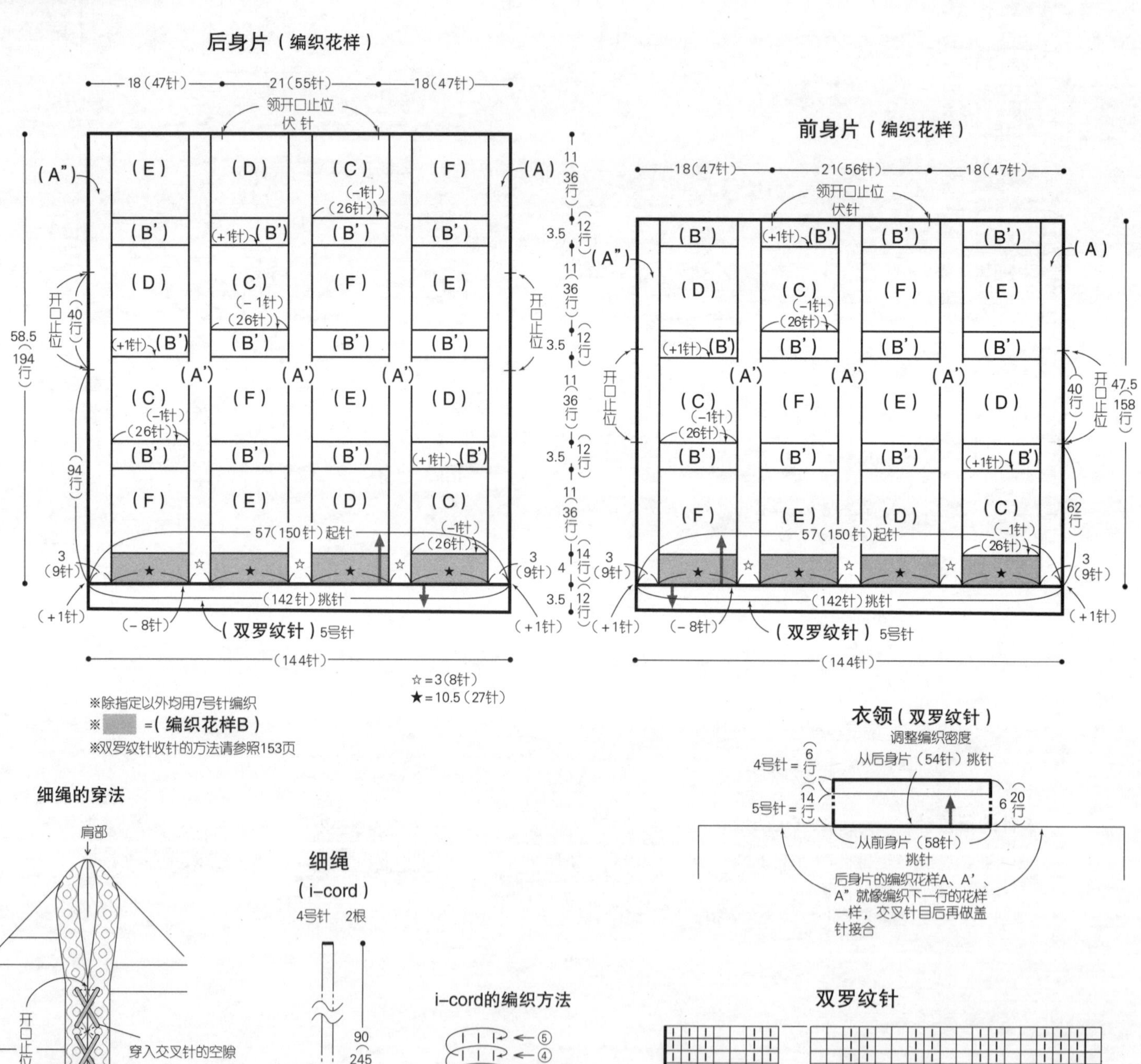

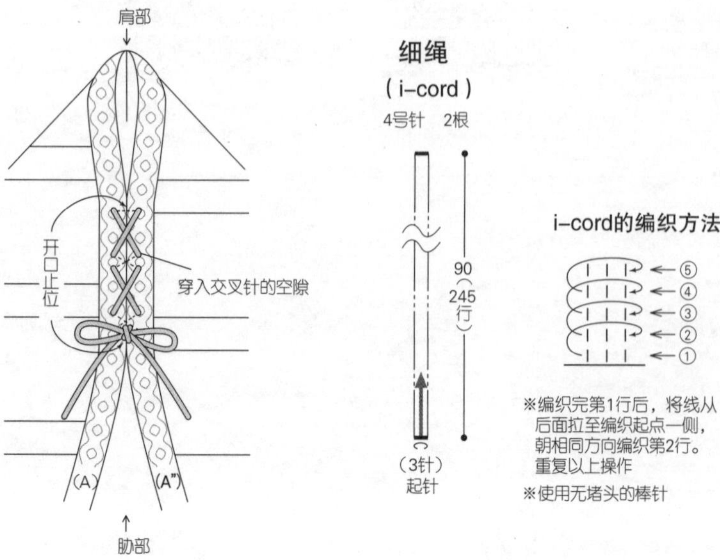

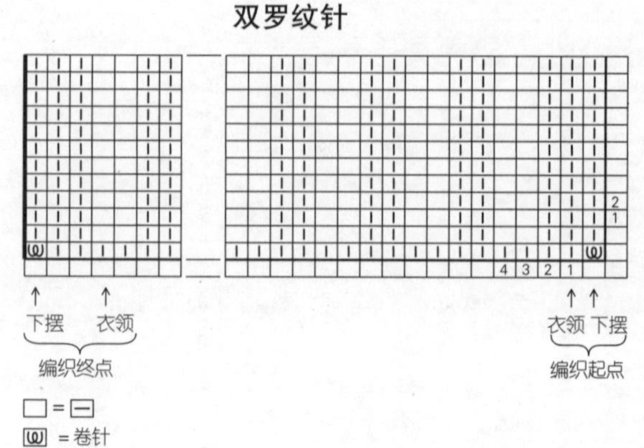

编织花样 F

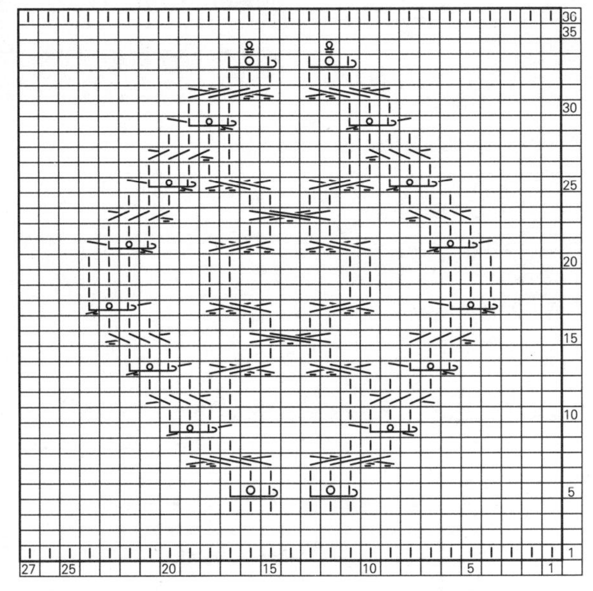

□ = ⊟

= 穿过左针的盖针的左上交叉（下侧为1针下针）
※将针目1移至麻花针上放在织物的后面，在针目2~4里编织穿过左针的盖针。然后在针目1里编织下针

= 穿过左针的盖针的右上交叉（下侧为1针下针）
※将针目1~3移至麻花针上放在织物的前面，在针目4里编织下针。然后在针目1~3里编织穿过左针的盖针

= 穿过左针的盖针的左上交叉（下侧为1针上针）
※将针目1移至麻花针上放在织物的后面，在针目2~4里编织穿过左针的盖针。然后在针目1里编织上针

= 穿过左针的盖针的右上交叉（下侧为1针上针）
※将针目1~3移至麻花针上放在织物的前面，在针目4里编织上针。然后在针目1~3里编织穿过左针的盖针

= 右上2针交叉（中间有1针上针）

编织花样 B、B'

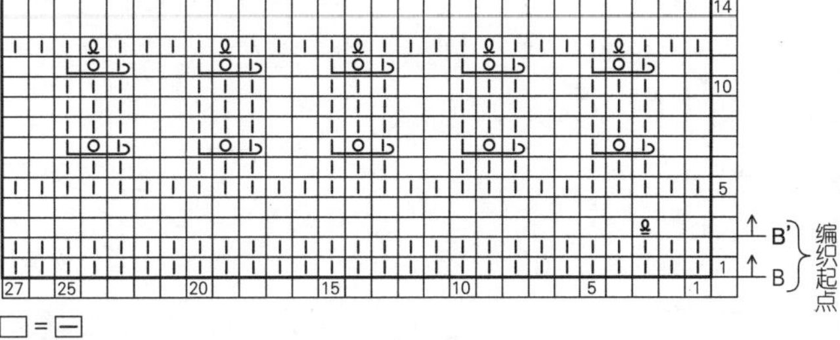

□ = ⊟

= 穿过左针的盖针（3针） ※编织方法请参照173页

= 仅编织花样C上面的编织花样B' 需要加1针

编织花样 A、A'、A"

A"、A、A'

编织终点

A'、A"、A

编织起点

编织花样 C

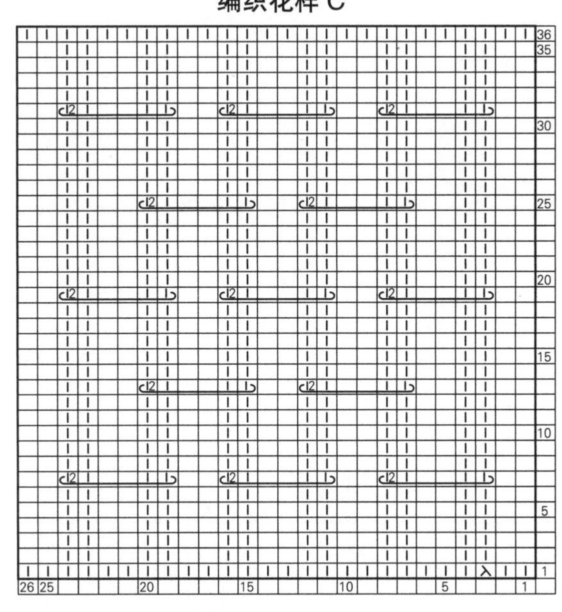

□ = ⊟　　=2卷绕线编

编织花样 E

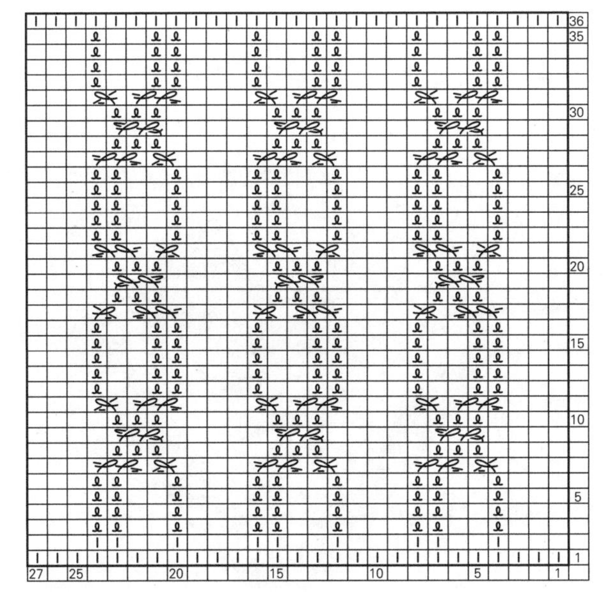

□ = ⊟

= 左上2针扭针与1针的交叉（下侧为上针）

= 右上2针扭针与1针的交叉（下侧为上针）

= 左上2针扭针与1针的交叉（下侧为扭针）

= 右上2针扭针与1针的交叉（下侧为扭针）

编织花样 D

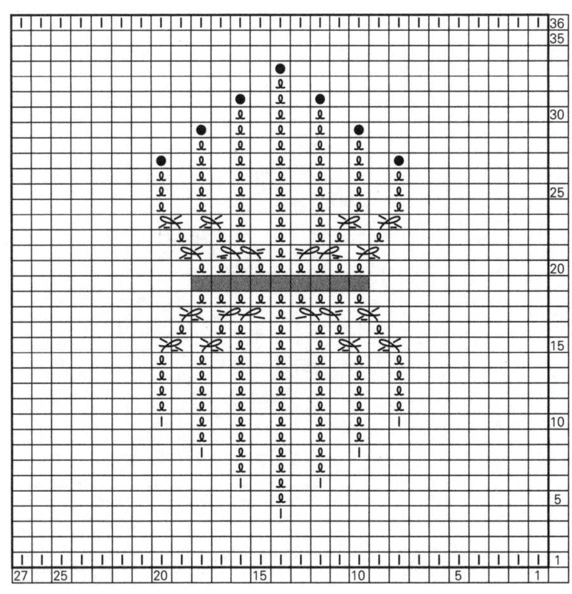

□ = ⊟

= 右上扭针的1针交叉（下侧为上针）

= 左上扭针的1针交叉（下侧为上针）

= 右上2针扭针与1针的交叉

= 左上2针扭针与1针的交叉

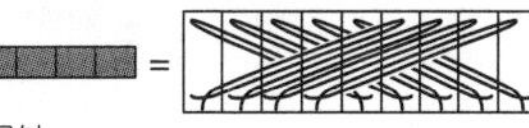

● = 4/0号针

※完成“变化的3针中长针的枣形针”后，从后面将钩针插入编出枣形针的前一行针目，将线拉出。针头挂线，一次性引拔穿过2个线圈，再将针目移至右棒针上

材料

K's K STIPE 灰色(16) 185g/5团，胭脂色(54) 35g/1团，深棕色(44) 30g/1团，藏青色(43) 25g/1团，黄色(94) 10g/1团，炭灰色(28) 5g/1团

工具

棒针7号、6号、5号

成品尺寸

胸围96cm，肩宽38cm，衣长61.5cm

编织密度

10cm×10cm面积内：编织花样22针，35行；配色花样23.5针，24.5行；单罗纹针25针，32行

编织要点

●身片…另线锁针起针，后身片做编织花样、单罗纹针。前身片编织配色花样。使用横向渡线的方法编织配色花样。袖窿、领窝减2针及以上时做伏针减针，减1针时立起侧边1针减针。下摆解开起针时的锁针挑针，编织扭针的单罗纹针。编织终点做扭针的单罗纹针收针。

●组合…肩部做盖针接合。衣领、袖口挑起指定数量的针目，衣领编织扭针的单罗纹针条纹，袖口编织扭针的单罗纹针。编织终点的收针方法和下摆相同。胁部做挑针缝合至开衩止位。

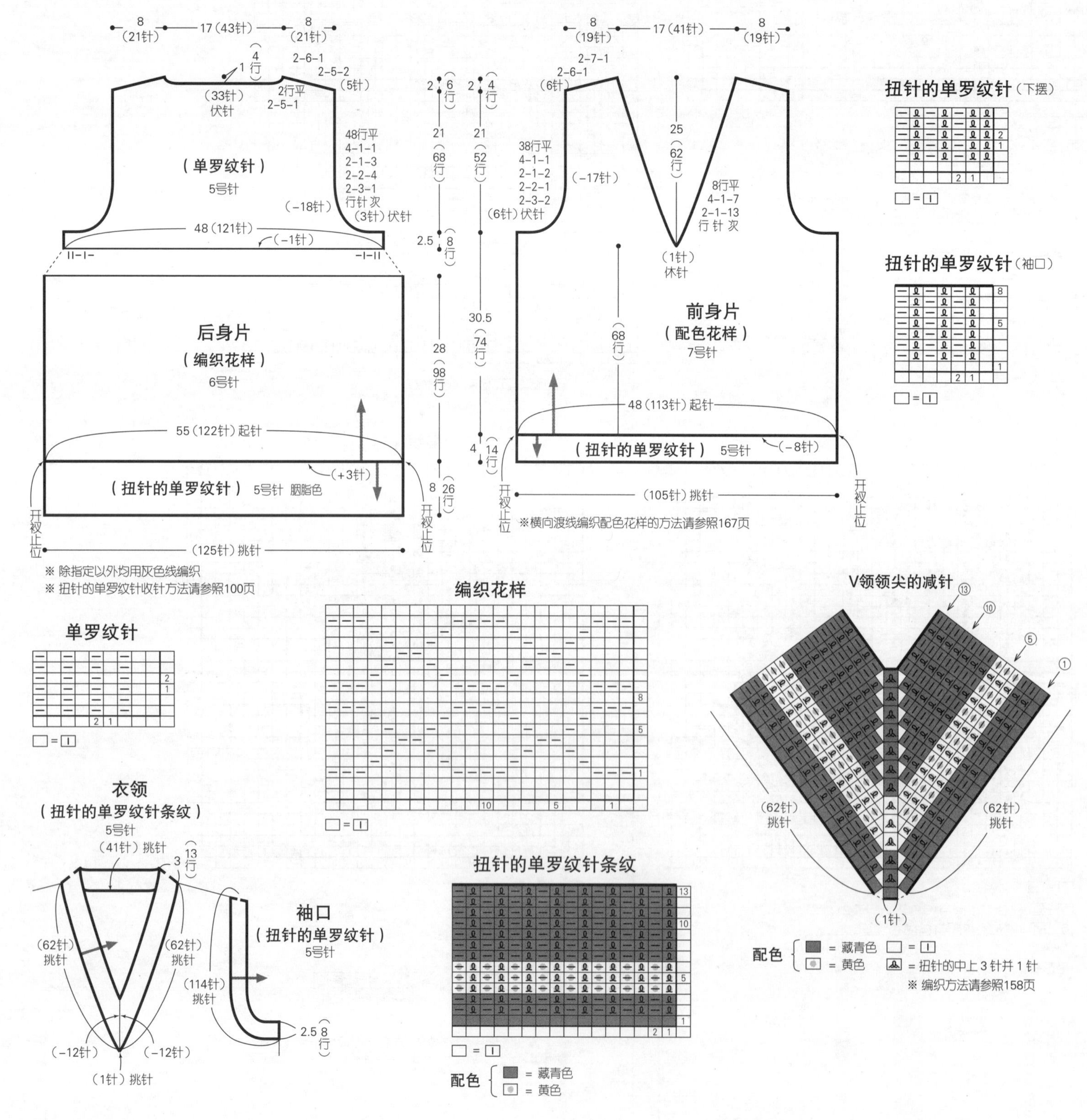

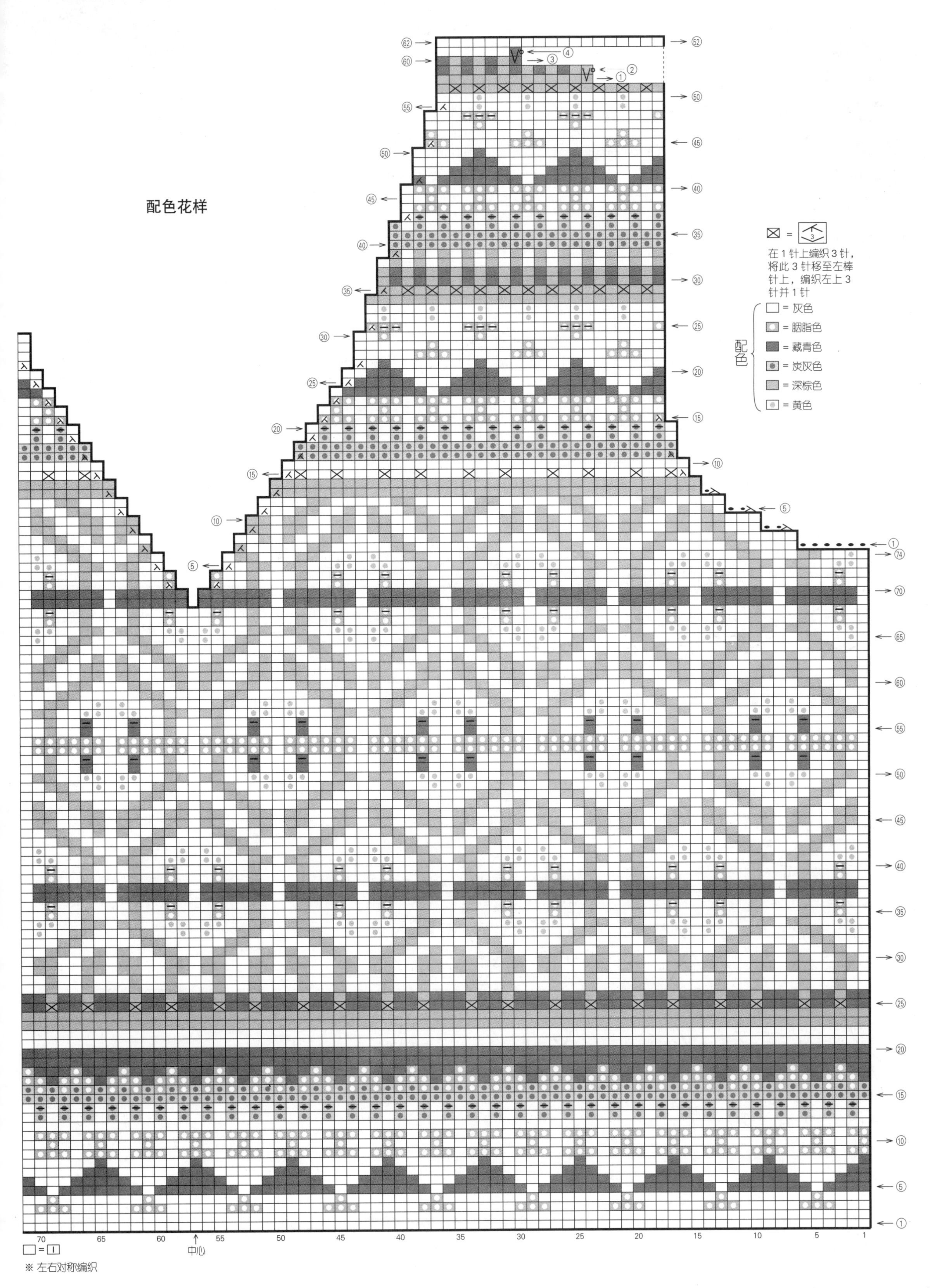
配色花样
⊠ = 在1针上编织3针，将此3针移至左棒针上，编织左上3针并1针
配色
□ = 灰色
= 胭脂色
= 藏青色
= 炭灰色
= 深棕色
= 黄色
□ = ①
中心
※ 左右对称编织

材料

K's K STIPE毛线的色名、色号、用量请参照本页右下表格

工具

棒针6号，钩针5/0号

成品尺寸

胸围109cm，衣长52.5cm，连肩袖长63.5cm

编织密度

花片的大小请参照图示

编织要点

●身片、衣袖…花片手指起针开始编织起伏针。第2片开始，从花片上挑针编织。不挑针部分参照图示做对齐针与行缝合或者挑针缝合。

●组合…袖口、前门襟、衣领挑起指定数量的针目钩织短针，按照和衣袖、身片处的花片相同的配色钩织。

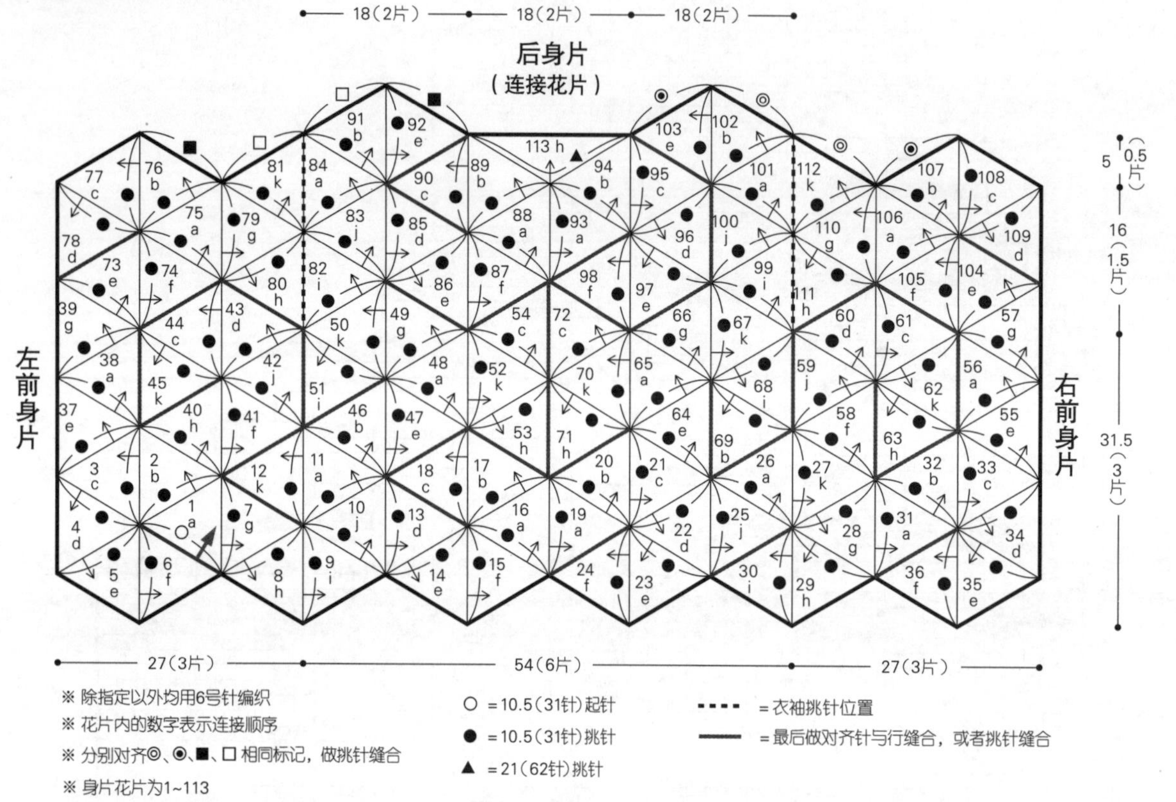

※ 除指定以外均用6号针编织
※ 花片内的数字表示连接顺序
※ 分别对齐◎、◉、■、□ 相同标记，做挑针缝合
※ 身片花片为1~113

○ = 10.5（31针）起针
● = 10.5（31针）挑针
▲ = 21（62针）挑针

----- = 衣袖挑针位置
—— = 最后做对齐针与行缝合，或者挑针缝合

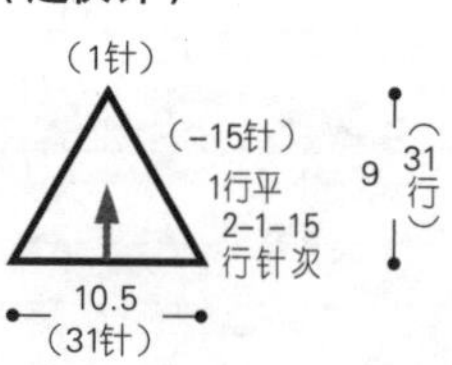

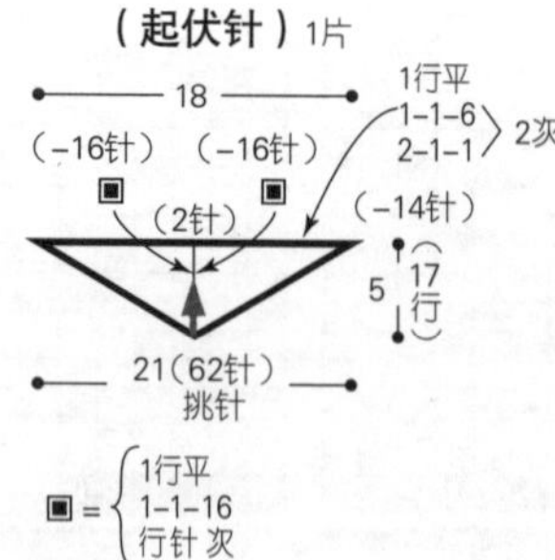

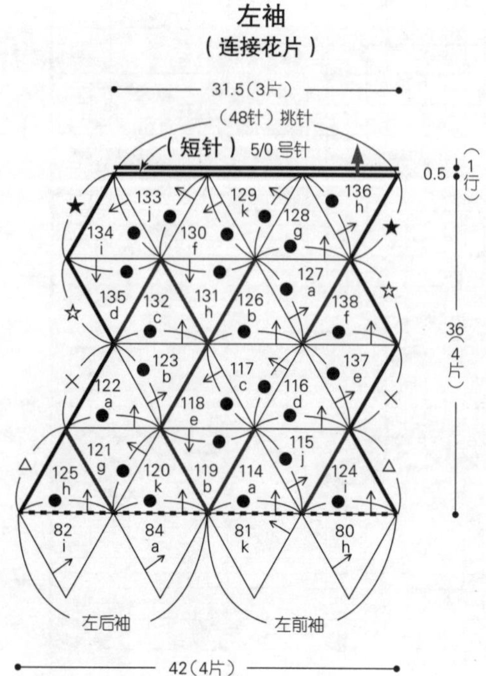

※分别对齐△、×、☆、★相同标记，做挑针缝合
※ 短针使用和花片相同的配色钩织
※ 左袖花片为114~138

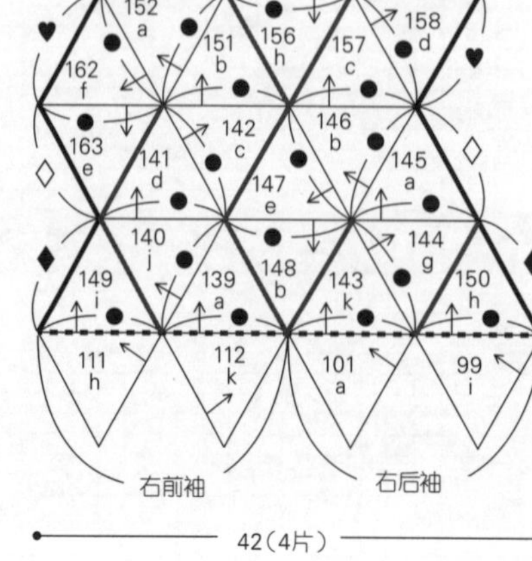

※ 分别对齐◆、◇、♥、♡ 相同标记，做挑针缝合
※ 右袖花片为139~163

花片的配色、片数和毛线用量

	色名（色号）	片数	毛线用量
a	灰粉色（27）	22片	75g／2团
b	炭灰色（28）	18片	60g／2团
c	黄色（94）	16片	55g／2团
d	藏青色（43）	14片	50g／2团
e	胭脂色（54）	18片	65g／2团
f	青色（82）	14片	50g／2团
g	灰色（16）	12片	45g／2团
h	红色（71）	15片	50g／2团
i	深绿色（65）	10片	35g／1团
j	米色（59）	10片	35g／1团
k	褐色（22）	14片	50g／2团

※ 毛线用量包含短针部分
※ h包含1片花片B

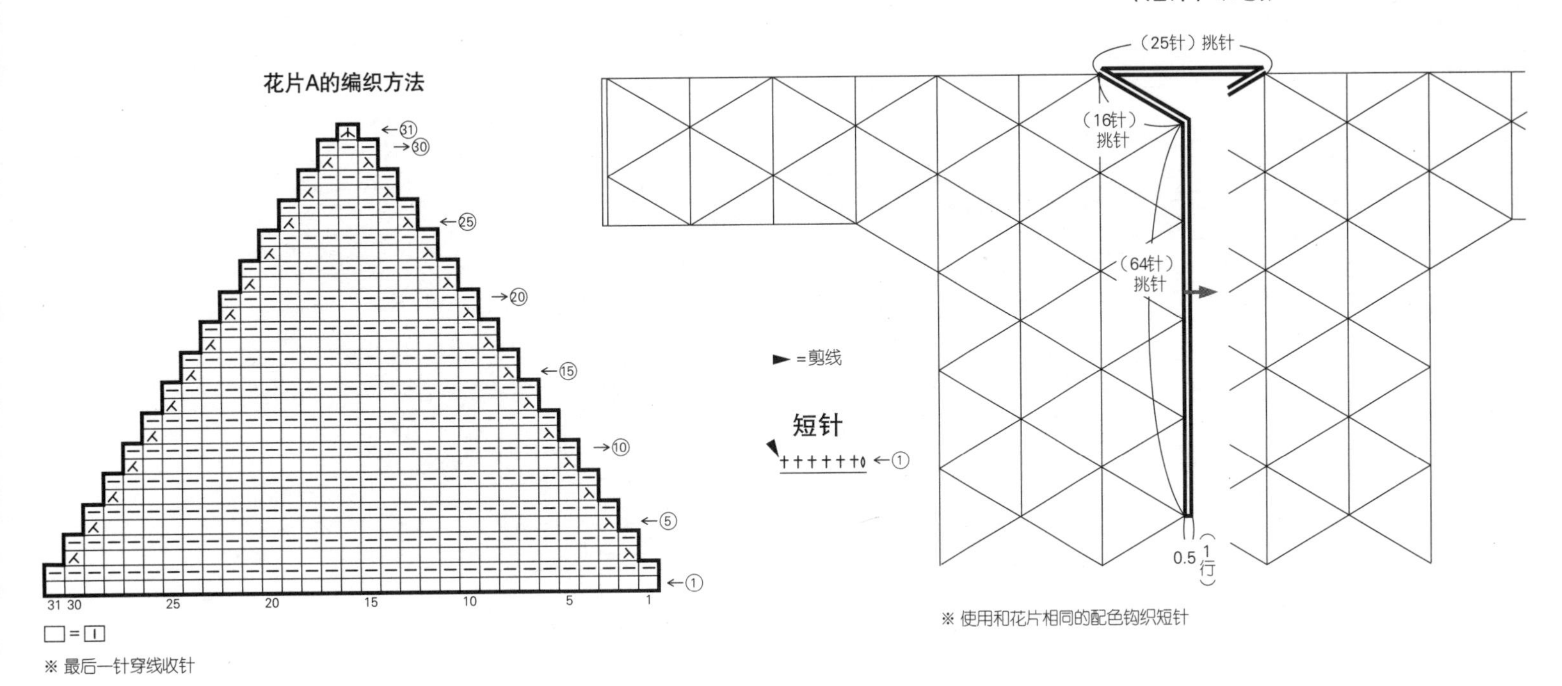

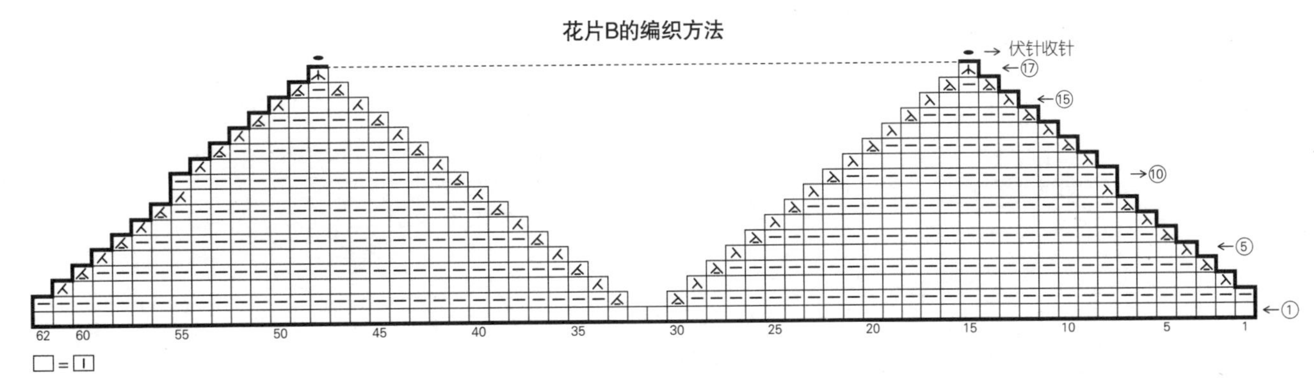

◀下转168页

横向渡线编织配色花样的方法

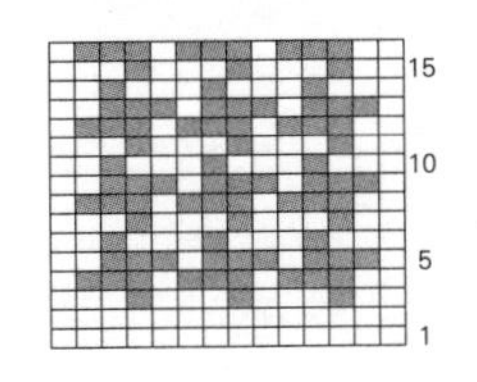

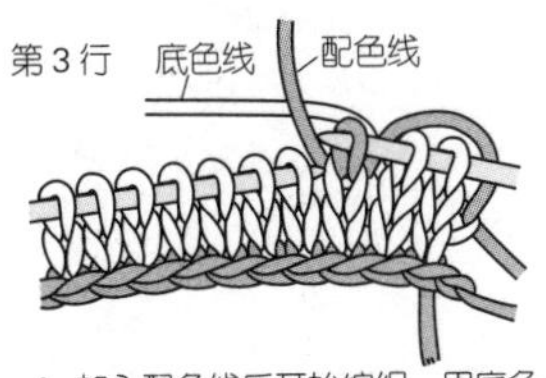

1 加入配色线后开始编织，用底色线编织2针，用配色线编织1针。

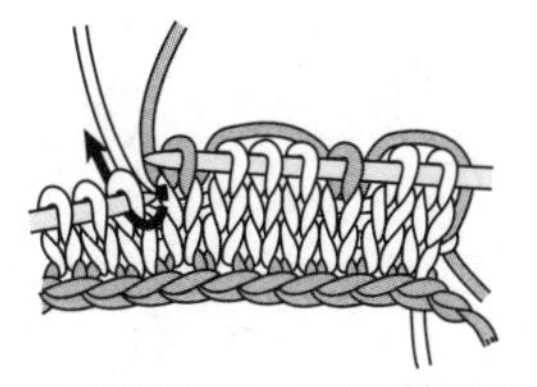

2 配色线在上，底色线在下渡线，重复"底色线织3针，配色线织1针"。

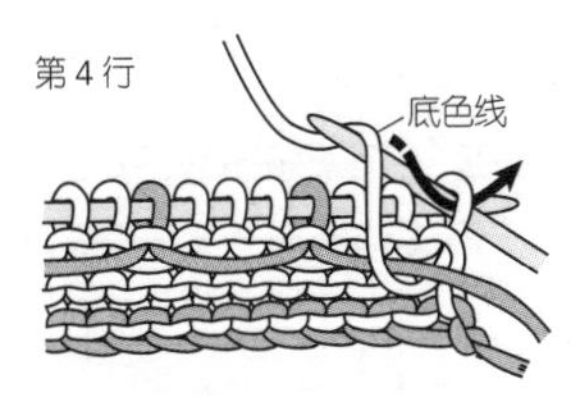

3 第4行的编织起点，夹入配色线编织第1针。

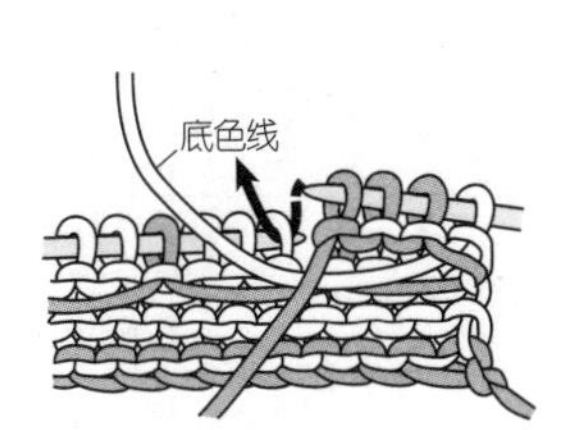

4 编织上针行时也要配色线在上，底色线在下渡线。

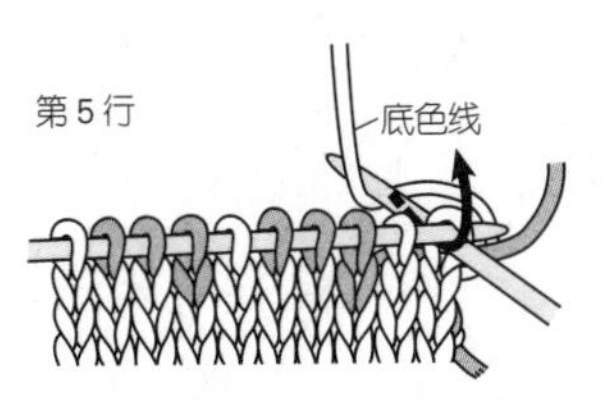

5 第5行的编织起点，夹入配色线后用底色线编织。

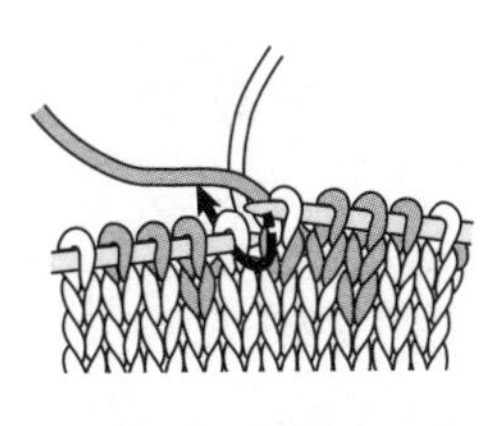

6 按照符号图，重复"配色线织3针，底色线织1针"。

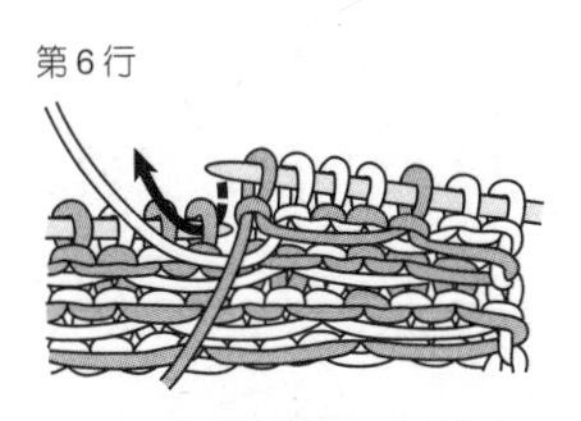

7 重复"配色线织1针，底色线织3针"。此行能编织出1个花样。

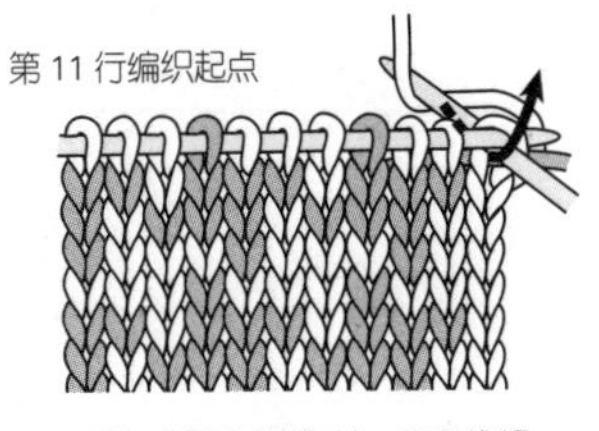

8 重复"配色线织1针，底色线织3针"。此行能编织出2个花样。

上接167页

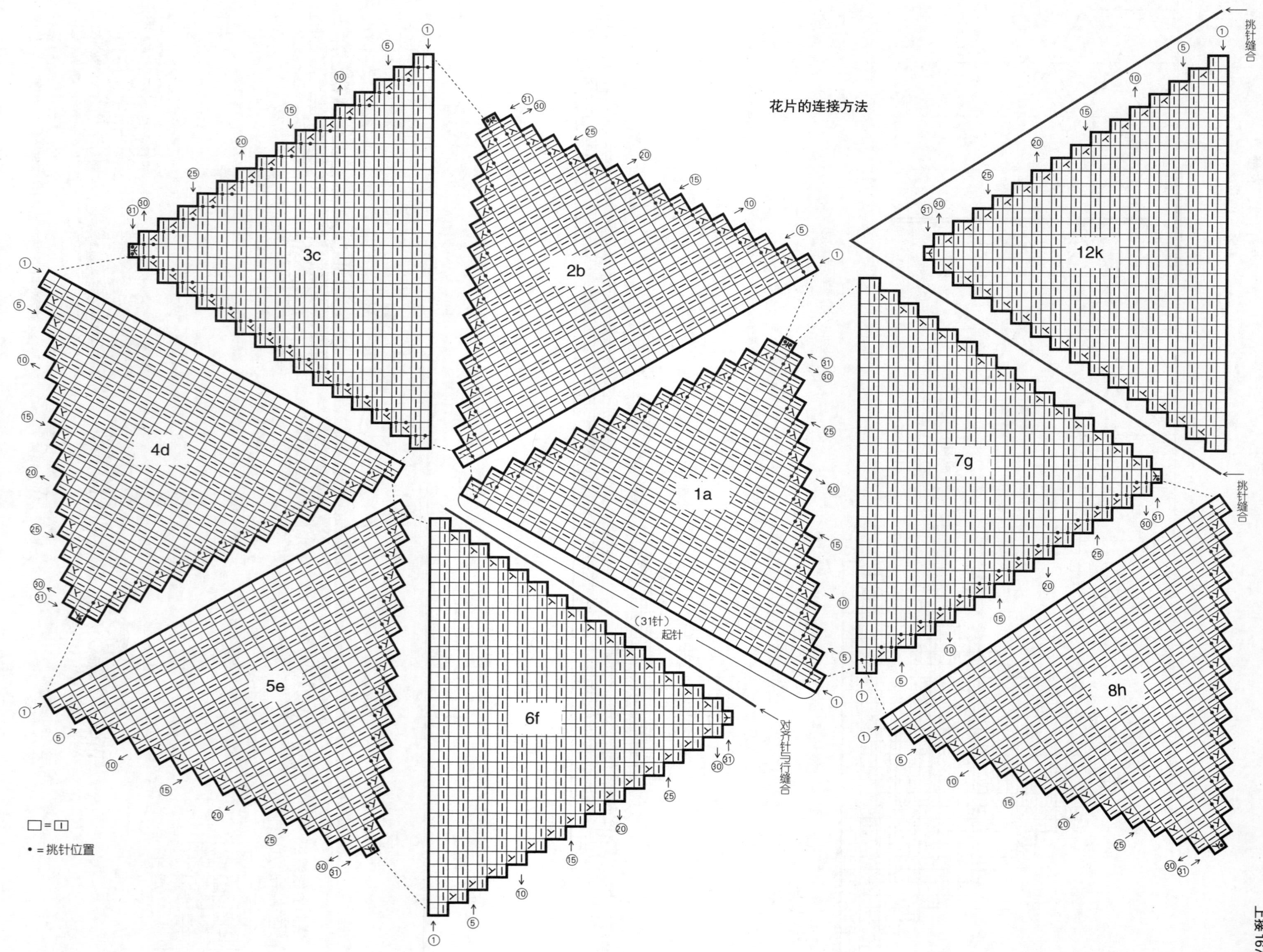

花片的连接方法
挑针缝合
挑针缝合
对齐针与行缝合
（31针）
起针
1a
2b
3c
4d
5e
6f
7g
8h
12k
□=□
• = 挑针位置

材料

[帽子]NV YARN(日本宝库社毛线)NAMIBUTO 深红色(5) 60g/2团

[露指手套] NV YARN NAMIBUTO 深红色(5) 35g/1团

工具

编织机 Amimumemo(6.5mm),钩针5/0号

成品尺寸

[帽子] 头围44cm,帽深23.5cm

[露指手套] 手掌围18cm,长17cm

编织密度

10cm×10cm面积内:编织花样21针,26.5行

编织要点

●帽子…另色线起针后,留出180cm左右的线头开始做下针编织和编织花样。花样的编织方法请参照71页。结束时编织几行另色线,从编织机上取下织片。编织起点处用预留的线头做卷针收针。侧边做挑针缝合。在最后一行的针目里穿线2周后收紧。

●露指手套…单罗纹针起针后,按单罗纹针和编织花样编织。结束时编织几行另色线后从编织机上取下织片,做引拔收针。侧边留出拇指孔做挑针缝合。最后在编织终点处钩织1行引拔针。

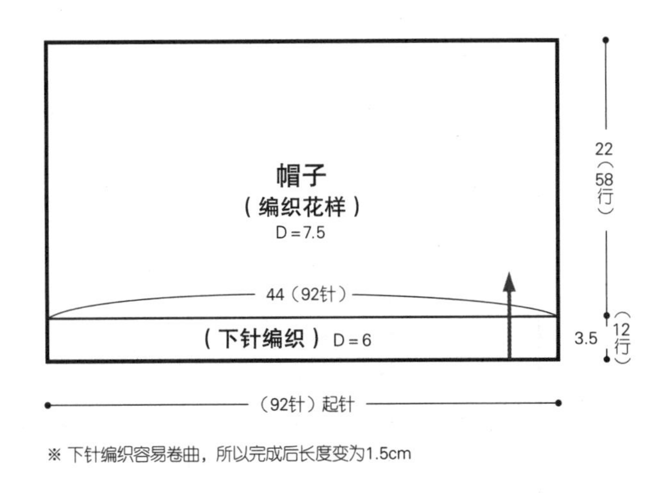

※ 下针编织容易卷曲,所以完成后长度变为1.5cm

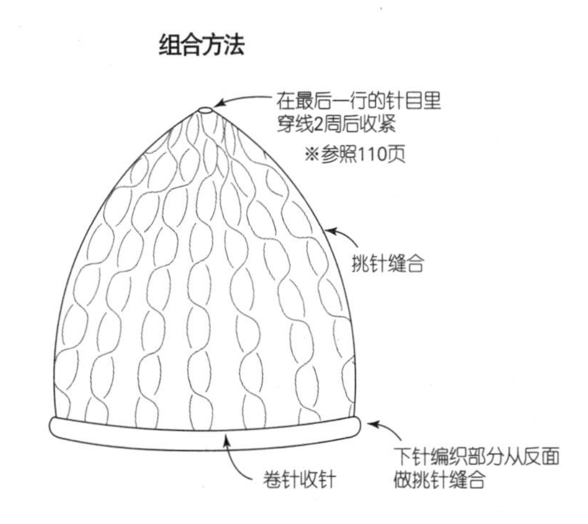

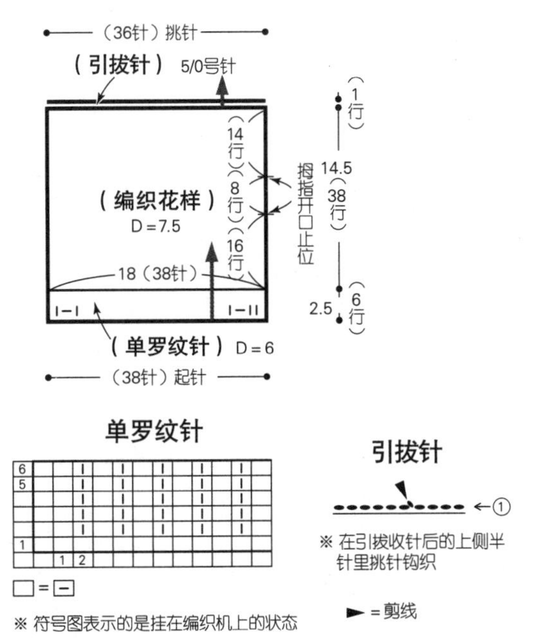

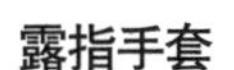

引拔针

※ 在引拔收针后的上侧半针里挑针钩织

► = 剪线

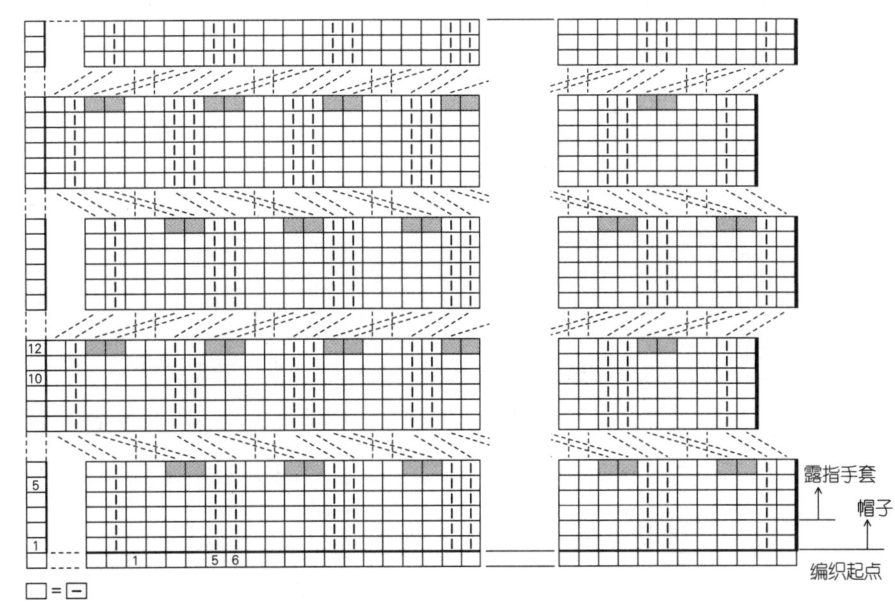

材料

奥林巴斯 Tree House Leaves 原白色(1) 515g/13团

工具

编织机 Amimumemo(6.5mm)

成品尺寸

胸围112cm，衣长51.5cm，连肩袖长68.5cm

编织密度

10cm×10cm面积内：编织花样A 21.5针，22.5行；编织花样B 20针，23.5行；编织花样C 22.5针，22行；下针编织16.5针，22行(D=9.5)；编织花样B'为15针6cm，22行10cm

编织要点

●身片、衣袖…编织花样A、B、C分别另色线起针后开始编织。领窝减2针及以上时做引返编织，减1针时立起侧边1针减针。结束时编织几行另色线，从编织机上取下织片。衣袖用身片的方法起针后做下针编织和编织花样B'。加针时，将边针移至向外1针的机针上，将边上第2针的前一行针目拉上来挂到空出来的机针上。结束时与身片一样处理。

●组合…参照连接方法拼接身片。下摆、袖口挑取指定针数后做双罗纹针和下针编织。结束时编织几行另色线后从编织机上取下织片，从反面做引拔收针。右肩正面朝外做引拔接合。衣领挑取指定针数后做双罗纹针和下针编织，结束时做卷针收针。左肩用右肩的方法接合，参照组合方法连接衣袖与身片。最后缝合胁部、袖下、衣领侧边。

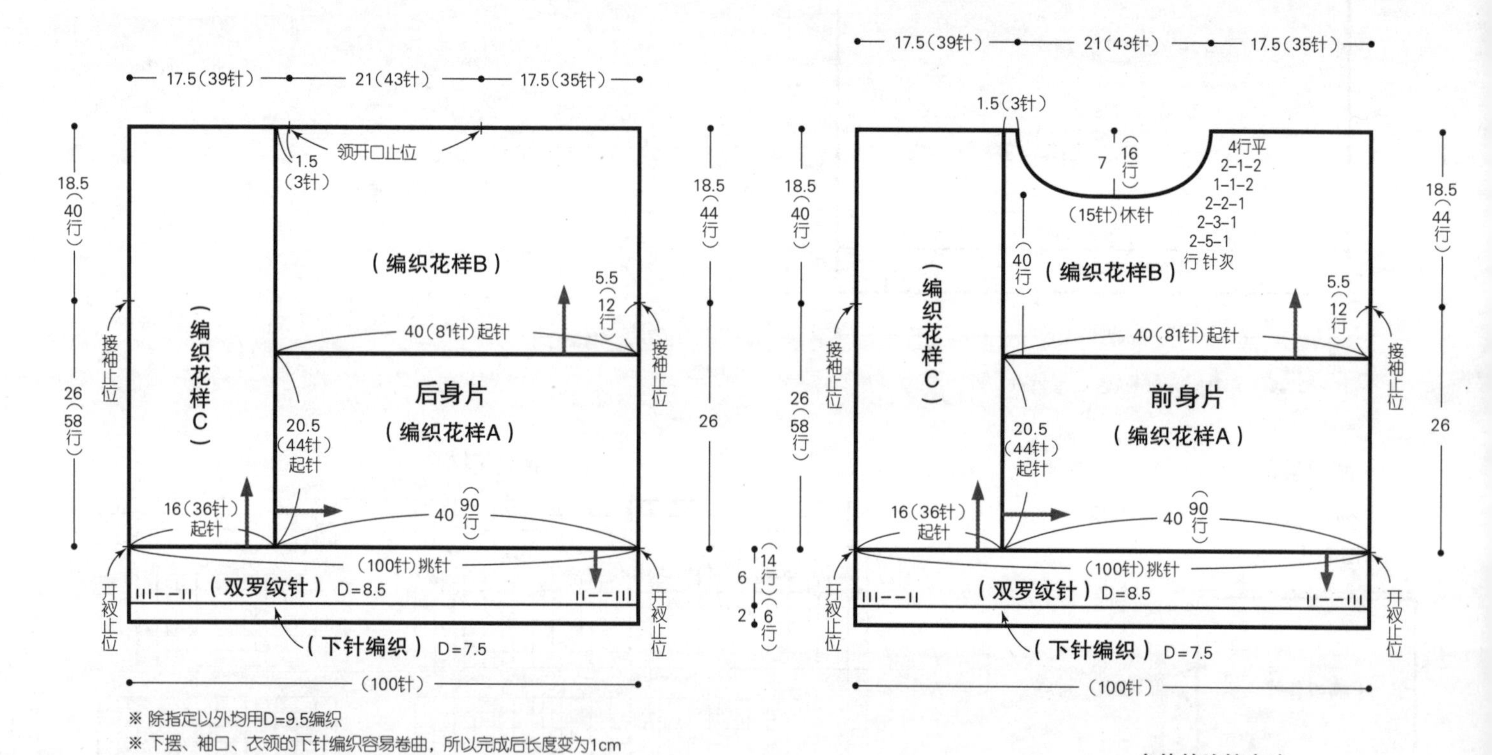

※ 除指定以外均用D=9.5编织

※ 下摆、袖口、衣领的下针编织容易卷曲，所以完成后长度变为1cm

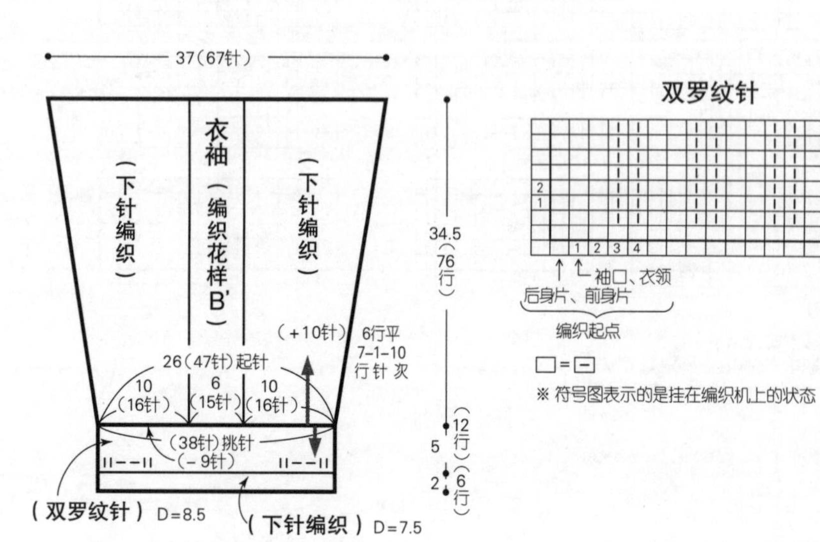

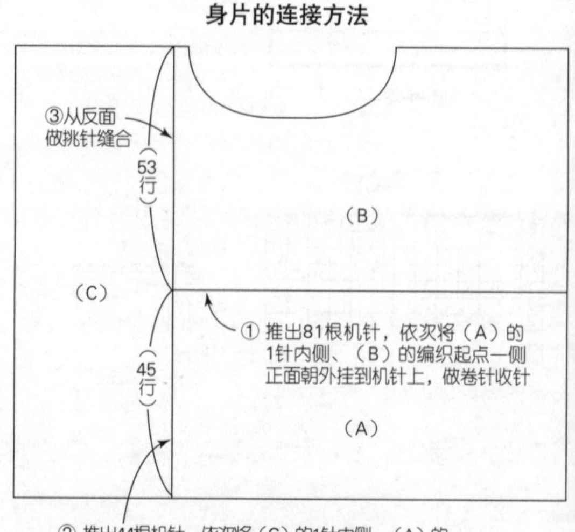

编织花样B'

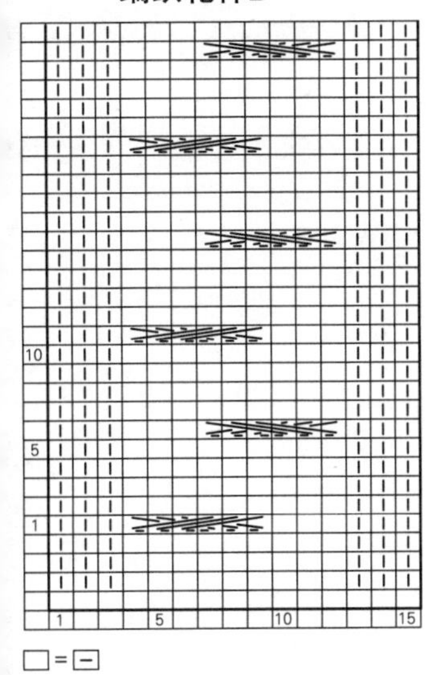

□=⊟

※ 符号图表示的是挂在编织机上的状态

编织花样A

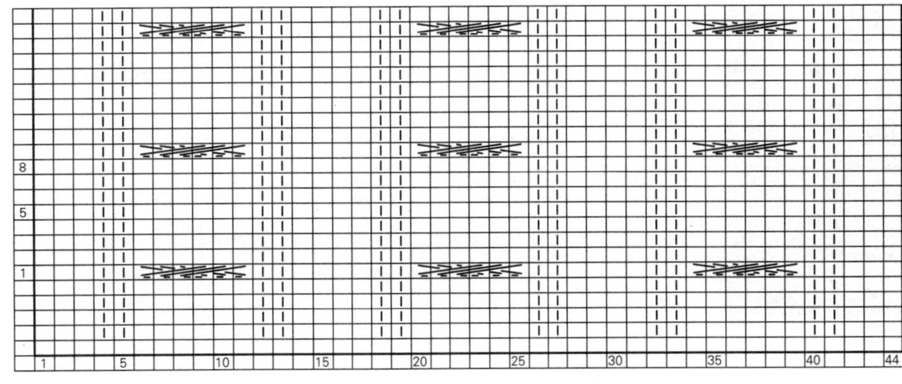

□=⊟

※ 符号图表示的是挂在编织机上的状态

编织花样B

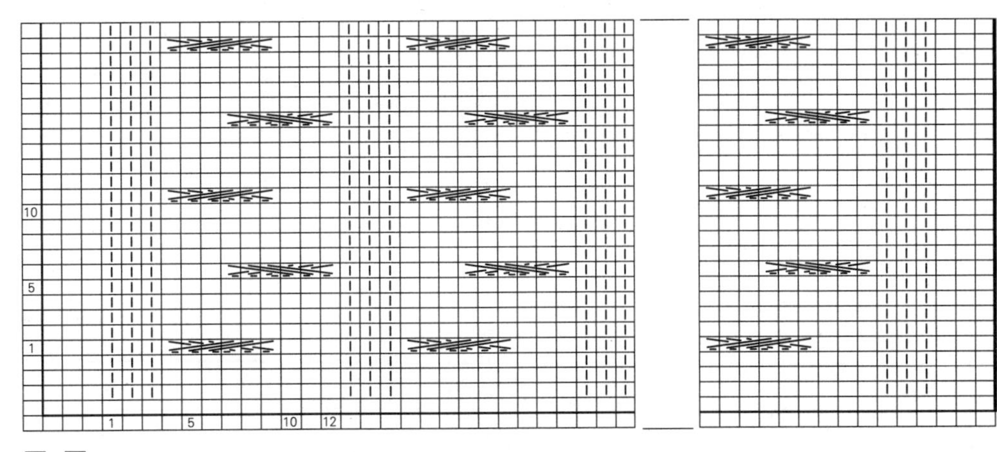

□=⊟

※ 符号图表示的是挂在编织机上的状态

编织花样C

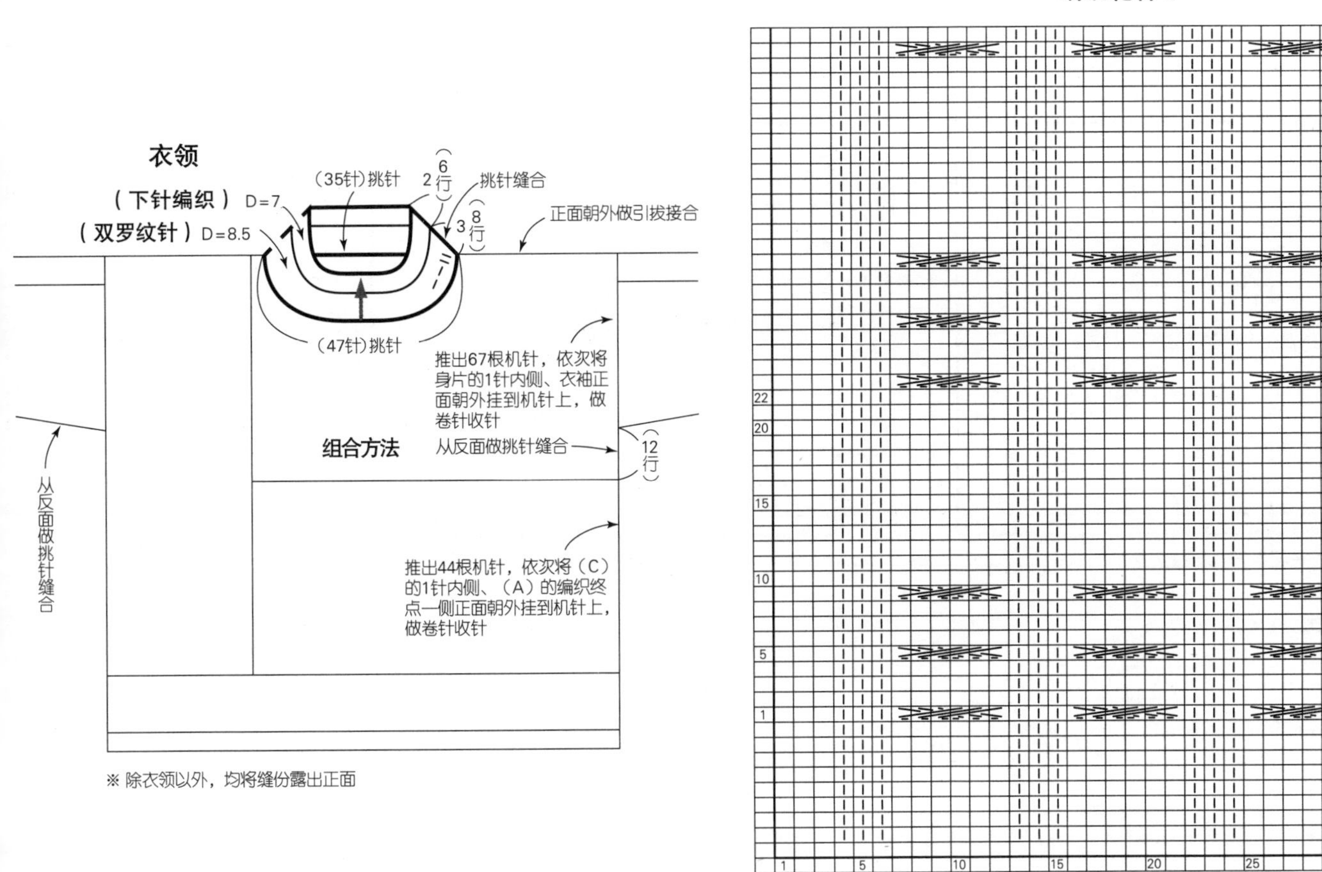

※ 除衣领以外，均将缝份露出正面

□=⊟ ※ 符号图表示的是挂在编织机上的状态

材料

Rich More Stame 蓝 色(48) 290g/6团，Spectre Modem 藏青色(45) 250g/7团

工具

编织机 Amimumemo(6.5mm)

成品尺寸

胸围100cm，衣长89.5cm，连肩袖长66cm

编织密度

10cm×10cm面积内：下针编织18针，24.5行(身片)；下针编织16.5针，20行(衣袖)；编织花样A 17针，20.5行；编织花样B为13针7cm，20行10cm

编织要点

●身片、衣袖…后身片〈下〉、前身片〈下〉分别单罗纹针起针后开始编织。做单罗纹针和下针编织至指定行数后，接着编织几行另色线，从编织机上取下织片。后身片〈上〉、前身片〈上〉分别从后身片〈下〉、前身片〈下〉挑取指定针数后，按编织花样A编织。肩部做引返编织。领窝减2针及以上时做引返编织，减1针时立起侧边1针减针。结束时编织几行另色线，从编织机上取下织片。衣袖另色线起针后，做下针编织和编织花样B。加针时，将边针移至向外1针的机针上，将边上第2针的前一行针目拉上来挂到空出来的机针上。结束时与身片一样处理。袖口编织单罗纹针，结束时做单罗纹针收针。

●组合…右肩做机器缝合。衣领挑取指定针数，一边调整编织密度一边编织单罗纹针。结束时与袖口一样收针。左肩与右肩一样做机器缝合。衣袖与身片之间做机器缝合。胁部、袖下、衣领侧边做挑针缝合。

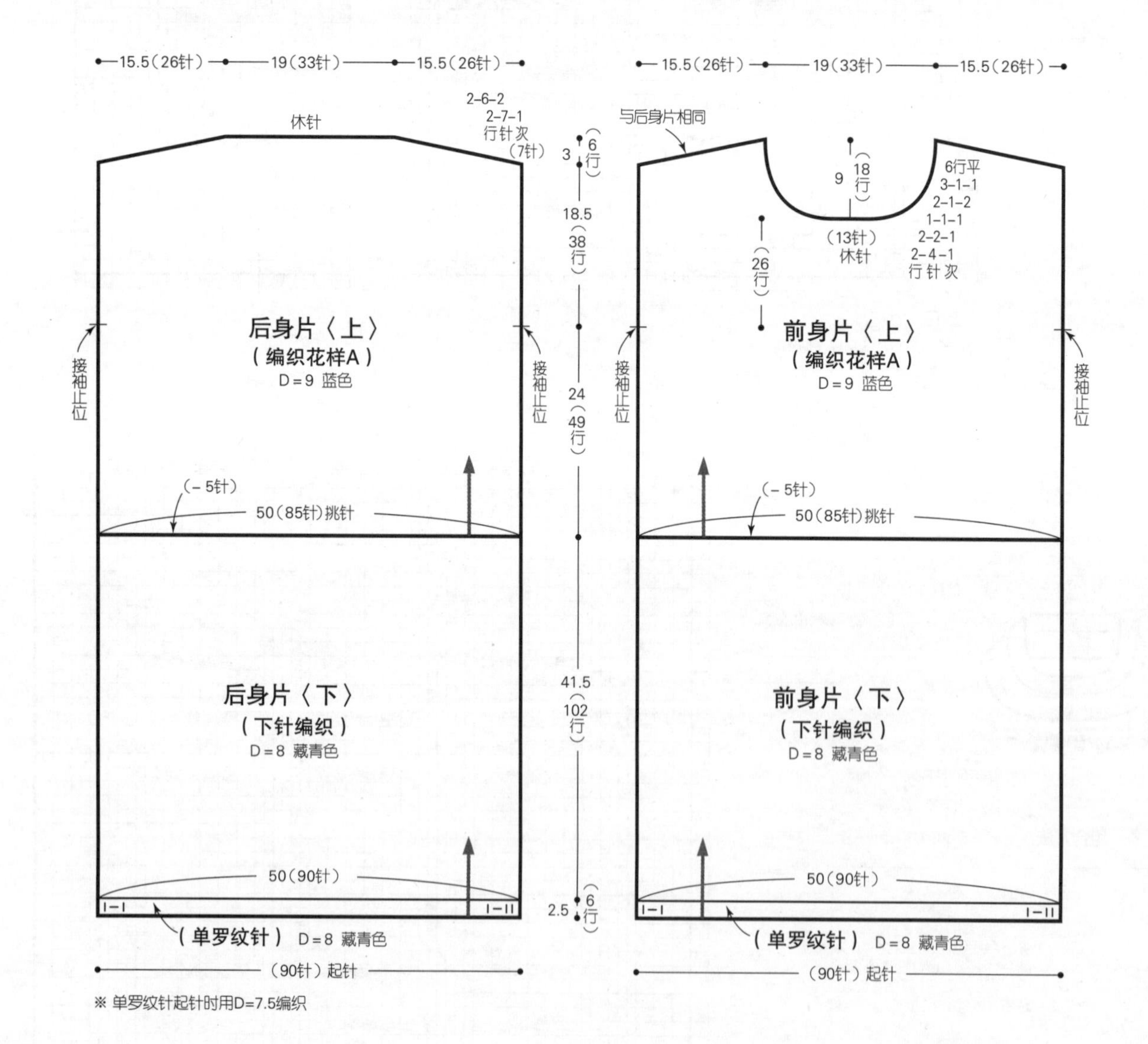

单罗纹针

※ 符号图表示的是挂在编织机上的状态

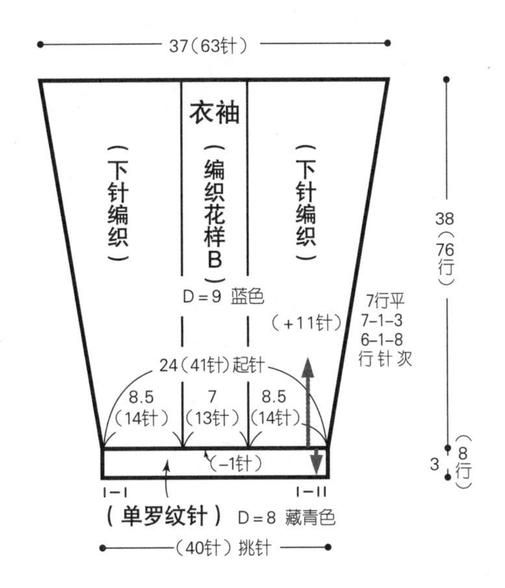

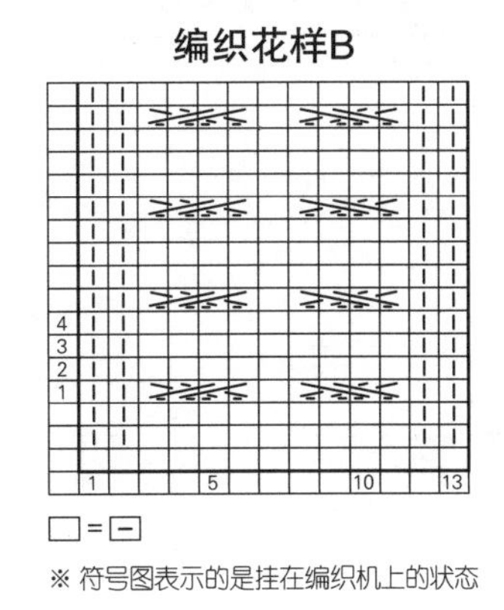

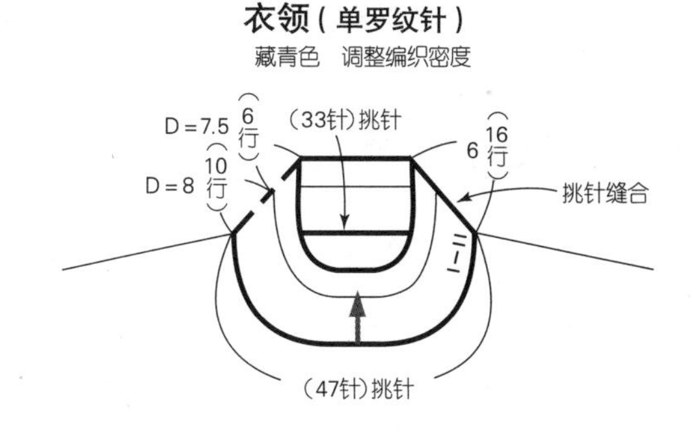

编织花样A

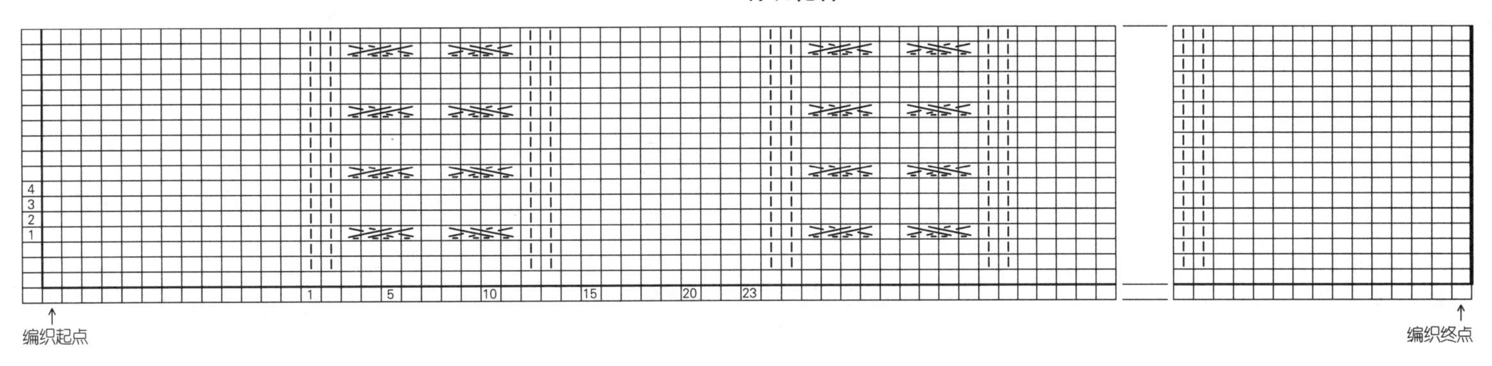

□＝⊟

※ 符号图表示的是挂在编织机上的状态

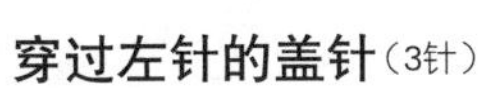

穿过左针的盖针（3针）

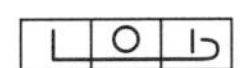

1 在左棒针的第3针里插入右棒针，如箭头所示将其覆盖在右边的2针上。

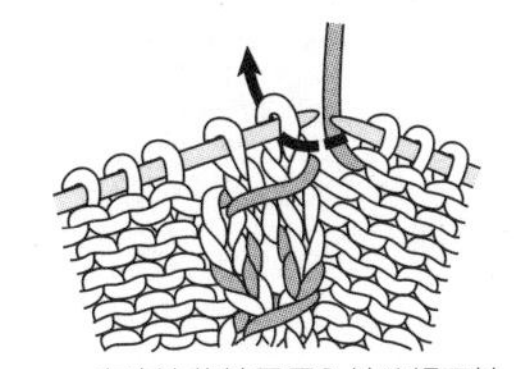

2 在右边的针目里入针编织下针。

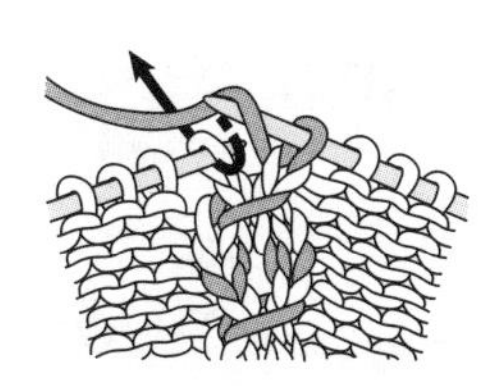

3 接着挂针，在左边的针目里入针编织下针。

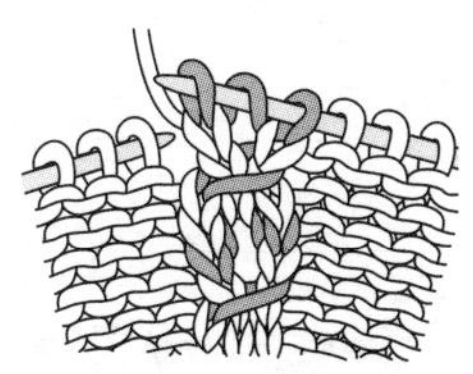

4 穿过左针的盖针（3针）完成。

2卷绕线编

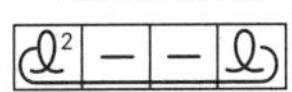

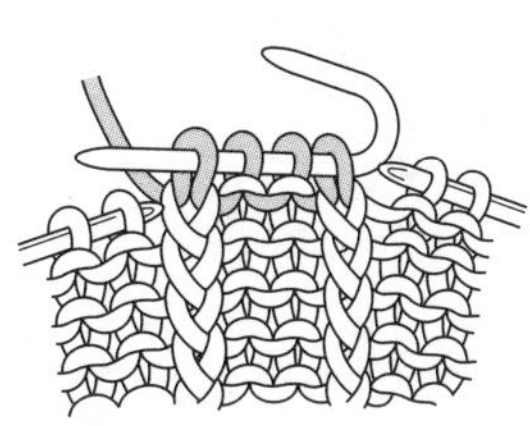

1 编织4针后，将针目移至麻花针上。

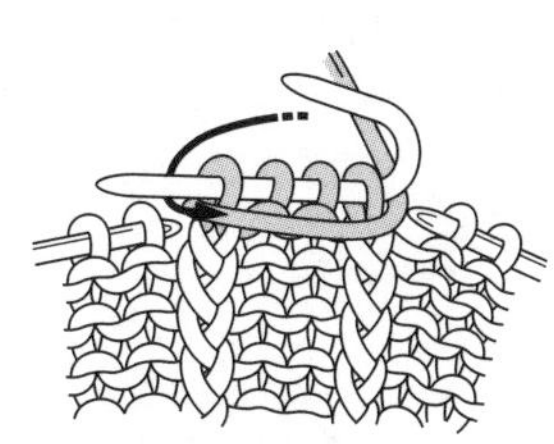

2 在刚才移过来的4针上按箭头所示方向绕线。

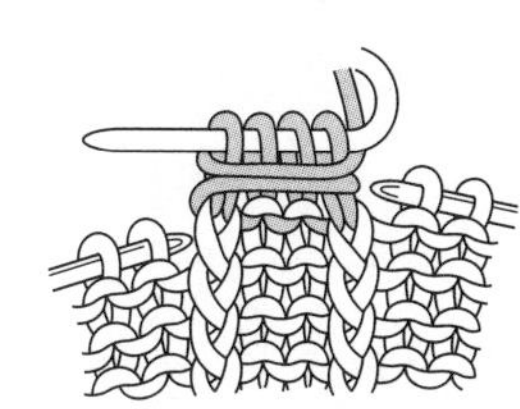

3 逆时针方向绕2圈线。

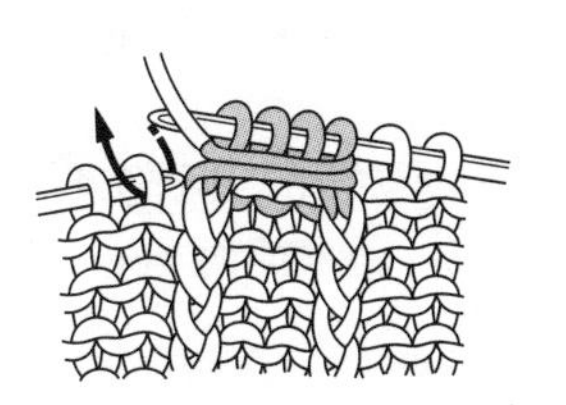

4 直接将麻花针上的针目移至右棒针上，完成。

棒针编织

起针

〈手指起针〉

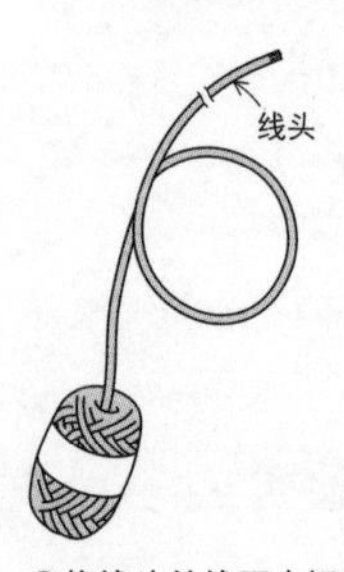

❶将线头从线团中间拉出来，拉出起针宽度的3倍长。

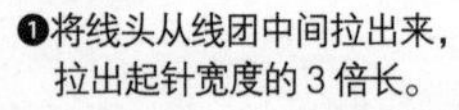

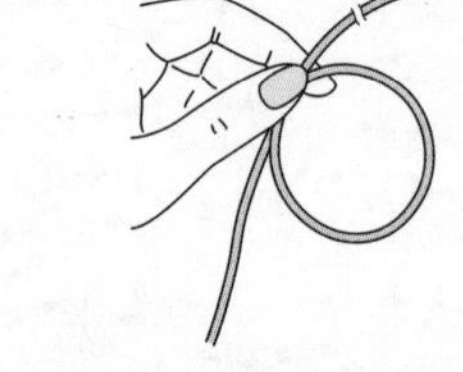

❷做个圈，左手捏着交叉点。

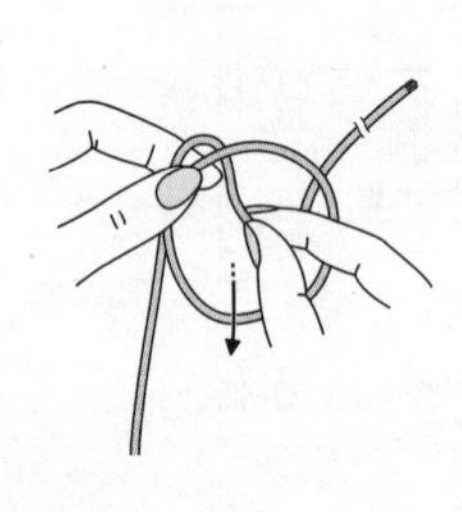

❸将线头从线圈中穿过。

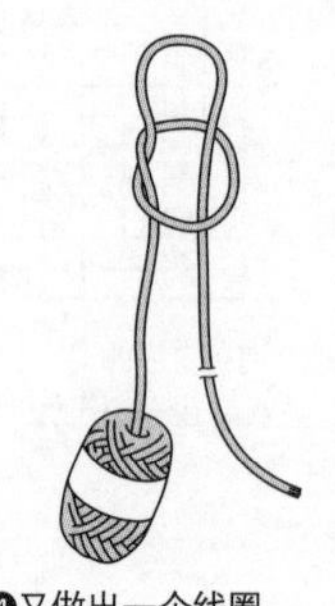

❹又做出一个线圈。

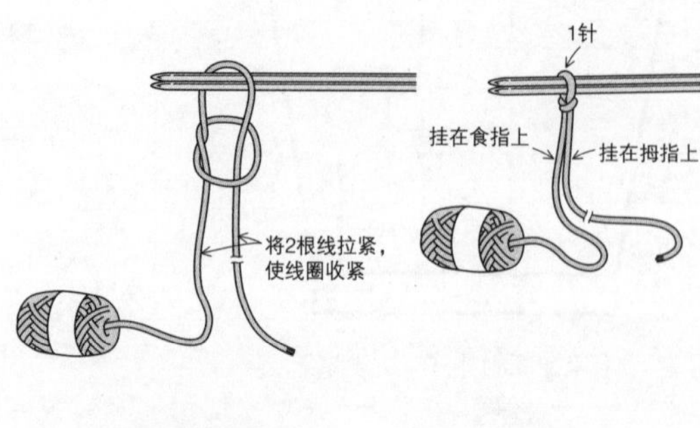

❺ 将2根棒针插入线圈。将2根线拉紧，使线圈收紧(第1针完成)。

❻ 短线挂在拇指上，长线挂在食指上。

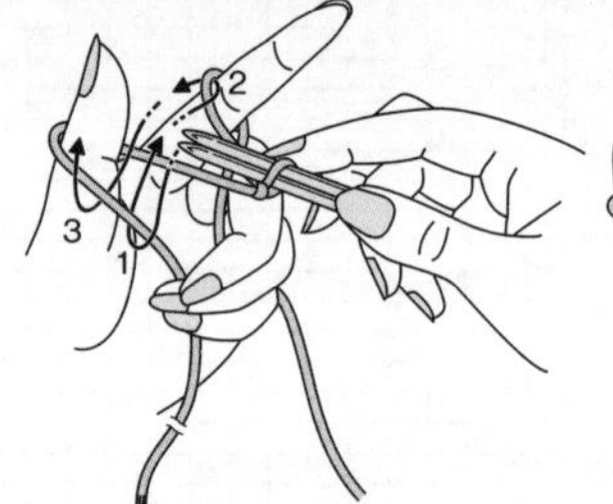

❼按照图中1、2、3的顺序转动针尖，给棒针挂线。

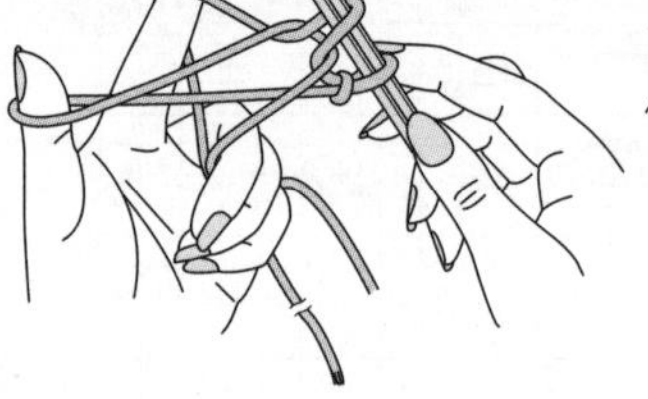

❽ 线挂在了棒针上。

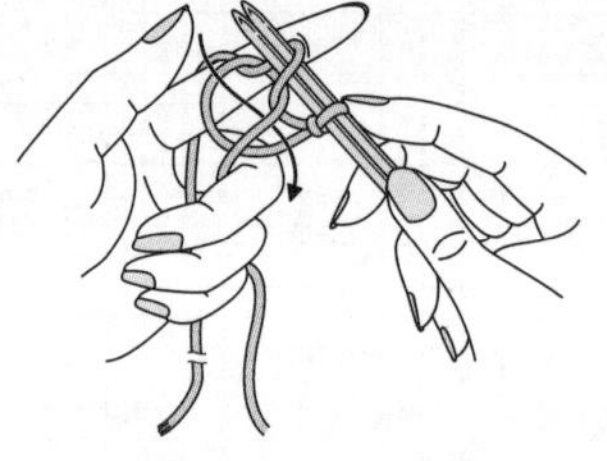

❾取下拇指上的线，再按照箭头所示插入拇指。

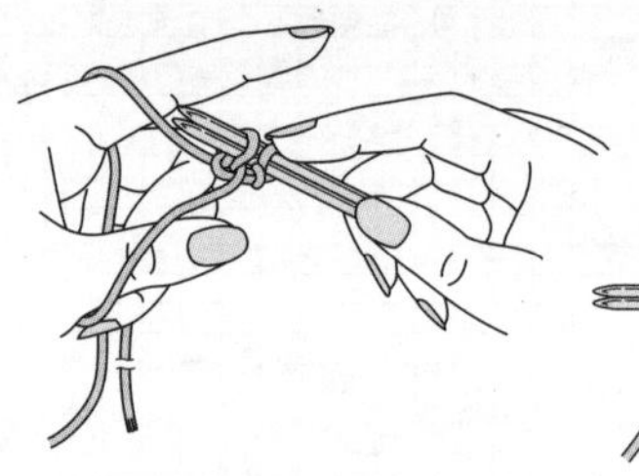

❿拇指向外伸，使针目收紧（第2针完成）。
重复步骤❼~❿。

⓫起所需要的针数，抽出1根棒针。

〈挑取另线锁针的里山起针〉

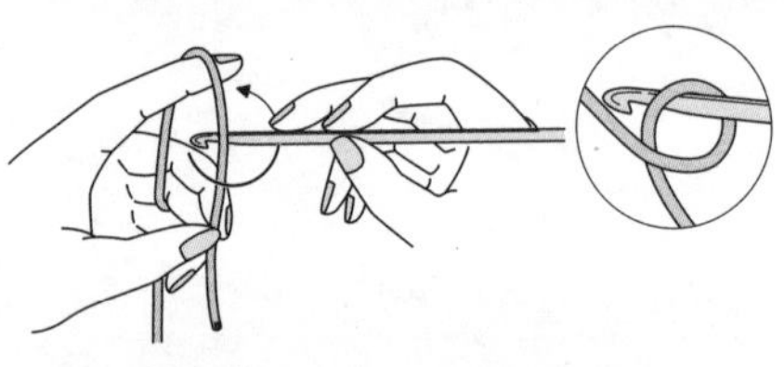

❶将钩针放在线的后面，如箭头所示绕1圈，将线绕到钩针上。

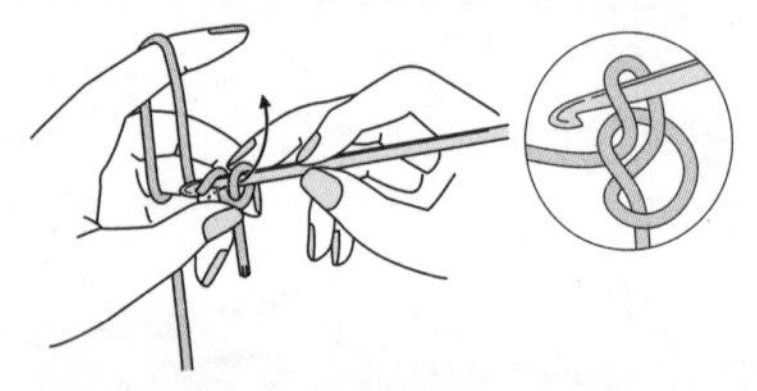

❷左手拇指和中指捏着线的交叉处，如箭头所示转动钩针挂线，从线圈中将线拉出。

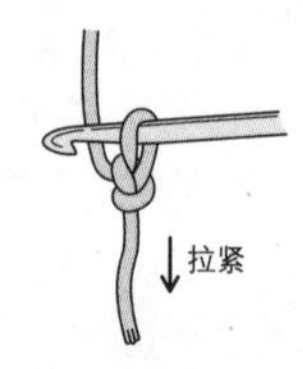

❸将线圈拉紧，完成最初的针目。这1针不计入起针的针数。

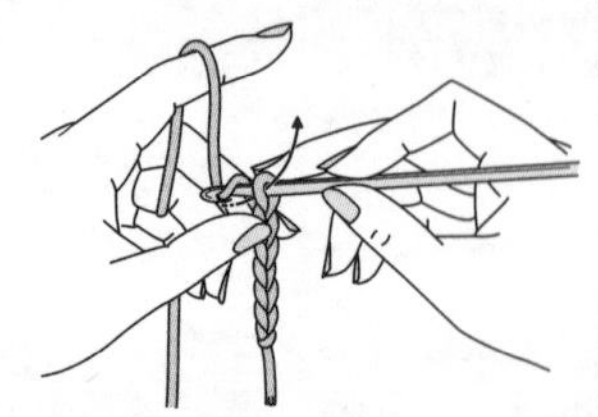

❹重复"挂线，从钩针上的线圈中拉出"，要所需要的起针数多钩织几针。

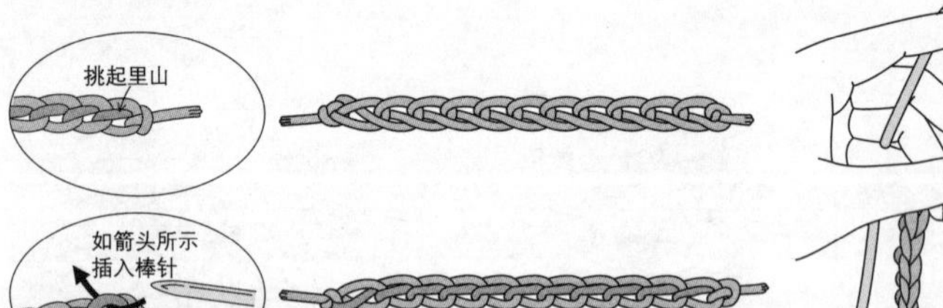

❺锁针分正面和反面。确认锁针里山的位置。

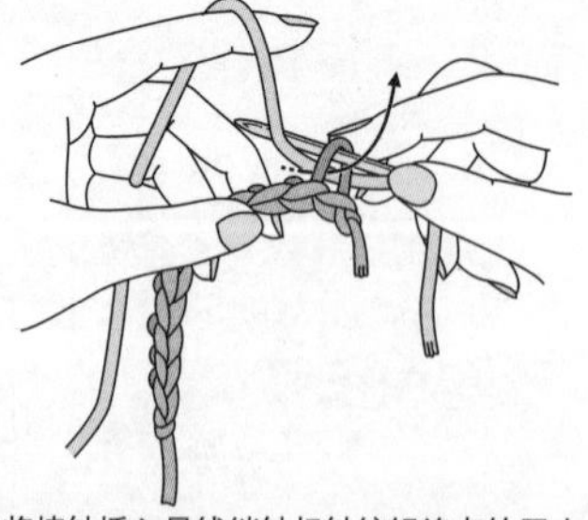

❻将棒针插入另线锁针起针编织终点的里山，如图所示挑起织片所用的线。

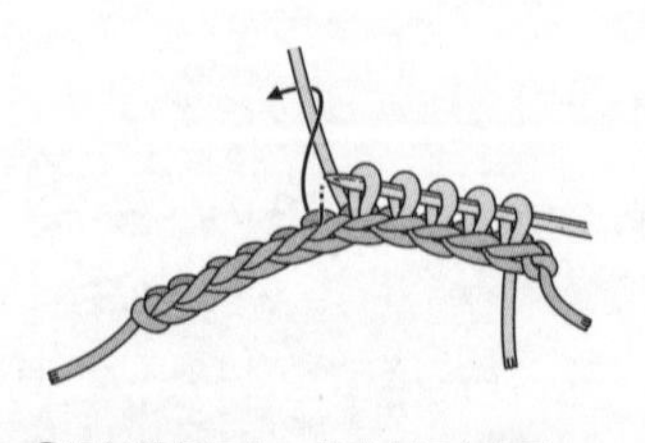

❼逐针挑起里山，拉出针目（这是第1行）。

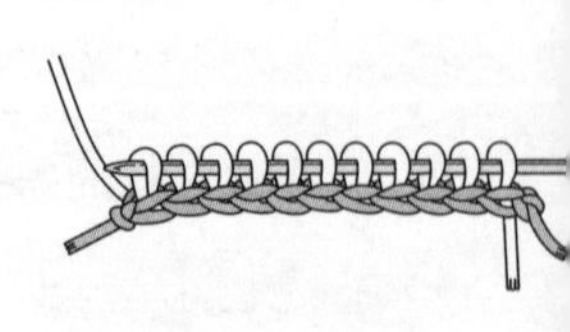

❽挑取所需要的针数。

〈挑取共线锁针的里山起针〉

正面

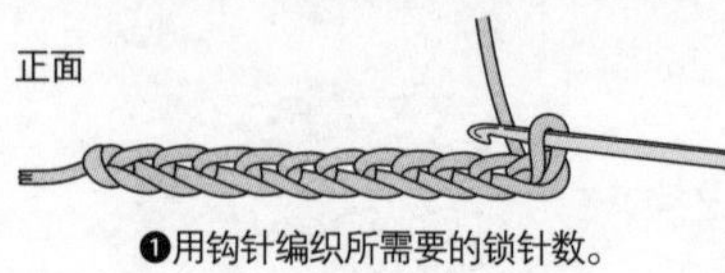

反面

❶用钩针编织所需要的锁针数。

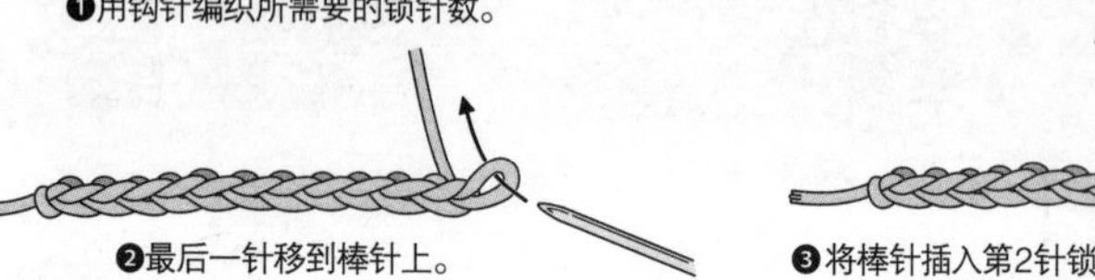

❷最后一针移到棒针上。

❸将棒针插入第2针锁针的里山，如箭头所示将线拉出。端头形成一个角。

❹一针一针地挑取里山进行编织（第1行）。

减针

〈立起侧边 1 针减针〉

⋋ 右侧

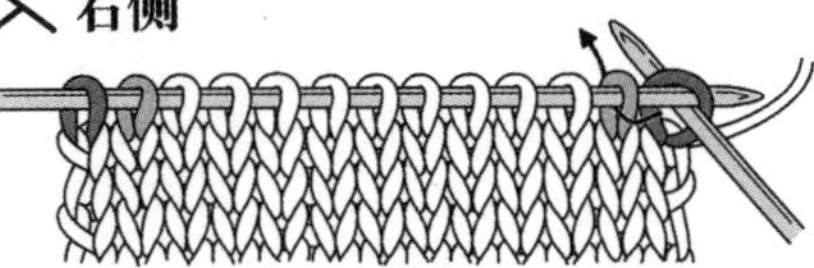

❶第1针不编织直接移至右棒针上。将右棒针插入第 2 针中。

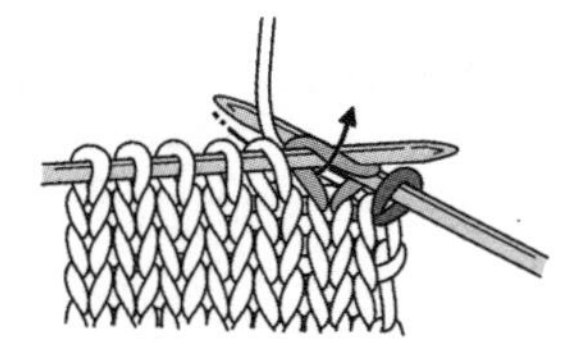

❷编织下针。

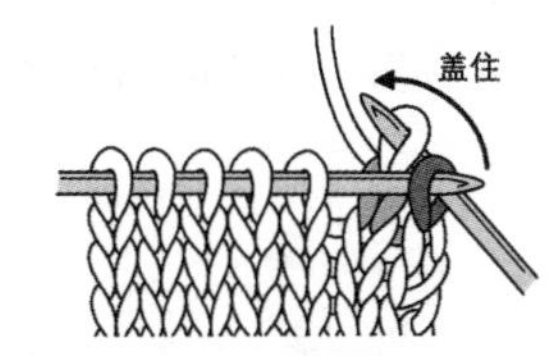

❸将左棒针插入移至右棒针的第 1 针中，使其盖住第 2 针。

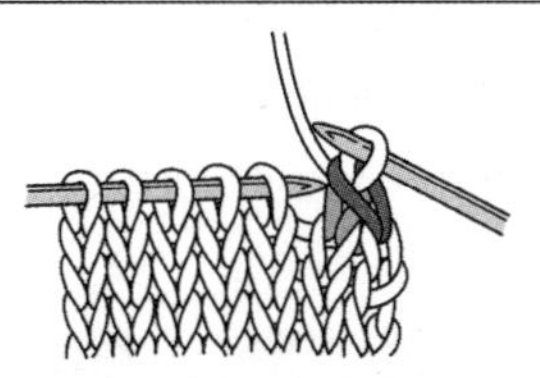

❹右侧的立起侧边1针减针完成。

⋌ 左侧

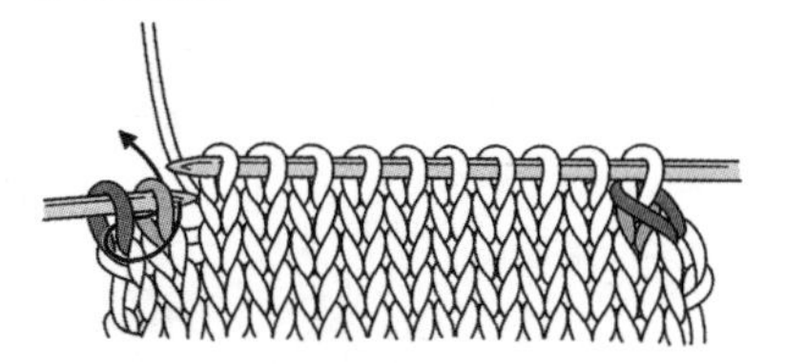

❶如箭头所示，将右棒针插入左棒针上的 2 个针目中。

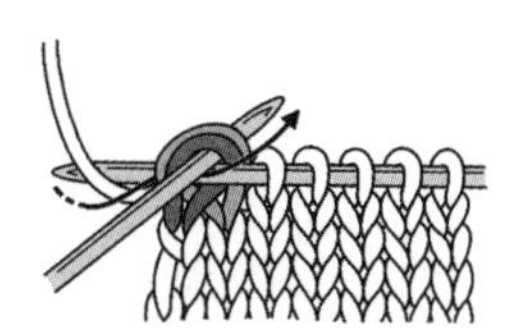

❷挂线并拉出。

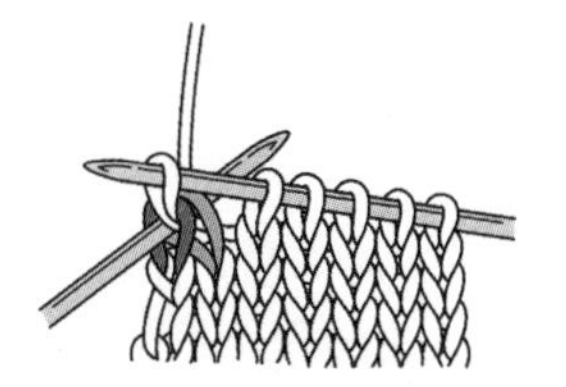

❸从2个针目中抽出左棒针。

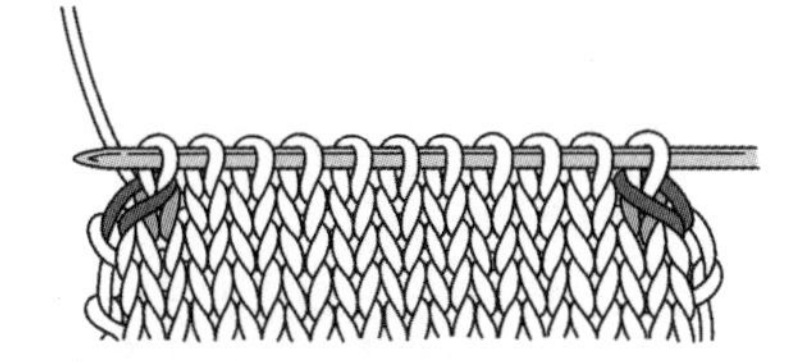

❹左侧的立起侧边 1 针减针完成。

〈伏针减针〉

右侧（下针行）

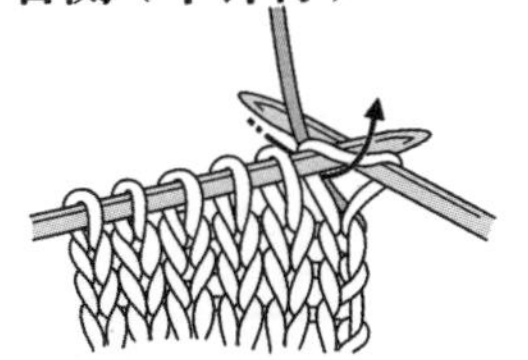

❶第1针编织下针。

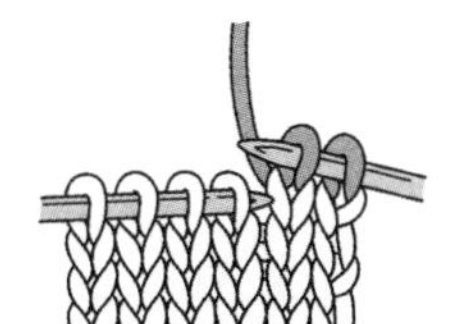

❷第2针也编织下针。

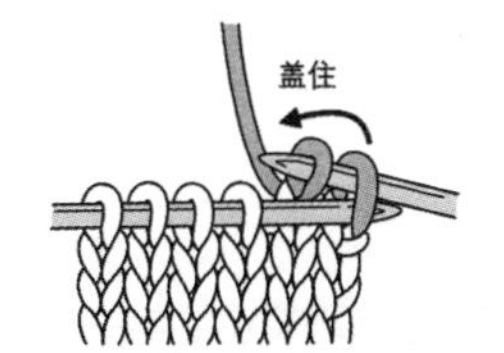

❸将左棒针插入右棒针上的第 1 针中，使其盖住第 2 针。完成第 1 针伏针。

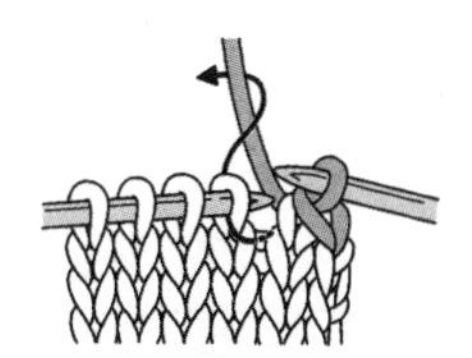

❹下一个针目编织下针。将左棒针插入右棒针上的第 2 针中，使其盖住刚刚编织的针目。

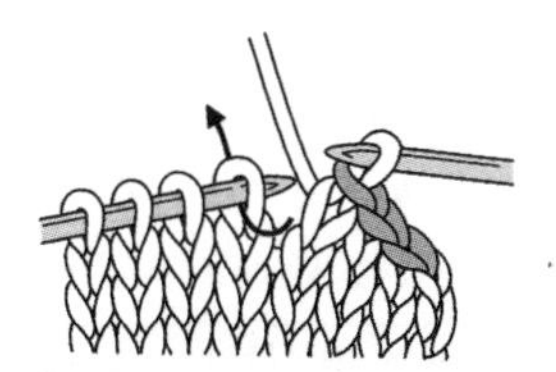

❺编织所需数量的伏针后，下一个针目编织下针。

左侧（上针行）

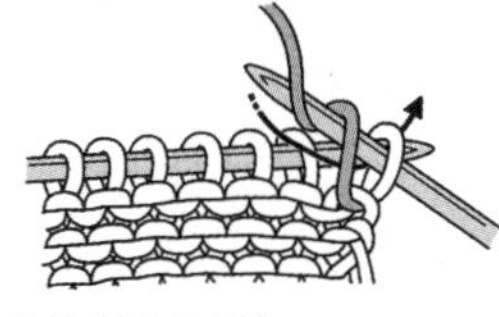

❶第1针编织上针。

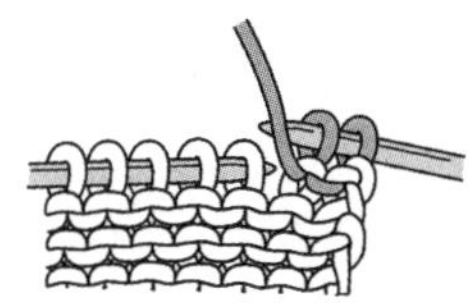

❷第2针也编织上针。

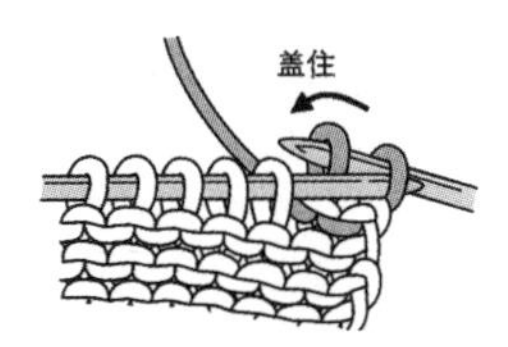

❸将左棒针插入右棒针上的第 1 针中，使其盖住第 2 针。完成第 1 针伏针。

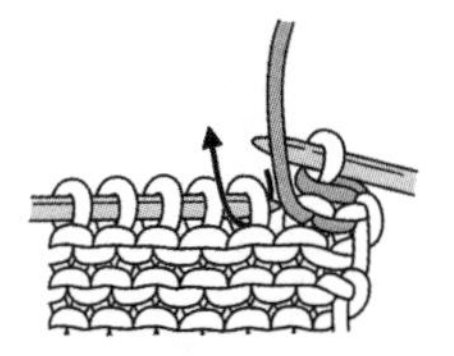

❹下一个针目编织上针。将左棒针插入右棒针上的第 2 针中，使其盖住刚刚编织的针目。

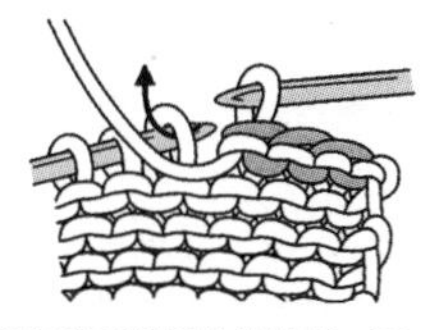

❺编织所需数量的伏针后，下一个针目编织上针。

加针

〈扭针加针〉

ℒ 下针行

右侧

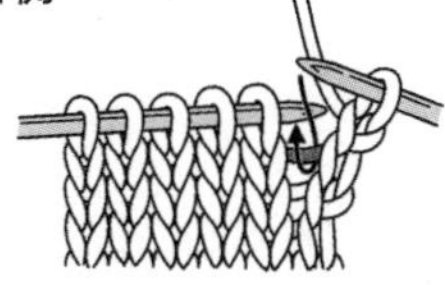

❶编织端头的 1 针，如箭头所示插入右棒针，将针目提起来移至左棒针上。

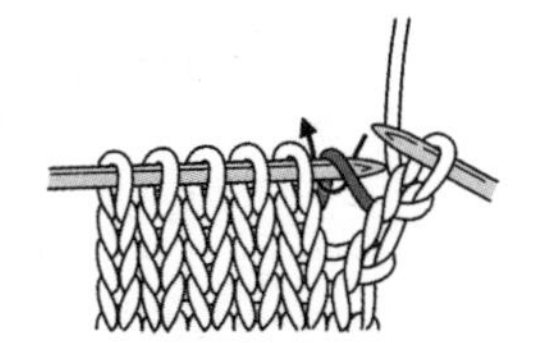

❷将右棒针插入移至左棒针的针目中。

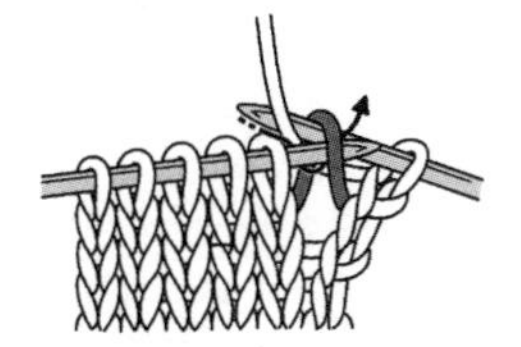

❸挂线。

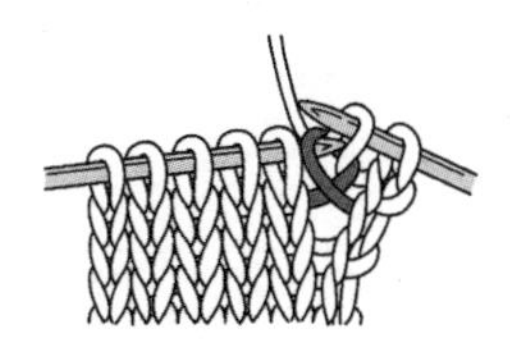

❹从前侧拉出。

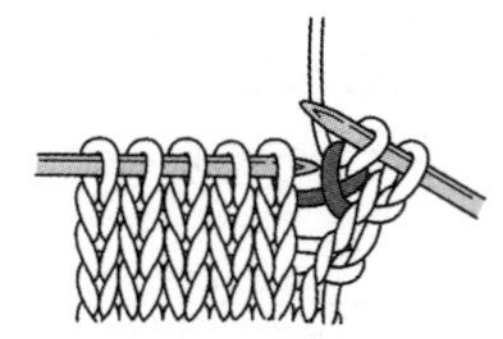

❺下针的右侧扭针加针完成。

左侧

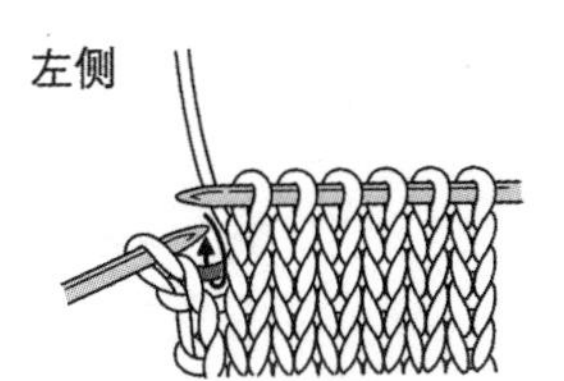

❶编织至端头 1 针的前侧，如箭头所示插入右棒针并将针目提起来。

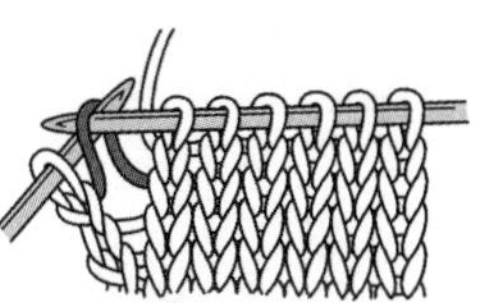

❷将提起的针目移至左棒针上。

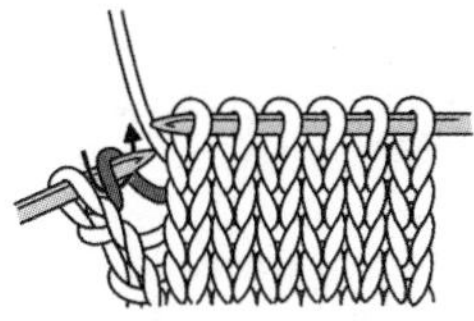

❸将右棒针插入移至左棒针的针目中。

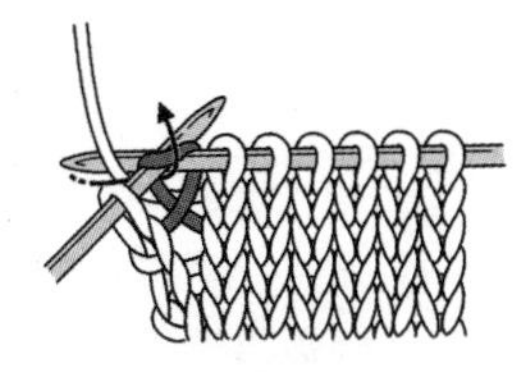

❹挂线并从前侧拉出。

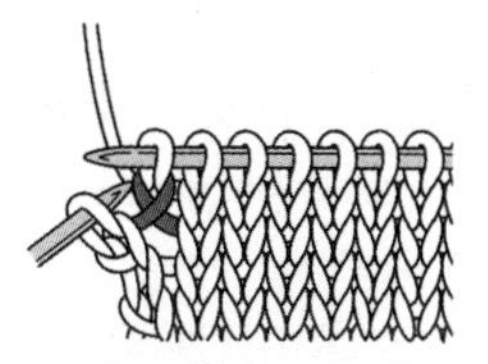

❺下针的左侧扭针加针完成。最终的针目编织下针。

Photographers: Shigeki Nakashima, Hironori Handa,Toshikatsu Watanabe, Bunsaku Nakagawa, Noriaki Moriya
Original Japanese edition published in Japan by NIHON VOGUE Corp.
Simplified Chinese translation rights arranged with BEIJING BAOKU INTERNATIONAL CULTURAL DEVELOPMENT Co., Ltd.

备案号：豫著许可备字-2021-A-0023

图书在版编目（CIP）数据

毛线球. 39, 秋日的简约风编织 / 日本宝库社编著; 蒋幼幼, 如鱼得水译. —郑州：河南科学技术出版社，2021.11（2022.3重印）

ISBN 978-7-5725-0615-4

Ⅰ. ①毛… Ⅱ. ①日… ②蒋… ③如… Ⅲ. ①绒线—手工编织—图解 Ⅳ. ①TS935.52-64

中国版本图书馆CIP数据核字（2021）第205476号

出版发行：河南科学技术出版社
地址：郑州市郑东新区祥盛街27号　　邮编：450016
电话：（0371）65737028　　65788613
网址：www.hnstp.cn
策划编辑：刘　欣
责任编辑：梁　娟
责任校对：王晓红　刘逸群
封面设计：张　伟
责任印制：张艳芳
印　　刷：北京盛通印刷股份有限公司
经　　销：全国新华书店
开　　本：635 mm × 965 mm　1/8　　印张：22　　字数：350千字
版　　次：2021年11月第1版　　2022年3月第3次印刷
定　　价：69.00元

如发现印、装质量问题，影响阅读，请与出版社联系并调换。